全国高等医药院校药学类规划教材

大学计算机基础

（药学类专业通用）

（第三版）

主　编　于　净

副主编　梁建坤　郑小松　翟　菲

编　者　（以姓氏笔画为序）

王永洋　李　畅　佟　欧

张　弛　张晓帆

中国医药科技出版社

内容提要

本书是全国高等医药院校药学类规划教材《大学计算机基础》的第三版，也是教育部高等学校计算机基础课程教学指导委员会规划的“计算机基础课程教学改革与实践项目”立项课题“药学类计算机基础课程典型实验项目建设研究”等多项课题的研究成果之一。

全书共分8章，主要内容包括计算机的发展概述，计算机的软件与硬件，Windows 7 操作系统，Office 2010 中的 Word 2010、Excel 2010、PowerPoint 2010 办公软件，多媒体技术以及多媒体软件，数据库的基本概念与简单操作，常用工具软件简介。同时，还编写了紧密结合实践教学的配套教材《大学计算机基础上机指导与习题解答》（第三版），更加完善了大学计算机基础课程体系。通过该课程教学网站提供了集教学大纲、教学方案、教学课件、实验素材于一体的立体化教育平台，完全可以满足教师教学与学生自主学习的需求。本书适合作为药学类大学本科大学计算机基础课程的教学用书，也可供其他非计算机专业学生以及广大科技人员开展计算机创新活动参考使用。

图书在版编目（CIP）数据

大学计算机基础/于净主编．—3版．—北京：中国医药科技出版社，2014.8

全国高等医药院校药学类规划教材

ISBN 978－7－5067－6868－9

Ⅰ.①大...　Ⅱ.①于...　Ⅲ. 电子计算机－医学院校－教材　Ⅳ. TP3

中国版本图书馆 CIP 数据核字（2014）第 133467 号

出版　中国医药科技出版社
地址　北京市海淀区文慧园北路甲 22 号
邮编　100082
电话　发行：010-62227427　邮购：010-62236938
网址　www.cmstp.com
规格　787×1092mm 1/16
印张　15¾
字数　314 千字
初版　2005 年 9 月第 1 版
版次　2014 年 8 月第 3 版
印次　2018 年 6 月第 3 次印刷
印刷　北京市密东印刷有限公司
经销　全国各地新华书店
书号　ISBN 978-7-5067-6868-9
定价　32.00 元

出版说明

全国高等医药院校药学类专业规划教材是目前国内体系最完整、专业覆盖最全面、作者队伍最权威的药学类教材。随着我国药学教育事业的快速发展，药学及相关专业办学规模和水平的不断扩大和提高，课程设置的不断更新，对药学类教材的质量提出了更高的要求。

全国高等医药院校药学类规划教材编写委员会在调查和总结上轮药学类规划教材质量和使用情况的基础上，经过审议和规划，组织中国药科大学、沈阳药科大学、广东药学院、北京大学药学院、复旦大学药学院、四川大学华西药学院、北京中医药大学、西安交通大学医学院、华中科技大学同济药学院、山东大学药学院、山西医科大学药学院、第二军医大学药学院、山东中医药大学、上海中医药大学和江西中医学院等数十所院校的教师共同进行药学类第三轮规划教材的编写修订工作。

药学类第三轮规划教材的编写修订，坚持紧扣药学类专业本科教育培养目标，参考执业药师资格准入标准，强调药学特色鲜明，体现现代医药科技水平，进一步提高教材水平和质量。同时，针对学生自学、复习、考试等需要，紧扣主干教材内容，新编了相应的学习指导与习题集等配套教材。

本套教材由中国医药科技出版社出版，供全国高等医药院校药学类及相关专业使用。其中包括理论课教材82种，实验课教材38种，配套教材10种，其中有45种入选普通高等教育“十一五”国家级规划教材。

全国高等医药院校药学类规划教材
编写委员会
2009年8月1日

第三版前言

《大学计算机基础》第一版于2006年出版，被多所院校选做教材，作者深受鼓舞，并于2009年再版。经过几轮教学实践，总结发现的问题，在全国高等医药院校药学类规划教材编委会鼓励下，现在重新修订编写了第三版。

本书与第一版、第二版相比做了很大的变动，以适应大学计算机基础知识的不断更新，继续注重大学计算机基础的实用性；对大部分章节作了一些调整，使全书结构更加合理；对大部分章节进行了重写，使其更能赶上计算机基础知识的发展步伐，更通俗易懂；更换了大量实例，使之更加贴近医药专业，同时又兼备启发性及较强的实用性。

全书由8章组成。第1章简述了计算机的概念以及计算机的发展进程，计算机的工作原理与存储方法，各种数据进制的转换方法，计算机的应用领域以及计算机在药学中的应用；第2章介绍计算机的组成，计算机的软件与硬件；第3章介绍 Windows 7 操作系统的应用；第4章介绍计算机网络的基本概念以及网络的应用；第5章是本书的重点章节，详细地介绍了办公自动化软件 Office 2010 中的 Word 2010、Excel 2010、PowerPoint 2010 的基本概念与应用；第6章介绍了数据库的概念和数据库的基本操作；第7章介绍多媒体的基本概念以及多媒体的应用软件；第8章介绍常用工具软件简介。

本书定位于高等医药院校的学生和医药行业就职人员及相关工程技术人员，培养读者计算机基础知识的应用能力，指导读者短时间内学会计算机的基本操作与理论，解决医药科研、生产和生活中的常见问题。作者根据近几年的教学经验，对第三版的内容进行了精心设计和筛选，使其更贴近于计算机基础知识发展的方向。本书在难易程度上遵循由浅入深、循序渐进的原则；在写作风格上突出其实用性，突出了案例先导。书中大量实例实用性强。

本书的配套教材《大学计算机基础上机指导与习题解答》（第三版）也由中国医药科技出版社出版。配套教材内容包括精选的有详细指导的实验项目和便于独立思考的开放性创新性实验项目，还有配套教材的各章习题和部分解答。通过我们的课程教学网站提供了集教学大纲、教学方案、教学课件、实验素材于一体的立体化教学平台，完全可以满足教师教学和学生自主学习的需求。

本书的再版是教育部高等学校计算机基础课程教学指导委员会规划的“计算机基础课程教学改革与实践项目”立项课题“药学类计算机基础课程典型实验项目建设研究”等多项课题的研究成果之一。通过教材的编写，我们期待为深化教学改革和教材建设做出一定的贡献，开辟药学类计算机基础课程体系建设的新路。

本书由于净主编，梁建坤、郑小松、翟菲副主编。参加第三版编写修订的有于净

（第1章）、梁建坤（第4章、第8章）、郑小松（第3章）、翟菲（第7章）、李畅（第5章第2节 Excel 2010）、佟欧（第5章第3节 PowerPoint 2010）、张晓帆（第5章第1节 Word 2010）、王永洋（第6章）、张弛（第2章），全书由于净统稿。由于编者水平所限，不足之处在所难免，恳请广大师生读者批评指正。

编　者

2014年7月

目录 CONTENTS

计算机概述

第一节　计算机的来源

计算机（Computer）是电子数字计算机的简称，是一种自动地、高速地进行数值运算和信息处理的电子设备。它主要由一些机械的、电子的器件组成，再配以适当的程序和数据。程序及数据输入后可以自动执行，用以解决某些实际问题。因为计算机能增强人们执行智能任务处理的能力所以被称为“电脑”。计算机比较擅长快速计算、大型表格分类和在大型信息库中检索信息等工作，虽然人类也能做这些事，但计算机可以做得更快、更精确。使用计算机可以补充我们的智能，使我们更具创造力。有效使用计算机的关键是要知道计算机能做什么，它如何工作，以及如何使用它。

一、计算机的发展

以往许多书都说“世界公认的第一台电子数字计算机”是1946年由美国宾夕法尼亚大学莫尔电工学院制造的“ENIAC（ Electronic Numerical Integrator And Computer)”。事实上在1973年根据美国最高法院的裁定，最早的电子数字计算机，应该是美国爱何华大学的物理系副教授约翰·阿坦那索夫（John V. Atanasoff，1903～1995）和其研究生助手克利夫·贝瑞（Clifford E. Berry，1818～1963）于1939年制造的“ABC（Atanasoff – Berry – Computer)”。之所以会有这样的误会，是因为“ENIAC”的研究小组中的一个人于1941年剽窃了约翰·阿坦那索夫的研究成果，并在1946年时，申请了专利。由于种种原因直到1973年这个错误才被纠正过来。

关于计算机的定义，来自于杰出的美籍匈牙利数学家约翰·冯·诺依曼。他在1945年发表的“在计算机科学史上最具影响力的论文”中将“计算机”定义为一种可以接受输入数据、存储数据、处理数据并产生输出数据的装置。

短短几十年，计算机技术经历了巨大的变革。习惯上根据计算机系统所采用的硬件技术来划分计算机的发展阶段。从1939年到20世纪50年代中后期（1939～1957）为电子管计算机时代。计算机的元器件主要由电子管组成，其特点是体积庞大、功耗高、运算速度较低。如ENIAC占地170平方米，重达30吨，功耗为140千瓦，有

18000多个电子管，每秒钟能运行5000次加法计算。这一阶段，计算机主要用于军事、国防等尖端技术领域。除了ENIAC以外，还有EDVAC（Electronic Discrete Variable Automatic Computer），也是美国宾夕法尼亚大学建造的，和ENIAC不同，EDVAC首次使用二进制而不是十进制。IBM公司1954年12月推出的IBM650是第一代计算机的杰出代表。

从20世纪50年代后期到20世纪60年代中期（1958～1964）为晶体管计算机时期。自从1947年晶体管在贝尔实验室诞生后，引发了一场影响深远的电子革命。体积小、功耗低、价格便宜的晶体管取代电子管，不仅提高了计算机性能，也使计算机在科研、商业等领域内广泛的应用。第二代计算机不仅采用了晶体管器件，而且存储器改用速度更快的磁芯存储器；与此同时高级编程语言和系统软件的出现，也大大提高了计算机的性能和拓宽了其应用领域。这一时期的计算机的代表是IBM公司于1962年推出的709以及CDC公司1964年研制成功的CDC6600。

从20世纪60年代中期到20世纪70年代（1965～1970）为集成电路计算机时代。第一代和第二代计算机均采用分离器件组成。集成电路的出现，宣告了第三代计算机的来临。由于采用了集成电路，使得计算机的制造成本迅速下降；同时因为逻辑和存储器件集成化的封装，大大提高了运行速度，功耗也随之下降；集成电路的使用，使得计算机内各部分的互联更加简单和可靠，计算机的体积也进一步缩小。这一时期的代表为IBM的System/360和DEC的PDP－8。

从20世纪70年代至今（1971～至今）为大规模集成电路计算机的时代。20世纪70年代初半导体存储器的出现，迅速取代了磁芯存储器，计算机的存储器向大容量、高速度的方向飞速发展，微型计算机迅速发展。接着就进入了超大规模集成电路计算机时代。超级计算机（Super Computer）也得到了长足的发展。

其实从1983年世界上就已经出现了集成两万个电路的超大规模集成电路。从此科研人员开始将目光放在了第五代计算机——人工智能计算机的研制开发上。从而使智能计算机成为一个动态的发展的概念，它始终处于不断向前推进的计算机技术的前沿。目前，智能计算机技术虽然还很不成熟，现主要在做模式识别、知识处理及开发智能应用等方面的工作，所取得的成果离人们期望的目标还有很大距离，但已经产生明显的经济效益与社会效益。如专家系统已在管理调度、辅助决策、故障诊断、产品设计、教育咨询等方面广泛应用。

随着计算机技术的日新月异，软件和通信的重要性也逐步上升，成为和硬件一样举足轻重的因素。同时系统结构的特点对计算机的性能也有巨大的影响（中断系统、Cache存储器、流水线技术等等）。现在，人们更愿意拉大时间尺度或换个角度来把所谓的计算机时代重新划分成研究型计算机时代、个人计算机时代和网络计算机时代。其中：

研究型计算机时代大约从20世纪40年代开始，以一些昂贵的被放在温度可以控制的机房里的大型机为标志，这些机器由一些专家控制主要用于军队、政府部门和一些大公司。

个人计算机时代大约从1975年开始，以数百万的微型计算机为标志，这些计算机被广泛用在办公室、学校、家庭、工厂和其他地方，迅速改变了人们的生活。

网络计算机时代大约从1995年开始，以办公室、家庭、学校、车辆和其他地方的相互连接的网络计算机为标志，已经开始对社会产生更大的影响。

图1－1　天河二号超级计算机

我国计算机的起步稍晚，但很快跟上了国际计算机发展的步伐。在2010年11月14日公布的全球超级计算机500强排行榜中，由中国人民解放军国防科技大学研制的“天河一号”以持续计算速度每秒2507万亿次双精度浮点运算的优异性能位居榜首，成为全球最快超级计算机，使中国成为继美国之后世界上第二个能够自主研制千万亿次超级计算机的国家。2013年11月18日公布的全球超级计算机500强排行榜中，“天河二号”再次以峰值计算速度每秒5.49亿亿次、持续计算速度每秒3.39亿亿次双精度浮点运算的优异性能夺回世界第一的桂冠。如图1－1所示。

截止到2013年9月，据中国国家互联网信息办公室公布，中国网民的数量已经超过了6.04亿，手机网民达到了4.64亿，成为了世界上的第一大网络基地（第二三名分别为印度和美国）。

二、微型计算机的发展

微型计算机简称“微型机”，由于其具备人脑的某些功能，所以也称其为“微电脑”。是由大规模集成电路组成的、体积较小的电子计算机。它是以微处理器为基础，配以内存储器及输入输出（I/O）接口电路和相应的辅助电路而构成的裸机。特点是体积小、灵活性大、价格便宜、使用方便。

自1981年美国IBM公司推出第一代微型计算机IBM－PC以来，微型机以其执行结果精确、处理速度快捷、性价比高、轻便小巧等特点迅速进入社会各个领域，且技术不断更新、产品快速换代，从单纯的计算工具发展成为能够处理数字、符号、文字、语言、图形、图像、音频、视频等多种信息的强大多媒体工具。如今的微型计算机无论从运算速度、多媒体功能、软硬件支持还是易用性等方面都比早期产品有了很大飞跃。便携机更是以使用便捷、无线联网等优势越来越多地受到移动办公人士的喜爱，一直保持着高速发展的态势。

微型计算机随着电子元器件的发展，经历了以下几个阶段。

第1阶段（1971～1973年）是4位和8位低档微处理器时代，通常称为第1代，其典型产品是Intel4004和Intel8008微处理器和分别由它们组成的MCS-4和MCS-8微机。

第2阶段（1974～1977年）是8位中高档微处理器时代，通常称为第2代，其典型产品是Intel8080/8085、Motorola公司的M6800、Zilog公司的Z80等。它们的特点是采用NMOS工艺，集成度提高约4倍，运算速度提高约10～15倍（基本指令执行时间1～2μs），指令系统比较完善，具有典型的计算机体系结构和中断、DMA等控制功能。

第3阶段（1978～1984年）是16位微处理器时代，通常称为第3代，其典型产品是Intel公司的8086/8088，Motorola公司的M68000，Zilog公司的Z8000等微处理器。其特点是采用HMOS工艺，集成度（20000～70000晶体管/片）和运算速度（基本指令执行时间是0.5μs）都比第2代提高了一个数量级。指令系统更加丰富、完善，采用多级中断、多种寻址方式、段式存储机构、硬件乘除部件，并配置了软件系统。这一时期著名微机产品有IBM公司的IBM-PC（CPU为8086）。

第4阶段（1985～1992年）是32位微处理器时代，又称为第4代。其典型产品是Intel公司的80386/80486，Motorola公司的M69030/68040等。其特点是采用HMOS或CMOS工艺，集成度高达100万个晶体管/片，具有32位地址线和32位数据总线。每秒钟可完成600万条指令（Million Instructions Per Second，MIPS）。微型计算机的功能已经达到甚至超过超级小型计算机，完全可以胜任多任务、多用户的作业。

第5阶段（1993～2005年）是奔腾（pentium）系列微处理器时代，通常称为第5代。典型产品是Intel公司的奔腾系列芯片及与之兼容的AMD的K6系列微处理器芯片。内部采用了超标量指令流水线结构，并具有相互独立的指令和数据高速缓存。随着MMX（MultiMediaeXtended）微处理器的出现，使微机的发展在网络化、多媒体化和智能化等方面跨上了更高的台阶。

第6阶段（2006年至今）是酷睿（core）系列微处理器时代，通常称为第6代。“酷睿”是一款领先节能的新型微架构，设计的出发点是提供卓然出众的性能和能效，提高每瓦特性能，也就是所谓的能效比。

三、计算机的分类

电子计算机从原理上可分为两大类：数字电子计算机和模拟电子计算机。

数字电子计算机以数字量（也称为不连续量）作为运算对象并进行运算，其特点是运算速度快，精确度高，具有“记忆”（存储）和逻辑判断能力。计算机的内部操作和运算是在程序控制下自动进行的。

模拟电子计算机是一种用连续变化的模拟量（如电压、长度、角度来模仿实际所需要计算的对象）作为运算对象的计算机，现在已经很少使用。

一般不特别说明，计算机指的是数字电子计算机。数字电子计算机又可以按照不同要求进行划分。

1. 按设计目的划分

（1）通用计算机：用于解决各类问题而设计的计算机。通用计算机既可以进行科学计算、工程计算，又可用于数据处理和工业控制等。它是一种用途广泛、结构复杂的计算机。

（2）专用计算机：为某种特定目的而设计的计算机。例如用于数控机床、轧钢控制、银行存款等的计算机。专用计算机针对性强、效率高、结构比通用计算机简单。

2. 按用途划分

（1）科学计算工程计算计算机：专门用于科学计算和工程计算的计算机。

（2）工业控制计算机：主要用于生产过程控制和监测的计算机。

（3）数据计算机：主要用于数据处理，如统计报表、预测和统计、办公事务处理等。

3. 按大小划分

（1）巨型计算机：规模大、速度快的计算机。目前巨型计算机的运算速度已达万亿次/秒。主要用于大型科学与工程计算，如天气预报、地址勘探、航空航天等。

（2）小型计算机：规模较大、速度较快的计算机。主要用于一般科学计算、事务处理等。

（3）微型计算机：体积较小的计算机，如个人计算机、笔记本计算机、掌上计算机等。

四、计算机的特点

从古到今，人类发明了数不清的机器，几乎所有的机器都是人类体能的一种延伸，惟独计算机有别于其它任何机器，它是个电脑，在一定条件下能代替人脑自动工作。

计算机的出现是20世纪人类最伟大的创造发明之一，计算机现已成为当今社会各行各业不可缺少的工具。计算机有许多特长，其中最重要的是：高速度、能“记忆”、善判断、可交互。它具有如下一些特点：

1. 运算能力　计算机内部有个承担运算的部件，叫做运算器。现在高性能电脑每秒能进行几十亿次运算。很多场合下，运算速度起决定作用。例如，计算机控制导航，要求“运算速度比飞机飞的还快”。再如，气象预报要分析大量资料，运算速度必须跟上天气变化，否则便会失去预报的意义。以往很多工程计算限于计算工具的落后，只能凭经验公式估计，如今可以利用电脑进行精确求值，省时省料，使产品不断更新换代。

2. 计算精度　数字式电子计算机用离散的数字信号形式模拟自然界的连续物理量，无疑存在一个精度问题。但是，除特殊情况外，一味地追求高精度是没有意义的，只要相对误差在允许范围内就够了。实际上，计算机的计算精度在理论上并不受限制，一般的计算机均能达到15位有效数字，通过一定技术手段，可以实现任何精度要求。

3. 记忆能力　在计算机中有一个承担记忆职能的部件，称为存储器。如果没有存储器，计算机就丧失了记忆能力，就不能叫电脑了。计算机存储器的容量可以做得很大，能存储大量数据。除能记住各种数据信息外，存储器还能记住加工这些数据的程序。程序是人设计的，反应了人的思想方法和行为动作，记住程序就能模拟和部分代替人的思维和活动。

4. 逻辑判断能力 逻辑判断能力就是因果关系分析能力，分析命题是否成立以便做出相应对策。例如，让计算机检测一个开关的闭合状态，如开路做什么，闭路又做什么。计算机的逻辑判断能力是通过程序实现的，可以让它做各种复杂的推理。例如药学中的“模式识别”就是药学科学家用计算机解决的。

5. 自动执行程序的能力 计算机是个自动化电子装置，能自动执行存放在存储器中的程序。程序是人经过仔细规划事先安排好了的。一旦设计好并将程序输入计算机后，向计算机发出命令，随后它便成为人的替身不知疲劳地工作起来。我们可以利用计算机这个特点，去完成那些枯燥乏味令人厌烦的重复性劳动；也可让计算机控制机器深入到人类躯体难以胜任的、有毒的、有害的作业场所。机器人、自动化机床、无人驾驶飞机、药物体内跟踪等都是利用计算机的这个能力。

6. 多媒体连接能力 计算机具有良好的多媒体外部通讯接口，通过各种多媒体网络设备，就可以组成功能强大的多媒体计算机网络，实现计算机软件和硬件资源共享。如银行、码头、机场、车站、邮局、医院、学校、机关等地无处不在的网络信息系统，随时使用手机、收听广播、收看电视、接受医疗和药物代谢监视等无时不在的网络服务系统，背后都一定存在一个大型的计算机网络系统。

7. 使用简便 比起早期的计算机必须由专业人士才能使用，现在的大多数计算机使用非常简单。从牙牙学语的孩童到苍苍白发的老人，现在都可以使用计算机了。计算机应用的场合与范围也不可同日而语了。计算机已经从计算机专家的手中解放出来了，成为了最广大的普通人群可以把玩的常用工具了。

第二节　硬件系统

完整的计算机系统包括两大部分，即硬件系统和软件系统。所谓硬件，是指构成计算机的物理设备，即由机械、电子器件构成的具有输入、存储、计算、控制和输出功能的实体部件。

一、冯·诺依曼结构

1946年冯·诺依曼提出了存储程序原理，奠定了计算机的基本结构和工作原理的技术基础。存储程序原理的主要思想是：将程序和数据存放到计算机内部的存储器中，计算机在程序的控制下一步一步进行处理，直到得出结果。按此原理设计的计算机称为存储程序计算机，或称为冯·诺依曼结构计算机。今天我们所使用的计算机，不管机型大小，都属于冯·诺依曼结构计算机。

冯·诺依曼结构计算机由五大部分构成，如图1－2所示。

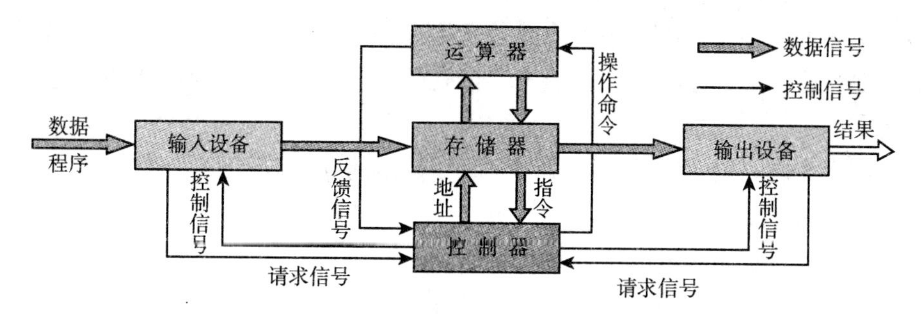

图1-2 冯·诺依曼结构计算机

二、各部分的主要功能

1. 运算器 计算机中进行算术运算和逻辑运算的主要部件，是计算机的主体。在控制器的控制下，运算器接收待运算的数据，完成程序指令指定的基于二进制数的算术运算或逻辑运算。

2. 控制器 计算机的指挥控制中心。控制器从存储器中逐条取出指令、分析指令，然后根据指令要求完成相应操作，产生一系列控制命令，使计算机各部分自动、连续并协调动作，成为一个有机的整体，实现程序的输入、数据的输入以及运算并输出结果。

3. 存储器 存储器是用来保存程序和数据，以及运算的中间结果和最后结果的记忆装置。计算机的存储系统分为内部存储器（简称内存或主存储器）和外部存储器（简称外存或辅助存储器）。主存储器中存放将要执行的指令和运算数据，容量较小，但存取速度快。外存容量大、成本低、存取速度慢，用于存放需要长期保存的程序和数据。当存放在外存中的程序和数据需要处理时，必须先将它们读到内存中，才能进行处理。

4. 输入设备 输入设备是用来完成输入功能的部件，即向计算机送入程序、数据以及各种信息的设备。常用的输入设备有键盘、鼠标、扫描仪、磁盘驱动器和触摸屏等。

5. 输出设备 输出设备是用来将计算机工作的中间结果及处理后的结果进行表现的设备。常用的输出设备有显示器、打印机、绘图仪和磁盘驱动器等。

三、计算机的工作过程

存储程序计算机又称为冯·诺依曼型计算机。它以运算器为核心、以存储程序原理为基础。

所谓“存储程序”，就是把处理问题的步骤、方法（用指令描述）和所需的数据事先存入存储器中保存起来，工作时由计算机的控制部件逐条取出指令并执行之，从而使计算机自动连续进行运算。

处理问题的步骤、方法和所需的数据的描述称为程序，换句话说，程序就是由多条有逻辑关系的指令按一定顺序组成的对计算过程的描述。在计算机中，程序和数据均以二进制代码的形式存放在存储器中，存放位置由地址指定，地址也用二进制数形式来表示。

计算机工作时，由控制器控制整个程序和数据的存取以及程序的执行，而控制器本身也要根据指令来进行运作。

冯·诺依曼设计思想可以简要地概括为以下三点：

（1）计算机应包括运算器、存储器、控制器、输入和输出设备五大基本部件。

（2）计算机内部应采用二进制来表示指令和数据。每条指令一般具有一个操作码和一个地址码。其中操作码表示运算性质，地址码指出操作数在存储器中的地址。

（3）将编好的程序送入内存储器中，然后启动计算机工作，计算机无需操作人员干预，能自动逐条取出指令和执行指令。

第三节 软件系统

一、软件的概念

计算机软件是指能够指挥计算机工作的程序与程序运行时所需要的数据，以及与这些程序和数据有关的文字说明和图表资料的集合，其中文字说明和图表资料又称文档。

裸机的概念：不装备任何软件的计算机称为硬件计算机或裸机。

计算机硬件与软件的关系：计算机软件随硬件技术的迅速发展而发展，软件的不断发展与完善，又促进了硬件的新发展。实际上计算机某些硬件的功能可以由软件来实现，而某些软件的功能也可以由硬件来实现。

软件系统可分为系统软件和应用软件两大类。

二、软件的分类

1. 系统软件 系统软件是计算机系统的基本软件，也是计算机系统必备的软件。主要功能是管理、监控和维护计算机资源（包括硬件和软件），以及开发应用的软件。

2. 应用软件 为解决计算机各类应用问题而编制的软件系统，它具有很强的实用性。应用软件是由系统软件开发的。

三、程序设计语言

人使用计算机，就需要和计算机交换信息。为解决人和计算机对话的语言问题，就产生了计算机语言。计算机语言是随着计算机技术的发展，根据解决实际问题的需要逐步形成的。

1. 机器语言 即二进制语言，这是直接用二进制代码指令表示的计算机语言，是计算机唯一能直接识别、直接执行的计算机语言。因不同计算机的指令系统不同，所以机器语言程序没有通用性。

2. 汇编语言 这是用一些助记符表示指令功能的计算机语言，它和机器语言基本上是一一对应的，更便于记忆。用汇编语言编写的程序称为汇编语言源程序，需要汇编程序将源程序汇编（即“翻译”）成机器语言源程序，计算机才能执行。

汇编语言和机器语言都是面向机器的程序设计语言，不同的机器具有不同的指令系统，一般将它们称为“低级语言”。

3. 高级语言 高级语言与具体的计算机指令系统无关，其表达方式更接近人们对求解过程或问题的描述方式。这是面向程序的、易于掌握和书写的程序设计语言。使用高级语言编写的程序称为“源程序”，必须编译成目标程序，再与有关的“库程序”连接成可执行程序，才能在计算机上运行。

第四节 计算机中信息的表示

日常生活中，人们都十分熟悉十进制的数值运算，对十进制的数值表示自然从小就逐渐熟悉起来。十进制运算就是人们日常计算的基础。现代计算机中则是用二进制（Binary digit）的位（bit）来表达、操作和记录各种信息的。所以二进制的运算就成了计算机的重要基础之一。

计算机中采用二进制是由计算机所使用的逻辑器件所决定。这种逻辑器件是具有两种状态的电路（触发器），其好处是：运算简单、实现方便、成本低。

计算机采用二进制数进行运算，并可通过进制的转换将二进制数转换成人们熟悉的十进制数。为了表示和书写的方便，还会用到八进制和十六进制的计数方法。

1. 数据单位

（1）位（bit）：位是计算机中能够表示数据的最小单位，简写为“b”，表示二进制数中的一个数据位，一个二进制位只能存放一个二进制数“0”或“1”，即只能表示两种状态。

（2）字节（Byte）：字节是计算机数据存储和处理的基本单位，简写为“B”。一个字节由 8 个二进制位组成，即 1B = 8b。常用的数据单位还有 KB、MB、GB、TB 等。

各单位之间的换算关系表示如下：

$1KB = 2^{10}B = 1024B$

$1MB = 2^{10}KB = 2^{20}B$

$1GB = 2^{10}MB = 2^{20}KB = 2^{30}B$

$1TB = 2^{10}GB = 2^{20}MB = 2^{30}KB = 2^{40}B$

2. 数值信息表示 计算机中的数值信息通常是用来进行数值计算的。数值计算涉及到的数据常见的有整数、纯小数和实数，一般可分为定点数与浮点数。

（1）定点数：将小数点位置固定在有效数字的前面（纯小数）或后面（整数），这种表示数据的方法称为定点表示法。

通常用一个存储单元的最高位表示数的符号，若数的小数点位置固定在符号位之后（隐含），这样的机器数只能表示纯小数，称为定点小数；若是小数点固定在有效数字之后（隐含），这样的机器数只能表示整数，称为定点整数。

计算机系统一般都用定点整数表示带符号的整数。

（2）浮点数：计算机系统一般都用浮点数表示带符号的实数。

浮点数是小数点位置不固定（浮动）的机器数。一个十进制实数可以表示成一个纯小数和一个幂的积，其中指数部分用来指出实数中小数点的位置。例如：

$122.45 = (0.12245) \times 10^3 = (\text{尾数}) \times \text{基数}^{\text{阶码}}$

其中尾数位数越多，精度越高。阶码位数越多，值域越大。计算机之所以能表示很大或很小的数，就是因为采用了阶码的缘故。

二进制数的表示也完全类似，其中基数为2，尾数与阶码均为二进制数，如：

$(1001.011)_2 = (0.1001011) \times 2^{100}$

注意：阶码100是二进制数，即$(100)_2$表示4。

一、常见数制

1. 十进制数 日常生活中人们普遍采用十进制，十进制的特点是：

（1）有10个数码：0，1，2，3，4，5，6，7，8，9。

（2）“逢十进一”。

例如：$(169.6)_{10} = 1 \times 10^2 + 6 \times 10^1 + 9 \times 10^0 + 6 \times 10^{-1}$。

2. 二进制数 计算机内部采用二进制数进行运算、存储和控制。二进制的特点是：

（1）有两个数码：0和1。

（2）“逢二进一”。

例如：$(1010.1)_2 = 1 \times 2^3 + 0 \times 2^2 + 1 \times 2^1 + 0 \times 2^0 + 1 \times 2^{-1}$

计算机采用二进制主要有下列原因：

· 二进制只有0和1两个状态，技术上容易实现；

· 二进制数运算规则简单；

· 二进制数的0和1与逻辑代数的“真”和“假”相吻合，适合于计算机进行逻辑运算；

· 二进制数与十进制数之间的转换不复杂，容易实现。

3. 八进制数 八进制数的特点是：

（1）有8个数码：0，1，2，3，4，5，6，7。

（2）“逢八进一”。

例如：$(133.3)_8 = 1 \times 8^2 + 3 \times 8^1 + 3 \times 8^0 + 3 \times 8^{-1}$

4. 十六进制数 十六进制数的特点是：

（1）有16个数码：0，1，2，3，4，5，6，7，8，9，A，B，C，D，E，F。

（2）“逢十六进一”。

例如：$(2A3.F)_{16} = 2 \times 16^2 + 10 \times 16^1 + 3 \times 16^0 + 15 \times 16^{-1}$

二、数制之间的转换关系

计算机中采用二进制数，二进制数书写时位数较长，容易出错。所以常用八进制、十六进制来书写。通常用最后一个字母来标识数制。例如36D、10101B、76Q、5AH分别标识十进制、二进制、八进制、十六进制。表1－1为常用整数各数制间的对应关系。

表1－1　十进制数、二进制数和十六进制数对照表

十进制	二进制	十六进制	十进制	二进制	十六进制
0	0000	0	8	1000	8
1	0001	1	9	1001	9
2	0010	2	10	1010	A
3	0011	3	11	1011	B
4	0100	4	12	1100	C
5	0101	5	13	1101	D
6	0110	6	14	1110	E
7	0111	7	15	1111	F

1. 十进制数转换为二进制数　十进制数转换为二进制数时要对整数和小数分别采用不同转换规则，因此要分开转换。

（1）整数转换：采用“除2取余”法，将待转换的十进制数连续除以2，直至商为0，每次得的余数按相反的次序排列起来就是对应的二进制数。即第一次除2所得的余数排在最低位，最后一次相除所得余数是最高位。可以用“短除法”进行上述运算，以便提高运算速度。

［例1－1］将 $(77)_{10}$ 转换成二进制数。

按“除2取余”法转换如下：

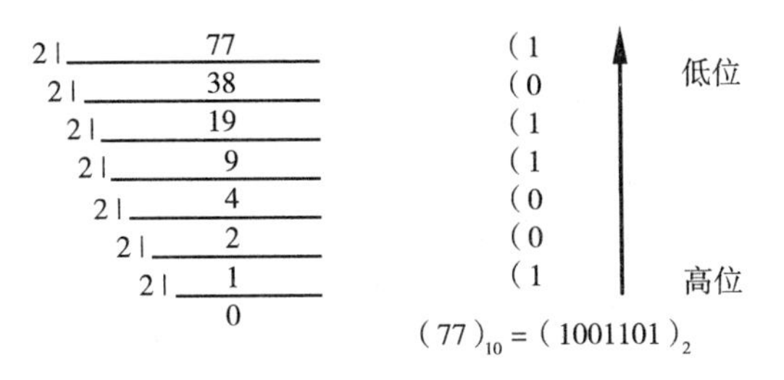

（2）小数的转换：采用“乘2取整”法：将被转换的十进制纯小数反复乘以2，每次乘积的整数部分若为1，则二进制纯小数的相应位为1；若整数部分为0，则相应位为0，直到剩下的纯小数部分为0或达到所要求的精度为止。转换结果由高位到低位的整数部分组成。

［例1－2］将 $(0.55)_{10}$ 转换为二进制小数。按“乘2取整”法进行如下：

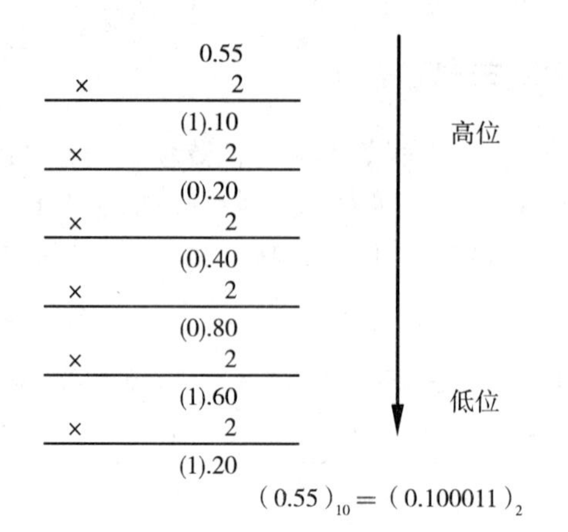

可以看出本例中被乘数乘以 2 永远不可能等于整数 1，这时结果只有取近似值（保留小数点后 6 位）。

说明：二进制小数不能准确表示所有十进制小数，所以转化结果是近似值。在各种进制转换中普遍存在这类现象。

（3）实数转换：将十进制实数的整数和小数部分拆开，整数部分按“除 2 取余”法，小数部分按“乘 2 取整”法分别转换，最后将两部分合并在一起。

［例 1－3］将（77.55）$_{10}$转换成二进制数。

（1）整数部分转换（参考［例 1－1］）：$(77)_{10}$ ＝（1001101）

（2）小数部分转换（参考［例 1－2］）：$(0.55)_{10} = (0.100011)_2$

（3）合并结果：$(77.55)_{10} = (1001101.100011)_2$

2. 十进制数转换为八进制和十六进制数 掌握了十进制数转换为二进制数的方法后，将十进制数转换为八进制和十六进制数就很容易了。转换的法则是一样的，只要将基数“2”换成“8”或“16”即可。整数部分按“除 8 取余”或“除 16 取余”的原则进行转换，小数部分按“乘 8 取整”或“乘 16 取整”的原则进行转换。十进制实数同样要分成“整数”和“小数”两部分进行转换，然后将两部分结果合并即可。该法则适用将十进制数转换成 N 进制数，只要在转换时将基数换成 N 即可。

说明：十六进制数共有 0～15 这 16 个数组成，其中 10～15 分别用字母 A、B、C、D、E、F 表示。

［例 1－4］将（367.64）$_{10}$转换成 16 进制数。

（1）整数部分转换（“除 16 取余”）：

```
16 | 367      (15      ↑  低位
16 | 22       (6       |
16 | 1        (1       |  高位
     0
```

$(367)_{10} = (16F)_{16}$

（2）小数部分转换（“乘 16 取整”）：

$$
\begin{array}{rr}
 & 0.64 \\
\times & 16 \\
\hline
 & (7).24 \\
\times & 16 \\
\hline
 & (3).84 \\
\times & 16 \\
\hline
 & (13).44 \\
\times & 16 \\
\hline
 & (7).04
\end{array}
$$

高位 → 低位

$$(0.64)_{10} = (0.73D7)_{16}$$

小数部分得到的是近似值（保留 4 位小数）。

（3）合并结果：$(367.64)_{10} = (16F.73D7)_{16}$

3. N 进制数转换为十进制数　想要将任意一个 n 位整数和 m 位小数的 N 进制数 P 转换为十进制数，只要将其写成以 N 为基数的按权展开式，展开式的结果就是对应的十进制数。

$$D = P_{n-1} \cdot N^{n-1} + P_{n-2} \cdot N^{n-2} + \cdots + P_1 \cdot N^1 + P_0 \cdot N^0 + P_{-1} \cdot N^{-1} + \cdots + P_{-m} \cdot N^{-m}$$

对于二进制数 B，可将上式写成以 2 为基数的按权展开式：

$$D = B_{n-1} \cdot 2^{n-1} + B_{n-2} \cdot 2^{n-2} + \cdots + B_1 \cdot 2^1 + B_0 \cdot 2^0 + B_{-1} \cdot 2^{-1} + \cdots + B_{-m} \cdot 2^{-m}$$

如果对八进制或十六进制数转换，只要将公式中的基数分别用 8 或 16 代替即可。

［例 1－5］将 $(1011.11)_2$ 转换成十进制数。

$(1011.11)_2 = 1 \times 2^3 + 0 + 1 \times 2^1 + 1 \times 2^0 + 1 \times 2^{-1} + 1 \times 2^{-2}$

$= (8 + 2 + 1 + 0.5 + 0.25)_{10} = (11.75)_{10}$

［例 1－6］将 $(317)_8$ 转换成十进制数。

$(317)_8 = 3 \times 8^2 + 1 \times 8^1 + 7 \times 8^0 = (207)_{10}$

4. 二进制、八进制、十六进制之间的互换

（1）二进制与八进制之间的互换：因为 $8 = 2^3$，所以 1 位八进制数相当于 3 位二进制数，这样八进制与二进制之间的转换很方便。下面列出了八进制数与二进制数的基本对应关系。

八进制	0	1	2	3	4	5	6	7
二进制	000	001	010	011	100	101	110	111

八进制数转换成二进制数时，只要将每位八进制数用 3 位二进制数表示即可。俗称“一分三法”。

二进制数转换成八进制数时，对二进制数从小数点开始分别向左每 3 位分段和向右每 3 位分段，小数部分不足 3 位的要补零凑满 3 位，然后将每 3 位二进数用 1 位八进制数表示即可。俗称“三合一法”。

［例 1－7］将 $(207.54)_8$ 转换成二进制数。采用“一分三法”。

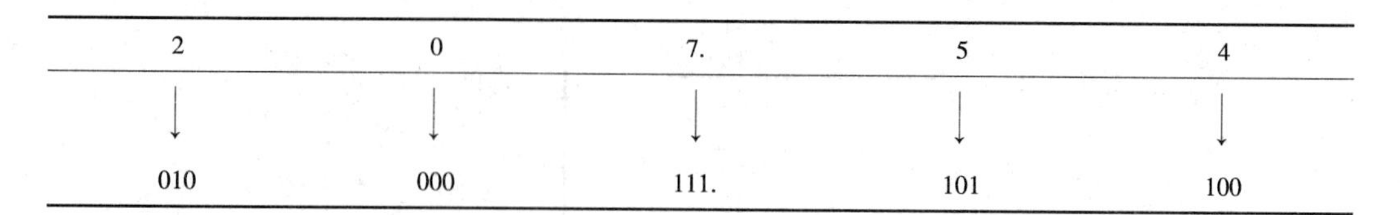

2	0	7.	5	4
↓	↓	↓	↓	↓
010	000	111.	101	100

所以（207.54）$_8$ =（010000111.101100）$_2$ =（10000111.1011）$_2$

［例1－8］将（10100101.10111）$_2$ 转换成八进制数。采用“三合一法”。

整数部分：自右向左，三位一组，每组对应一个八进制数码。

小数部分：自左向右，三位一组，不够补零，每组对应一个八进制数码。

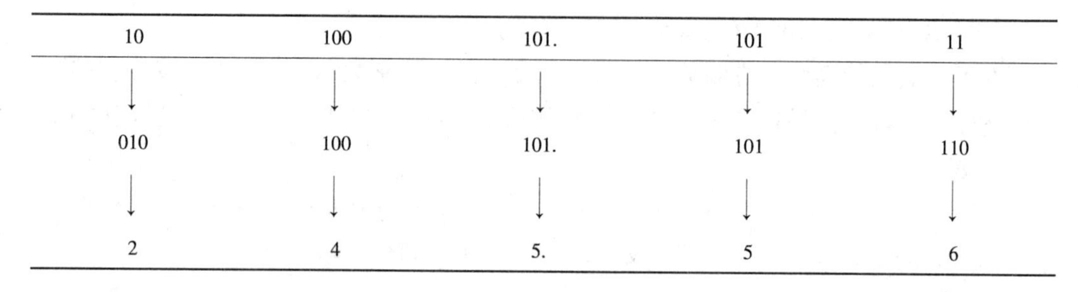

10	100	101.	101	11
↓	↓	↓	↓	↓
010	100	101.	101	110
↓	↓	↓	↓	↓
2	4	5.	5	6

所以（10100101.10111）$_2$ =（245.56）$_8$

（2）二进制数与十六进制数的互换：因为 $16 = 2^4$，1位十六进制数相当于4位二进制数。这样十六进制与二进制之间的转换很方便。表1－2列出了十六进制数与二进制数的基本对应关系。

表1－2　十六进制数与二进制数的基本对应关系

十六进制	0	1	2	3	4	5	6	7
二进制	0000	0001	0010	0011	0100	0101	0110	0111
十六进制	8	9	A	B	C	D	E	F
二进制	1000	1001	1010	1011	1100	1101	1110	1111

十六进制数转换成二进制数时，只要将每位十六进制数用4位二进制数表示即可。俗称“一分四法”。

二进制数转换成十六进制数时，对二进制数从小数点开始分别向左每4位分段和向右每4位分段，小数部分不足4位的要补零凑满4位，然后将每4位二进数用1位十六进制数表示即可。俗称“四合一法”。

［例1－9］将（1E4.2A）$_{16}$转换成二进制数。

采用“一分四法”

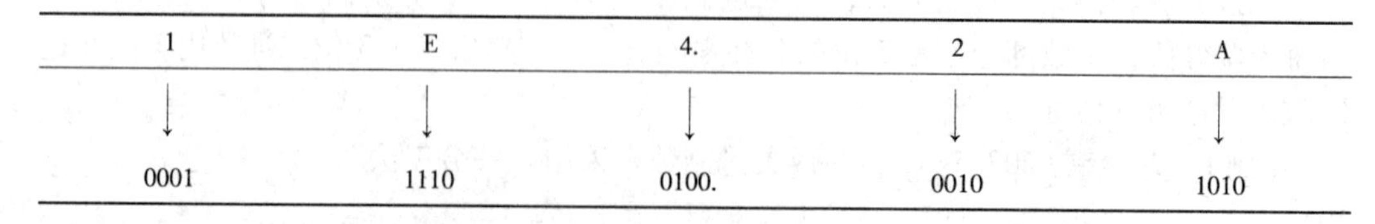

1	E	4.	2	A
↓	↓	↓	↓	↓
0001	1110	0100.	0010	1010

所以（1E4.2A）$_{16}$ =（000111100100.00101010）$_2$ =（11100100.0010101）$_2$

［例1－10］将（10101.0111）$_2$转换成十六进制数。采用“四合一法”。

整数部分：自右向左，四个一组，每组对应一个十六进制数码。

小数部分：自左向右，四个一组，不够补零，每组对应一个十六进制数码。

1	0101.	1011	1
↓	↓	↓	↓
1	0101.	1011	1000
↓	↓	↓	↓
1	5.	B	8

所以（10101.10111）$_2$＝（15.B8）$_{16}$

（3）八进制数与十六进制数互换：八进制数与十六进制数互换目前尚无直接转换的好方法，由于八进制数、十六进制数与二进制数之间的互换很方便，因此需要进行八进制数与十六进制数互换时，就可以用二进制作为中间过度来实现。

［例1－11］将（237）$_8$转换成十六进制数。

先用“一分三法”将八进制数转换成二进制数，再对二进制数用“四合一法”转换成十六进制数。

（237）$_8$＝（10011111）$_2$＝（9F）$_{16}$

三、字符编码

随着计算机信息处理能力的增强，人们很快把除了数值以外的信息编码问题提上了日程。虽然人们十分熟悉这些信息的原本形式，如文字、声音、图形、图像，可是计算机必须采用各种编码方案把他们编码成计算机能处理的二进制代码形式。下面就分别介绍几种常用的编码方案，揭开计算机信息处理的秘密。

1. 字符编码　目前计算机中用得最早最广泛的字符集及其编码，是由美国国家标准化学会（ANSI）制定的ASCII码（American Standard Code for Information Interchange，美国标准信息交换码，读作“AS－kee”），它已被国际标准化组织（ISO）定为国际标准，称为ISO 646标准。

因为1位二进制数可以表示（2^1＝）2种状态：0、1；而2位二进制数可以表示（2^2）＝4种状态：00、01、10、11；依次类推，7位二进制数可以表示（2^7＝）128种状态，每种状态都唯一地编为一个7位的二进制码，对应一个字符（或控制码），这些码可以排列成一个十进制序号0～127。所以，7位ASCⅡ码是用七位二进制数进行编码的，可以表示128个字符。第0～32号及第127号（共34个）是控制字符或通讯专用字符，如控制符：LF（换行）、CR（回车）、FF（换页）、DEL（删除）、BEL（振铃）等；通讯专用字符：EOH（文头）、EOT（文尾）、ACK（确认）等；第33～126号（共94个）是字符，其中第48～57号为0～9十个阿拉伯数字；65～90号为26个大写英文字母，97～122号为26个小写英文字母，其余为一些标点符号、运算符号等。表1－3是常用ASCII码与键盘按键对照表。

表 1－3 常用 ASCⅡ码与键盘按键对照表

ASCⅡ码	键盘	ASCⅡ码	键盘	ASCⅡ码	键盘	ASCⅡ码	键盘
27	ESC	32	SPACE	33	!	34	”
35	#	36	$	37	%	38	&
39	'	40	(	41	)	42	*
43	+	44	,	45	-	46	.
47	/	48	0	49	1	50	2
51	3	52	4	53	5	54	6
55	7	56	8	57	9	58	:
59	;	60	<	61	=	62	>
63	?	64	@	65	A	66	B
67	C	68	D	69	E	70	F
71	G	72	H	73	I	74	J
75	K	76	L	77	M	78	N
79	O	80	P	81	Q	82	R
83	S	84	T	85	U	86	V
87	W	88	X	89	Y	90	Z
91	[	92	\	93	]	94	^
95	_	96	`	97	a	98	b
99	c	100	d	101	e	102	f
103	g	104	h	105	i	106	j
107	k	108	l	109	m	110	n
111	o	112	p	113	q	114	r
115	s	116	t	117	u	118	v
119	w	120	x	121	y	122	z
123	{	124	|	125	}	126	~

由于一个字节包含 8 个二进制位，通常存储每个 ASCII 字符时最高二进制位置零。这样就和字节型存储单元相适应了。并且提供了各种扩充 ASCII 编码方案的机会，又可以有 128 个字符符号被有效地编码应用。不过这部分字符没有统一的约定，完全由各厂商自由决定。显然这些字符的编码最高位二进制位一律置一。

ASCII 码多年来已经占尽优势，其他更具扩展性的编码现在也加入了竞争，这些编码能够表示各种语言的文字资料。其中之一是通用多八位编码字符集（Universal Multiple－Octet Coded Character Set，简称 Unicode）。它是多家硬件、软件领导厂商共同开发的，并很快得到了计算机界的支持。这个编码开始采用了 16 位位模式来表示每个字符符号。因此 Unicode 有 $2^{16}=65536$ 个不同的编码，足以表示出英文外的中文、日文和希伯来文等世界上超过 650 种语言的文字字符。后来继续扩充，使用 32 位位模式，就可以表示几十亿个不同的符号了。

一个仅由一长串按照 ASCII 或 Unicode 编码的符号所组成的文件称为文本文件

(Text File)，这通常由最简单的文字编辑程序都能做到。

2. 汉字编码 相对西文字符集的定义，汉字编码字符集的定义有两大困难：选字难和排序难。选字难是因为汉字数量大（包括简体字、繁体字、日本汉字、韩国汉字），而字符集空间有限。排序难是因为汉字可有多种排序标准（拼音、部首、笔画等等），而具体到每一种排序标准，往往还存在不少争议，如对一些汉字还没有一致认可的笔画数。

国家标准 GB 2312－80《信息交换用汉字编码字符集基本集》已于1980年发布使用，它奠定了我国中文信息处理技术的发展，将6763个汉字，分为一级汉字3755个，二级汉字3008个。

1984年“全国计算机与信息处理标准化技术委员会”提出编码字符集的繁体字和简体字对应编码的原则，并做出了制定六个信息交换用汉字编码字符集的计划。这六个集分别命名为基本集、第一辅助集（辅一）、第二辅助集（辅二）、第三辅助集（辅三）、第四辅助集（辅四）、第五辅助集（辅五）。其中，基本集、辅二集、辅四集是简体字集，辅一集、辅三集、辅五集分别是基本集、辅二集、辅四集的繁体字映射集，且简/繁字在两个字符集中同码（个别简/繁关系为一对多的汉字除外）。

这六个集均采用双七位编码方式，但为了避开ASCII表中的控制码，每个七位只选取了94个编码位置。所以每张代码表分94个区和94个位。其中前15区作为拼音文字及符号区或保留未用，16区到94区为汉字区。

（1）基本集 GB 2312－80：收入汉字信息交换用的基本图形字符，采用一字一码的原则，具体包括：一般符号，序号，数字，拉丁字母，日文假名，希腊字母，俄文字母，汉语拼音符号，汉语注音字母及简化汉字6763个。总计7445个图形字符。

（2）其他五个辅助汉字集：辅二集（GB 7589－87）和辅四集（GB 7590－87）是作为基本集的补充而编制的，均收通用规范的简体汉字，分别收字7237和7039个，都以部首为序排列，部首次序按笔画数排列，同部首字按部首以外的笔画数排列，同笔画数的字以笔形顺序（横、直、撇、点、折）为序。

这两个集都不收异体字，共约有4200多个字是经过类推简化得到的，提高了整个字符集的规范性，但降低了字符集的实用性。

比较而言辅二集所收汉字具有较高通用性和实用性。

辅一集（GB 12345－90）已于1990年发布，是与基本集对应的繁体字集，共收图形字符7583个，其中前15区除收集了GB 2312中前15区内收的全部字符外，又增收了35个竖排标点符号和汉语拼音符号。从16区至91区共收6866个繁体汉字。一级汉字数和二级汉字数都与GB2312相同，另有103个繁体字是属于简/繁为一对多的字。对于简/繁一对多的情况，则选一个最通用的繁体字码置于与基本集中该字相对应的码位，其余的则按拼音序编码于88和89区。

辅三集和辅五集分别是辅二集和辅四集的一一对应的繁体字符集，比辅二集和辅四集中的字有更多的使用机会。

（3）汉字内部码：用二进制代码来表示字符和汉字是现代信息交换中通用的手段，它除广泛应用于通信（电报、电传等数据通信，如GB 8565－88信息处理文本通信用编码字符集）外，还在计算机中得到普遍使用。在计算机中使用的字符和汉字的代码，通常为内码。目前的计算机系统，无论是硬件还是软件都是基于西文字符集（如ASCII）设计生产的，而大多数汉字字符集中的汉字编码都与机内原有西文字符编码发生了冲突，有两种解决的方法：

①保持原有西文字符编码，修改汉字编码。

②将西文字符和汉字统一编码，即原有西文字符的编码也要修改。

如ISO 10646就采用了第二种方法，可以说彻底解决了各个文种的字符（包括汉字）的机内码问题。

但第二种方法无法继续使用已有的计算机系统，几乎全部工作都要从头开始。目前使用更多的是上述的第一种方法。

为了让更多的文字进入现有的计算机系统，可以采用“一码对多字”的技术：即同一个机内码在不同情况下表示不同的字符（这些不同的字符往往有密切的联系）。这样的系统大都设置了切换键，用来选取系统的当前环境。

（4）汉字外码：无论是区位码或国标码都不利于输入汉字，为方便汉字的输入而制定的汉字编码，称为汉字输入码。汉字输入码属于外码。不同的输入方法，形成了不同的汉字外码。常见的输入法有以下几类：

按汉字的排列顺序形成的编码（流水码）：如区位码；

按汉字的读音形成的编码（音码）：如全拼、简拼、双拼等；

按汉字的字形形成的编码（形码）：如五笔字型、郑码等；

按汉字的音、形结合形成的编码（音形码）：如自然码、智能ABC。

输入码在计算机中必须转换成机内码，才能进行存储和处理。

（5）汉字字形码：为了将汉字在显示器或打印机上输出，把汉字按图形符号设计成点阵图，就得到了相应的点阵代码（字形码）。

全部汉字字码的集合叫汉字字库。汉字库可分为软字库和硬字库。软字库以文件的形式存放在硬盘上，现多用这种方式；硬字库则将字库固化在一个单独的存储芯片中，再和其它必要的器件组成接口卡，插接在计算机上，通常称为汉卡。

用于显示的字库叫显示字库。显示一个汉字一般采用16×16点阵或24×24点阵或48×48点阵。已知汉字点阵的大小，可以计算出存储一个汉字所需占用的字节空间。例：用16×16点阵表示一个汉字，就是将每个汉字用16行，每行16个点表示，一个点需要1位二进制代码，16个点需用16位二进制代码（即2个字节），共16行，所以需要16行×2字节/行=32字节，即16×16点阵表示一个汉字，字形码需用32字节。即：

$$字节数=点阵行数\times点阵列数/8$$

用于打印的字库叫打印字库，其中的汉字比显示字库多，而且工作时也不像显示字库需调入内存。

可以这样理解，为在计算机内表示汉字而统一的编码方式形成汉字编码叫内码（如国标码），内码是惟一的。为方便汉字输入而形成的汉字编码为输入码，属于汉字的外码，输入码因编码方式不同而不同，是多种多样的。为显示和打印输出汉字而形成的汉字编码为字形码，计算机通过汉字内码在字模库中找出汉字的字形码，实现其转换。

例如用 24×24 点阵来表示一个汉字（一点为一个二进制位），则 2000 个汉字需要多少 KB 容量？

$$(24 \times 24/8) \times 2000/1024 = 140.7KB \approx 141KB$$

（6）GB 18030－2000：GB18030 的第一个版本 GB18030－2000《信息交换用汉字编码字符集基本集的扩充》，是我国政府于 2000 年 3 月 17 日发布的新的汉字编码国家标准，2001 年 8 月 31 日后在中国市场上发布的软件必须符合本标准。GB 18030 字符集标准的出台经过广泛参与和论证，来自国内外知名信息技术行业的公司，信息产业部和原国家质量技术监督局联合实施。

GB 18030 字符集标准解决汉字、日文假名、朝鲜语和中国少数民族文字组成的大字符集计算机编码问题。该标准的字符总编码空间超过 150 万个编码位，收录了 27484 个汉字，覆盖中文、日文、朝鲜语和中国少数民族文字。满足中国大陆、香港、台湾、日本和韩国等东亚地区信息交换多文种、大字量、多用途、统一编码格式的要求。并且与 Unicode 3.0 版本兼容，填补 Unicode 扩展字符字汇“统一汉字扩展 A”的内容。并且与以前的国家字符编码标准（GB2312，GB13000.1）兼容。

GB 18030 标准采用单字节、双字节和四字节三种方式对字符编码。单字节部分使用 0×00 至 0×7F 码（对应于 ASCII 码的相应码）。双字节部分，首字节码从 0×81 至 0×FE，尾字节码位分别是 0×40 至 0×7E 和 0×80 至 0×FE。四字节部分采用 GB/T 11383 未采用的 0×30 到 0×39 作为对双字节编码扩充的后缀，这样扩充的四字节编码，其范围为 0×81308130 到 0×FE39FE39。其中第一、三个字节编码码位均为 0×81 至 0×FE，第二、四个字节编码码位均为 0×30 至 0×39。

目前，我国大部分计算机系统仍然采用 GB 2312 编码。GB 18030 与 GB 2312 一脉相承，较好地解决了旧系统向新系统的转换问题，并且改造成本较小。从我国信息技术和信息产业发展的角度出发，考虑到解决我国用户的需要及解决现有系统的兼容性和对多种操作系统的支持，采用 GB 18030 是我国目前较好的选择，而 GB 13000.1 更适用于未来国际间的信息交换。考虑到 GB 18030 和 GB 13000 的兼容问题，标准起草组编制了 GB 18030 与 GB 13000.1 的代码映射表，使得两个编码体系可以自由转换。同时，还开发了 GB 18030 基本点阵字型库。双字节部分收录内容主要包括 GB13000.1 全部 CJK 汉字 20902 个、有关标点符号、表意文字描述符 13 个、增补的汉字和部首/构件 80 个、双字节编码的欧元符号等。四字节部分收录了上述双字节字符之外的，包括 CJK 统一汉字扩充 A 在内的 GB 13000.1 中的全部字符。到了 2005 年，GB 18030－2005 收录了 70244 个汉字。

第五节　计算机的应用与发展趋势

一、计算机的应用领域

计算机的应用领域非常的广泛，随着计算机技术的发展，计算机已经应用到各个领域，如图 1－3 所示。

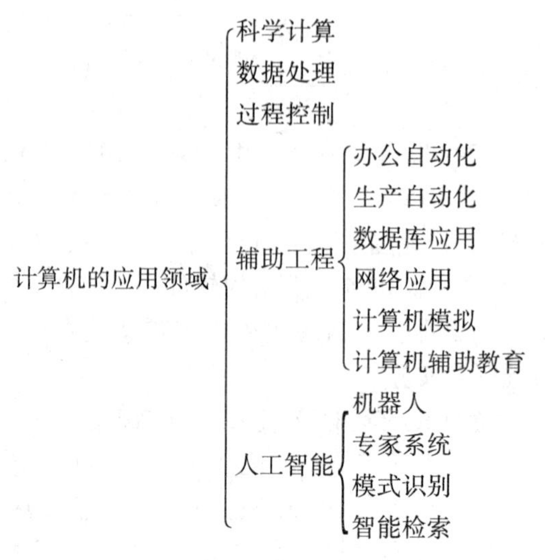

图 1－3　计算机应用领域图示

1. 科学计算　科学计算是计算机最早的应用领域。第一批问世的计算机最初取名 Calculator，以后又改称 Computer，就是因为它们当时全都用作快速计算的工具。同人工计算相比，计算机不仅快，而且精度高。

2. 数据处理　早在 20 世纪 50 年代，人们就开始把登记、统计账目等单调的事务工作交给计算机处理。20 世纪 60 年代初期，大银行、大企业和政府机关纷纷用计算机来处理账册、管理仓库或统计报表，从数据的收集、存储、整理到检索统计，应用的范围日益扩大，很快就超过了科学计算，成为最大的计算机应用领域。

3. 过程控制　由于计算机不仅支持高速运算，而且具有逻辑判断能力。自 20 世纪 60 年代起，就在冶金、机械、电力、石油化工等产业中用计算机进行实时控制。其工作过程是：首先用传感器在现场采集受控制对象的数据，求出它们与设定数据的偏差；接着由计算机按控制模型进行计算；然后产生相应的控制信号，驱动设备装置对受控对象进行控制或调整。它实际上是自动控制原理在生产过程中的应用，所以有时也称为“过程控制”。

4. 办公自动化　办公自动化（Office Automation 简称 OA），70 年代中期从发达国家发展起来的一门综合性技术。它是计算机、通信与自动化技术相结合的产物，也是当代适用面最广的一类应用。

随着网络的推广和 OA 设备的完善，办公自动化在电子邮件系统、远程会议、高密度电子邮件、多媒体综合信息处理等方面得到了迅猛的发展。由 OA 网络连接起来的新办公系统，正在逐步取代传统、分散的办公室，更好地适应信息社会的需要。

5. 生产自动化　生产自动化（Production Automation）包括计算机辅助设计、计算机辅助制造和计算机集成制造系统等内容。它们是计算机在现代生产领域，特别是制造业中的应用，不仅能提高自动化水平，而且使传统的生产技术发生了革命性的变化。

6. 其他辅助工程

（1）数据库应用（Database Applications）：在计算机的现代应用中占有十分重要的地位。办公自动化和生产自动化都离不开数据库的支持。事实上，今天在任何一个发达国家，大到国民经济信息系统和跨国的科技情报网，小到个人与亲友的通信和银行储蓄，无一不与数据库打交道。了解、学习数据库，已成为计算机应用的一项基本内容。

（2）网络应用（Networking Application）：早在20世纪70年代，国外已有一批广域网投入。从1970年代早期的以太网（Ethernet）到今天广泛流行的Novell网，LAN的技术日趋成熟，应用软件不断丰富，各种标准逐步统一。我国也在政府的统一规划下，制定并开始实施规模空前的国家经济信息网、教育科研网和公用数据通信网的建设计划。

（3）计算机模拟（Computer Simulation）：在传统工业生产中，常使用模型对产品或工程进行分析和设计。20世纪60年代以后，人们尝试用计算机程序代替实物模型来做模拟实验，计算机模拟不仅成本低，而且得出结果快，所以在工业和科研部门被广泛采用。目前，这一技术被广泛应用于电影、电视的特技和广告的动画设计制作。

（4）计算机辅助教育（简称CBE）：是计算机在教育领域的应用，也是近20年来新兴的一种教育技术。计算机辅助教育包含计算机辅助教学（CAI）和计算机管理教学（CMI）两个部分。我们通常说的计算机辅助教学主要是指CAI，它是使用计算机作为教学工具，把教学内容编制成教学软件—课件，学习者可根据自已的需要和爱好选择不同的内容，在计算机的帮助下学习，以实现教学内容多样化、形象化。随着计算机网络技术的不断发展，特别是全球计算机网络Internet的实现，计算机远程教育已成为当今计算机应用技术发展的主要方向之一，它有助于构建个人的终生教育体系，是现代教育的一种教学模式。

7. 人工智能　人工智能（Artificial Intelligence）简称AI，有时也译作“智能模拟”，因为它的主要目的是用计算机来模拟人的智能。近20余年来，围绕AI的应用主要表现在以下几个方面：

（1）机器人（Robots）：机器人诞生于美国，但发展最快的是日本。一类叫“工业机器人”，它由事先编制好的程序控制，通常用于完成重复性的规定操作；另一类是“智能机器人”，具有感知和识别能力，能说话和回答问题。

（2）专家系统（Expert System）：专家系统是用于模拟专家智能的一类软件。专家的丰富知识和经验，是社会的宝贵财富。把它们总结出来预先存入计算机，配上相应的软件，需要时只须由用户输入要查询的问题和有关的数据，上述软件便能通过推理和判断，并向用户作出解答。因为这类软件既能保存专家们的知识经验，又能模仿专家的思想与行为，所以称为专家系统。

（3）模式识别（Pattern Recognition）：这是AI最早的应用领域之一，重点是研究图形（包括符号和图像）识别和语言识别。例如，机器人的视觉器官和听觉器官、公安机关的指纹分辨，乃至能够识别手写邮政编码的自动分信机，都是模式识别的应用实例。模式识别的实质，是抽取被识别对象的特征，与已知对象的特征进行比较与判别。它使用的方法主要有“结构法”和“统计法”两大类，前者适用于结构明显的模式，后者适用于结构不强、且伴有噪声的模式。

（4）智能检索（Intelligent Search）：在传统数据库存储的数据都代表已知的“事实”，而智能数据库和知识库除存储事实外，还能存储供推理和联想使用的“规则”。因此，智能检索应具有一定的推理能力，从而能根据规则去推知比已知事实更多的内容。智能检索的应用范围很广，例如，机器人虽然有一个“大脑”，但它的数据库容量有限，如果让它具有智能检索功能，必能使机器人更聪明。

二、计算机的发展趋势

1. 向“高”的方向发展 性能越来越高，速度越来越快，主要表现在计算机的主频越来越高。像早期我们使用的都是286、386、主频只有几十兆。20世纪90年代初，集成电路集成度已达到100万门以上，从VLSI开始进入ULSI，即特大规模集成电路时期。而且由于RISC技术的成熟与普及，CPU性能年增长率由20世纪80年代的35%发展到20世纪90年代的60%。到后来出现奔腾系列，到现在已出现了奔腾4微处理器，主频达到2GHz以上。而且计算机向高的方面发展不仅是芯片频率的提高，而且是计算机整体性能的提高。一个计算机中可能不只用一个处理器，而是用几百个几千个处理器，这就是所谓并行处理。也就是说提高计算机的性能有两个途径：一是提高器件速度，二是并行处理。如前所述，器件速度通过发明新器件（如量子器件等），采用纳米工艺、片上系统等技术还可以提高几个数量级。以大规模并行为标志的体系结构的创新与进步是提高计算机系统性能的另一重要途径。目前世界上性能最高的通用计算机已采用上万台计算机并行，美国的ASCI计划已经完成每秒12.3万亿次并行机。已经研制出30万亿次和100万亿次并行计算机。并且在2010年已经推出每秒一千万亿次并行计算机（Petaflops计算机），其处理机采用超导量子器件，每个处理机每秒100亿次，共用10万个处理机并行。专用计算机的并行程度比通用机更高。IBM公司正在研制一台用于计算蛋白质折叠结构的专用计算机，称做兰色基因（Blue Gene）计算机，一块芯片中就包括32个处理机，峰值速度达每秒一千万亿次。将几千几万台计算机连结起来构成一台并行机，就如同组织成千上万工人生产一个产品一样，决不是一件容易的事。并行计算机的关键技术是如何高效率地把大量计算机互相连接起来，即各处理机之间的高速通信，以及如何有效地管理成千上万台计算机使之协调工作，这就是并行计算机的系统软件-操作系统的功能。如何处理高性能与通用性以及应用软件可移植性的矛盾也是研制并行计算机必须面对的技术选择，也是计算机科学发展的重大课题。

2. 向“广”度方向发展 计算机发展的趋势就是无处不在，以至于像“没有计算机一样”。近年来更明显的趋势是网络化已向各个领域的渗透，即在广度上的发展开拓。国外称这种趋势为普适计算（Pervasive Computing）或叫无处不在的计算。举个例子，问你家里有多少马达，谁也说不清。洗衣机里有，电冰箱里有，录音机里也有，几乎无处不在，我们谁也不会去统计它。未来，计算机也会像现在的马达一样，存在于家中的各种电器中。那时问你家里有多少计算机，你也数不清。你的笔记本，书籍都已电子化。包括未来的中小学教材，再过十几、二十几年，可能学生们上课用的不再是教科书，而只是一个笔记本大小的计算机，所有的中小学的课程教材，辅导书，练习题都在里面。不同的学生可以根据自己的需要方便地从中查到想要的资料。而且这些计算机与现在的手机合为一体，随时随地都可以上网，相互交流信息。所以有人预言未来计算机可能像纸张一样便宜，可以一次性使用，计算机将成为不被人注意的最常用的日用品。

3. 向“深”度方向发展，即向信息的智能化发展　网上有大量的信息，怎样把这些浩如烟海的东西变成你想要的知识，这是计算科学的重要课题，同时人机界面更加友好。未来你可以用你的自然语言与计算机打交道，也可以用手写的文字打交道，甚至可以用你的表情、手势来与计算机沟通，使人机交流更加方便快捷。电子计算机从诞生起就致力于模拟人类思维，希望计算机越来越聪明，不仅能做一些复杂的事情，而且能做一些需“智慧”才能做的事，比如推理、学习、联想等。自从 1956 年提出“人工智能”以来，计算机在智能化方向迈进的步伐不尽人意。科学家多次关于人工智能的预期目标都没有实现，这说明探索人类智能的本质是一件十分艰巨的任务。目前计算机“思维”的方式与人类思维方式有很大区别，人机之间的间隔还不小。人类还很难以自然的方式，如语言、手势、表情与计算机打交道，计算机难用已成为阻碍计算机进一步普及的巨大障碍。随着 Internet 的普及，普通老百姓使用计算机的需求日益增长，这种强烈需求将大大促进计算机智能化方向的研究。近几年来计算机识别文字（包括印刷体、手写体）和口语的技术已有较大提高，已初步达到商品化水平，估计 5 –10 年内手写和口语输入将逐步成为主流的输入方式。手势（特别是哑语手势）和脸部表情识别也已取得较大进展。使人沉浸在计算机世界的虚拟现实（Virtual Reality）技术是近几年来发展较快的技术，21 世纪将会更加迅速的发展。

三、计算机在药学中的应用

近几十年来，由于计算机在药学中的应用促进药学学科产生了一系列的重要成就。到目前为止已经产生如下诸多方面的影响。

（1）计算机与药学的结合，产生了一系列新兴的边缘学科，如计算药剂学、计算药理学、计算药物分析学、计算药物代谢与计算药物动力学、药学模式识别等。

（2）使用计算机摆脱了凭经验作图或表格式数据处理的方式，大规模试验设计和统计分析成为可能，促进了药学实验数据处理方式与方法的发展。

（3）用计算机自动控制分析测试仪器，采集测试数据并进行相应处理，提高了仪器测试精度和实验室的自动化程度，加快了测试速度，保证了测试精度和灵敏度。

（4）使用计算机和国际互联网检索文献，加速了情报信息的交流，为科学研究和生产活动赢得了大量宝贵时间，减少不必要的浪费。

（5）使用计算机搜集情报数据，建立和完善了诸多数据库，加之人工智能活动，可以组成诸多专家系统，促进知识提取、储藏、开发和应用。

（6）使用计算机促进了药学理论体系的完善，如中药中大量药学信息的模式识别、有效物质基础研究、药理药效活性成分研究、药物代谢和药物动力学研究方面等。

(7) 使用计算机促进了药物设计、高通量药物筛选和实验室成果放大生产，大大加速了制药工程工艺的改革，提高了产量，降低了消耗，保证了质量。

(8) 使用计算机模拟药学实验、处理实验数据等，促进了高等药学大专院校开展计算机辅助教学、辅助实验和辅助管理，教学质量有所提高。

(一) 药学信息学

随着药学科学的飞速发展和与其他相关学科的相互渗透，文献数量剧增，人工检索已难于适应要求。借助计算机检索服务，可以在几分钟内完成一个课题的全面检索工作，大大节省科研人员查找资料的时间。世界各科技强国都致力于发展计算机检索系统，并进行国际性大协作，把科学技术情报作为世界各国共享的财富。

使用计算机可进行定期情报检索，根据用户预定的主题词定期从现刊中检索出有关情报，跟踪同类专题的动态和进展；也可进行追溯检索，普查一定时段内的情报资料，全面系统了解有关课题的信息；还可进行国际联机检索，解决某些课题检索的急需，有着较高的时效性。国际联检系统终端往往通过电话线或通讯网络与世界上多个联机系统多达几百个数据库相联，具有极大的信息量，数据库更新周期又较短。缺点是上机操作复杂，检索费用高。

DIALOG 是目前世界上最大的国际联检系统，从 1963 年开始建造，1972 年正式使用，存储专业面很广，包括自然科学和社会科学各个领域，其中与药物设计有关的有 CA SEARCH 等数据库。据统计，在国内已开通十多个国际联检系统，DIALOG 使用最多，占总机时的 80% 以上，其中的 CA SEARCH 是使用最多的数据库，又占了 80 % 以上。CA SEARCH 数据库的信息来源于世界上化学文献收藏最全的美国化学文摘 (Chemical Abstract, CA)，使用 CA SEARCH，可以进行特定化学物质制备与生产的文献检索，也可以进行新合成化合物的查新。

美国科学情报研究所出版的科学引文索引 (Science Citation Index, SCI) 除手册外还有光盘版和联机检索，联机检索可快捷方便地检索到 1 周前的收录，时效性极强。

20 世纪 80 年代，以美国化学文摘社 (CAS) 为主，由德国专业信息中心 (FIZ) 和日本科技信息中心 (JICST) 加盟，成立了国际科技信息检索网 (Scientific and Technical Information Network , STN international)，提供了多学科数据库的联检。如由 1000 多万个记录组成的主题 CA 数据库 CA File；收载 1967 年以前老文献的 CA OLD File ；有着 1700 多万个 CA 登录号的各种化学物质登录号数据库 REGISTRY；反应数据库 CASREACT 和专利数据库 MARPAT；英国 Derwent 药物数据库 DDFB/DRUGB (收载 1964 年至 1982 年) 和 DDFU/DRUGU (收载 1983 年以后)；新药物产品数据库 DRUGLAUCH (1982 年以后)。

现代药物分析工作越来越多地使用了仪器分析，各种分析测试仪器与计算机联接，出现了多种仪器的联机使用和自动化，不仅用于电化学、波谱学、动力学、平衡常数的测定，还能进行数据处理、统计分析和结果存储，使药物分析向着灵敏、精确、快速方向发展。特别是采用了化学计量学的研究成果，使仪器分析方法日趋完善。化学计量学 (chemo metrics) 属化学分支学科，它借助计算机技术，用数学和统计方法来设计和选择最佳的计量和实验方法，从化学计量中取得相关信息。它涉及到统计学、光谱和波形分析、校正技术、模拟与参数估算、因子分析、模式识别、最优化、运筹学及控制论等计算机应用技术。采用化学计量学的研究成果，可提高药物分析测试的精密度、准确度、灵敏度和选择性，促进分析方法的改革，有利于分析仪器联机化与自动化的实现，也可确定最优实验方案，发展新的药物分析方法。

质谱、色谱、红外光谱、核磁谱、X 射线衍射谱、各种电子能谱等在药物的研究和分析中有广泛的应用。这些谱图的数据量极大，如何快速、正确地解释这些数据并从中获取有用的信息是计算机应用的广阔领域，计算机不但可以进行简单的查阅和检索，而且可以做更复杂的图像识别工作。根据谱图数据库和已掌握的规律，计算机可以处理复杂的、与多种因素有关的数据信息，总结规律，进而解析出结构式。例如，人们已积累了近万种纯化合物的红外光谱，假定有一未知的样品，它的红外光谱可能是单一化合物的光谱，也可能是多个化合物谱图的叠加，有了计算机的数据库和图像识别法，就不必凭个人记忆和经验，花费很大的时间和精力去查证、分析，而只需将红外光谱测量的结果输入计算机，计算机将其与数据库中数据或图像作对比分析，根据相似程度就能得到有关化合物种类、结构及性质的信息。又如 NMR 谱的解析可采用 NMR 谱图智能化结构分析专家系统来解决，先根据大量已知化合物的子结构环境和^1H谱化学位移的相关性，建造^1H 谱数据库，完成数据库中子结构 - 化学位移的归属。运用谱图解释软件，对输入的未知化合物数据进行分析，可推测该化合物的分子结构。

计算机在临床药学的应用极其广泛，无论是临床药理学、药动学、药效学、药物流行病学的研究，还是治疗药物监测、药物不良反应的鉴别诊断、体内药物及代谢物测定方法、药物相互作用预测、合理用药、临床个体化给药方案等各方面，都展示出其巨大潜力和诱人前景。例如，计算机控制的智能化给药系统，通过外置的感知器得到的生理生化及病理指标来控制药物的输送量，以达到用最合理的剂量获得最佳治疗效果，并最大限度降低药物毒副作用的目的。

应用计算机管理和处理医院药剂科药品入库、划价、结算、用药查询、统计分析等数据信息，能提高药品的自动化和科学化管理水平。将药库、门诊或急诊药房、住院病房、制剂室、药品采购、财务科、主任咨询等各部门的信息管理系统进行计算机联网，可实现医疗部门、药剂科及财务部门对药品的联网管理。通过数据库技术和网络技术，还可实现药品的网络上交易、查询、交流、签订合同和结算等，既方便又快捷。

一般的药品开发都要经过实验室小试、中试，再到工业大规模生产这几个过程。利用计算机模拟技术，可以尝试绕过小试和中试这两个阶段，直接进行一次放大。这项技术根据实验室所做的化学反应实验结果和工业生产中的各种经验及规律，提出合理的数学模型，通过计算机模拟工业生产，获得大规模工业生产所需要的各种数据，缩短药物开发生产的时间。现已出现了用计算机和机器人控制的自动化制药工厂，药物在密闭的空间生产，使药物生产污染少、品质优、效率高。

随着人类基因组计划的实施和深入，产生了海量的生物信息，使用信息技术可以对其进行有效的整理和分析，然后应用于药物的设计和开发，以达到合理药物设计的目的。这里涉及大量与药学相关的生物信息的获取、分析和在药物开发的应用，包括序列比对及数据库搜索基本方法，核酸序列分析方法，蛋白质序列分析方法，新药开发相关生物信息学软件，计算机辅助药物设计，计算机辅助疫苗设计，生物芯片和药物基因组学等技术。

综上所述，这些共同构成了现代药学信息学。尽管这门新兴学科还在发展，目前尚未有明确的定义，但是它的发展是显而易见、不可阻挡的。药学信息学的研究对象是药学领域中的各种信息，以及信息传播、信息存储、信息提取和对知识表达的逻辑建构等信息行为，这是区别于其他领域的信息学的重要标志之一，也是药学信息学能够成为一门独立学科的基本条件之一。药学信息学的研究目的不仅是信息的利用，还要扩展药学工作者的智能功能，更重要的是要促进药学和人类社会健康保障事业的现代化。

目前，药学信息学的研究已经越来越受到各国的重视。一些发达国家已经培养了一大批高层次药学信息学专门人才。国内各学会也相继成立药学信息学专业学术机构，药学信息学研究方兴未艾。

（二）计算机辅助药物设计

计算机辅助设计（Computer Aided Design，CAD）将计算机的数据计算、存储、图形处理等各种技术应用到各种设计领域中，节省了大量的人力、物力，且易于发挥设计师的智慧和创造力。CAD 技术已在机械、电子、建筑、轻工、服装、艺术等行业中得到有效运用。近 30 年来计算机新技术（包括计算机辅助设计技术）已应用于药物学及其相关学科，特别在药物开发过程中起着日益重要的作用，改变了药学科学的面貌。而对学科带来最显著、最具革命性意义的是计算机技术与新药开发过程的结合，使药物构效关系研究发展到了定量构效关系研究和三维定量构效关系研究。用计算机处理并在屏幕上显示生物大分子和药物分子模型，特别是计算机辅助设计技术与合理药物设计过程的结合则产生了计算机辅助药物设计（Computer－Aided Drug Design，CADD），同时带动了一系列相关技术的发展。

1. 生物大分子的结构分析　蛋白质是由基本单位 α－ 氨基酸所组成的大分子化合物，核酸则是由核苷酸组成的大分子化合物。这些生物大分子结构的解析，包括一级结构（序列）和高级结构（空间结构）的解析，是一项十分艰巨的工作。现在已测得十万余种蛋白质的一级结构和近万种蛋白质的高分辨率三维结构。已完成人类所有基因的 DNA 序列测定。生物大分子的序列测定和空间结构的测定或建模都离不开计算机的辅助。比如在蛋白质测序中，用二维聚丙烯酰胺凝胶电泳技术，将蛋白质经过二次垂直方向上的分离，其结果可能为一拥有近千个蛋白点的电泳图。根据氨基酸分析鉴定，用计算机软件进行图像分析和数据处理，以此结果上网查询蛋白质数据库或与之对应的基因库，分析与已知的结构是否匹配，确定出是否为一新的蛋白质。利用计算机的计算、图形显示等功能，可以模拟出分子的三维结构。

2. 计算机辅助合成路线设计　药物研究与开发的重要一环是药物的合成。合成路线的设计，可以凭合成化学家的经验并参考文献方法，也可以从已知知识中找出共同规律，类比推断出合成路线。利用计算机辅助设计（CAD）技术进行有机合成设计自 20 世纪 60 年代后期以来日益得到重视，其理论与实践日臻完善。基于已知合成路线的检索型设计是用合成反应管理软件把文献中已积累的大量有机合成路线存入计算机，同时将可供选择使用的原料信息也存储起来，制成合成反应数据库。只要研究人员提出欲合成的化合物，计算机就可以根据特定的要求去选择最佳的合成路线。在人工智能技术的辅助下，基于反应规律的推理型设计还可推断出数据库中所没有的新的合成路线。

3. 药物筛选自动化　化合物的广泛药理筛选是发现新药的传统方法和有效途径。可供筛选的化合物来源相当广泛，包括合成化合物、天然提取物、微生物发酵液以及通过组合化学技术获得的化合物。这些化合物的数量极大，为避免漏筛某方面的活性，一般还要经过几十种药理模型的筛选，由计算机和机器人组成的筛选系统可以高速、高效和大规模地、自动地筛选样品。目前，10μg 的化合物已足以供几十种药理模型筛选，而且每天可筛选多达上万个化合物，从而提供有研究与开发价值的先导化合物。

4. 计算机化学　药学是一门基于化学和生命科学的学科。现代化学早已突破了传统化学的研究范围，与其他学科结合形成了众多边缘学科。这些新产生的边缘学科往往成为化学发展的前沿，为现代药学科学的突飞猛进提供了坚实的理论基础。比如化学与数学及计算机科学的结合，产生了计算机化学，用计算机来快速处理化学中的复杂、繁琐的数学计算。量子化学、分子力学、分子动力学、分子模拟和分子图形学、计算机辅助合成设计和计算机辅助药物设计均属计算机化学（Computer chemistry）的研究领域。计算机化学另有一个类似的名词一计算化学（Computational chemistry），常指需要大量计算的化学分支学科的集成，如量子化学、NMR 计算等。分子图形学、计算机辅助药物设计等实用方法和技术是在计算化学的基础上衍生出来的。

量子化学是运用量子力学来处理化学问题。量子力学理论应用到具体的化学体系时，要涉及到对分子（多电子体系）的复杂计算，必须借助计算机。量子力学是研究分子结构和性质的最重要的方法，实验中常常用量子力学方法计算得到分子力学和分子动力学参数，甚至计算机分子图形学也要用到此计算，再从量子力学结果中分析并建立分子模型。而分子力学、分子动力学和计算机图形学又是计算机辅助药物设计的基础。

5. 组合化学　组合化学（Combinatorial chemistry）是一项综合化学、生物学、组合数学、计算机信息处理技术、机器人技术、测试技术等多项理论和技术的新型技术。利用组合化学能在短时间内合成数目惊人的化合物，经过高效生物活性筛选，从中发现一批具有活性和开发前景的药物前体。它是新药研究的一项崭新的技术。组合化学技术涉及两大方面，即组合化学合成和群集筛选。计算机辅助下的组合化学研究主要包括设计及合理分组组合构建块、自动合成、设计及分组组合化学库、自动筛选以及数据处理、统计、分析等信息管理。

6. 蛋白质工程　人们在研究蛋白质结构与功能关系时，希望通过改变天然蛋白质结构，创造出与天然蛋白质有所不同的符合人们特定需要的非天然的蛋白质，从而提高蛋白质对热、pH、水解或氧化的稳定性，或改进生物活性，或降低毒性，或制成具有生物靶向作用的蛋白质类或多肽药物。蛋白质工程是在蛋白质空间结构和结构与功能研究的基础上，借助计算机计算功能、图形显示功能和辅助设计功能，确定某一蛋白质分子的改造。按设计方案，或进行局部的定位突变或化学修饰；或对不同蛋白质中不同功能的区段做分子裁剪与拼接；或做全新蛋白质设计（denovo protein design），从头设计出具有所需功能的非天然蛋白质，通过 DNA 重组技术手段，克隆并表达出杂合蛋白质，获得新的蛋白质分子。蛋白质工程融合了遗传工程、蛋白质化学、蛋白质晶体学和计算机技术，它为合理药物设计提供了源泉和前提，而合理药物设计又拓宽了蛋白质工程的研究范围。

7. 计算机辅助药物设计　计算机辅助药物设计即利用计算机的计算、逻辑判断、图形显示等功能进行药物设计。设计中许多繁重的工作如计算、数据的存储和处理、显示、预测等，均由计算机来完成。如果没有计算机，仅靠人脑是不可能完成以上工作的。

随着计算机科学的进步，以及数学、化学、物理学、生物化学、药物化学、分子生物学和结构生物学等基础学科的发展，利用量子化学、分子力学、分子动力学计算，以及用计算机图形学、数据库技术、人工智能技术进行药物分子设计的研究在不断地发展、丰富和完善，从而推动药物设计理论和技术的不断发展。药物结构及其活性关系的研究已由以往的二维平面分析上升到如今的三维空间研究，开辟了药物研究的新天地。根据理论计算数据和物理化学测定数据，使用计算机分子图形模拟功能，可以展示已知三维结构的生物大分子，显示模拟药物与受体间契合情况，并计算相互作用的能量变化，研究药物分子的药效构象、诱导契合和与受体作用的动态过程，设计出新的药物分子；还可以预测仅知一级结构的生物大分子的三维结构，进而反推出作用于该生物大分子的药物应有的结构式和空间结构；还能根据一系列同类药物的结构活性数据，抽提出药物作用的基本结构，间接地设计出新的药物分子；此外，还可进一步优化药物的分子结构，增加药物与受体之间的作用强度，或提高药物的生物利用度。它不仅能够大大减少寻找新药的盲目性和偶然性，也能为药物学家提供理论思维形象化的表达，是药物设计强有力且方便、直观的手段。

概括地说，下列药物设计过程离不开计算机的辅助：

· 化学和生物信息处理
· 药效基团生成
· 化学计算
· 药物作用模型
· 化学计量学处理
· 药理活性预测
· 组合化学
· 二维和三维构效分析
· 分子模型化
· 合成数据库设计
· 全新药物设计

计算机辅助药物设计从 20 多年前的初始阶段发展到现在，已形成了一门新兴学科，显示出了强大的威力，大大地提高了药物设计水平，并且趋于定向化和合理化，为加速药物设计开辟了广阔的前景。

（三）药学数据挖掘

数据挖掘（Data Mining，DM），又称为数据库中的知识发现（Knowledge Discovery in Database，KDD），就是从大量数据中获取有效的、新颖的、潜在有用的、最终可理解的模式的非平凡过程，简单的说，数据挖掘就是从大量数据中提取或“挖掘”知识。

并非所有的信息发现任务都被视为数据挖掘。例如，使用数据库管理系统查找个别的记录，或通过因特网的搜索引擎查找特定的Web页面，则是信息检索（information retrieval，IR）领域的任务。虽然这些任务是重要的，可能涉及使用复杂的算法和数据结构，但是它们主要依赖传统的计算机科学技术和数据的明显特征来创建索引结构，从而有效地组织和检索信息。尽管如此，数据挖掘技术也已用来增强信息检索系统的能力。

数据挖掘技术是一门从应用中发展起来的边缘学科，20世纪90年代有了突飞猛进的发展。近年来，随着计算机技术及数据库技术的迅速发展和广泛应用，数据挖掘引起了人们的极大关注，其主要原因是科学工作者借助于先进仪器和实验手段在获得了大量实验数据后对强有力的数据分析工具的需求，迫切希望将数据转换成有用的信息和知识并实现知识的共享，把对数据的应用从低层次的简单查询，提升到从数据中挖掘知识，提供决策支持。与国外相比，国内对数据挖掘的研究稍晚，但国内的许多科研单位和高等院校已竞相开展知识发现的基础理论及其应用研究。

最近，Gartner Group的一次高级技术调查结果表明，已将数据挖掘和人工智能列为“未来三到五年内将对工业生产产生深远影响的五大关键技术”之首，展示了数据挖掘技术的发展趋势和应用前景。目前，国内外已推出了一些数据挖掘的产品和应用系统，并且获得了一定的成功应用，药学科学研究领域数据挖掘也开始有了长足的发展。例如数据挖掘在中药产品质量控制与评价中的应用研究就走在了前列。

中药指纹图谱具有以下几个特点：一是特征性和专属性，图谱应能体现出中药的种属、产地或采收期的差异；二是可量化性，通过选取合适的定量函数和解析方法，图谱应能对中药成分进行有效控制产品的质量，确保产品质量的相对稳定一致；三是指纹图谱的稳定性、重现性和再现性，这是由药材的标准化和图谱采集环境（分析测试手段）两方面决定的；四是指纹图谱的有效性，这应与中药组效相联系、并且在统计学上其数据有鉴别意义；五是指纹图谱的完整性，由于大部分中药的有效成分未被阐明或全部阐明，因此，仅对某个有效成分或指标性成分进行定性、定量分析，不能有效控制中药的质量，所以图谱中应能相对全面、系统地表现中药已知和未知药理作用的物质成分；六是指纹图谱细节处理的模糊性，因为中药成分间协同、交互作用的复杂机理，在实际问题决策时采用模糊数学等分析手段。

中药指纹图谱形象地反映了物种的具有遗传特性的次生代谢的“共有特征”；又由于次生代谢中地域、生长环境、采收等多种不定因素影响，具有统计学中多元随机分布的“模糊性”，利用模糊数学、统计学、计算机技术等建立一种同时反映此两种特征的方法是可行的及必要的。模式识别的目标是按所含化学成分、图形图像对物质分类、评价中药质量、定量组效关系（quantitative composition - activity relationship，QCAR）

等。模式识别就是将多维空间经过主成分变换“映射”到二维空间，所有模式（样本点）都投影到该平面内，经过分析、判断、识别各种模式的聚类情况，对模式的类别进行划分，确定优化区域和优化方向，然后再线性或非线性“逆映射”到原始空间，得出实际信息，进而对实践做出具体指导与决策。针对模式特征的不同选择及其判别决策方法的不同，可将模式识别方法大致分为5大类。

1. 统计模式识别（statistical pattern recognition，SPR）　统计模式识别是中药指纹图谱的研究中使用较多的经典方法，它包括聚类分析、主成分分析法、非线性映照法等许多具体方法。

（1）聚类分析包括动态聚类法、系统聚类法、模糊聚类法、图论方法等。采用不同的聚类方法，对于相同的记录集合可能有不同的划分结果。在统计分析中，聚类分析是利用研究对像之间的相似性或距离来归类的，这样分类的结果就会随相似系数的选择或距离的选择而发生变化。

（2）主成分分析法是采用降维的模式分类方法，依据K－L变换（Karhunen－Loeve transformation）原理，对数据进行空间转换，找出能反映原来数据特征（特征差异最大）的主成份作为压缩后的变量集合。

（3）非线性映照法是在维持原有的数据结构情况下，将多维空间数据点非线性映照在二维平面上，并考察分类情况的模式分类方法。

另外还有降维，如香农（Shannon）分析、基于多元校正的其他因子分析技术，聚类判别如回归分析、K最近邻分类法（KNN）、相似分析法（SIMCA）、星区图法（多指标点绘聚法），判别分析（距离、贝耶斯、FISHER判别）、线性判别函数和决策树和由FISHER判别分析发展起来的ODP（最优判别平面法）、线性投影法（LMAP）等衍生算法等。根据需要可结合使用。

2. 句法模式识别（syntactic pattern recognition，SPR）　分为训练过程和识别过程，是以模式结构信息为对象的识别技术。在图片处理、指纹分析、汉字识别等方面有广泛应用，适合处理图形和结构信息。

3. 模糊模式方法　就是在模式识别过程中引入了模糊集的概念，由于隶属度函数作为样品与模板相似程度的量度，故能反映整体的、主要的特性，具有很强的结构性知识的表达能力，模糊模式有相当程度的抗干扰与畸变，但准确合理的隶属度函数往往难以建立，一般不具备学习能力。

4. 人工神经网络（Artificial Neural Network，ANN）　人工神经网络方法虽不是传统的模式识别方法，但以它强大处理能力及对处理条件的容忍性，使它成为模式识别方法重要的手段之一，它理论上能以任意精度逼进任意非线性映射问题，可处理环境信息复杂，背景知识不清楚，推理规则不明确的问题，神经网络方法允许样品有较大的缺损和畸变，具有自组织、自适应、联想记忆的优点，具有较高的分辨率，神经网络方法的缺点是其能识别的模式类别还不多。较典型的学习方法是BP法，还有自组织模式SOM、自适应模式ART网络。神经网络系统是一个黑箱系统，网络参数无明确物理意义，初始值的连接权影响结果，经典算法一般无法利用已有的知识，需要较长的学习时间。用途最广BP虽具有很强的内推能力，但其前馈式算法决定了其不适用于推断超出训练及特征以外的样本（外推）。BP 网络的全局误差函数是基于激励函数的非线性函数，意味着由误差函数构成的连接权空间是一个存在多个局部极小点的超曲面，容易陷入局部极小，达不到全局最优。而且训练学习时，按误差函数最速梯度下降方向收敛，误差函数单调下降，也是造成 BP 算法“早熟”的原因，网络的寻优不具有唯一性。

以上这几类模式识别方法特点各不同，必须根据中药指纹图谱的数据形式、分析目的等条件进行选择，可根据单独或结合应用，综合各算法的优点。如将模糊模式引入神经网络方法形成模糊神经网络，可有两类：一类是以神经网络为主，结合模糊集理论。例如，将神经网络参数模糊化，采用模糊集合进行模糊运算。另一类以模糊集、模糊逻辑为主，结合神经网络方法，利用神经网络的自组织特性，达到柔性信息处理的目的；网络连接权初值可以利用已有知识，如无先验知识可利用遗传算法优化网络参数，降低连接权初值设置的敏感度；PCA - ANN 有助于避免网络局部最小点和过拟合现象；模糊聚类法 - NIPLSR 回归多组分测定；针对 BP 算法“早熟”已提出多种改进算法及算法结合，最速下降 - 模拟退火结合（GDSA）。

5. 遗传算法（Genetic Algorithm，GA） 是基于进化理论，并采用遗传结合、遗传变异、以及自然选择等设计方法的优化技术。由于其具有随机搜索性，已应用于各种优化领域，尤其是组合优化。在理论上遗传算法从根本上解决陷入局部最优的难题。是基于自然选择和遗传规律的并行全局搜索算法，它具有很强的宏观搜索能力，算法具有寻优的全局性。因此，先利用遗传算法来训练神经网络，以此时的权值范围作为 BP 算法的初始权值，再用 BP 算法来进行精确求解，就可以在相当大的程度上避免局部极小，训练次数和最终权值也可以相对稳定，训练速度也能大大加快。也可先聚类分析在按类中心用遗传算法寻优。

模式识别现已成功应用于黄芩、砂仁、贝母、三棱、苦丁茶、细辛、黄芪、蟾酥、海马、蛇床子、菟丝子、珍珠粉、乳香、没药、大黄、厚朴、威灵仙、龙胆、人参、石斛等动植物中药材鉴定分类，并且与植物基源鉴定结果一致；其用于中成药的华佗再造丸、乌鸡白凤丸、仲景胃灵片等处方分析，也取得良好效果。

（四）药学专家系统

专家系统（expert system）是人工智能应用研究最活跃和最广泛的课题之一。专家系统是一个智能计算机程序系统，其内部含有大量的某个领域专家水平的知识与经验，能够利用人类专家的知识和解决问题的方法来处理该领域问题。也就是说，专家系统是一个具有大量的专门知识与经验的程序系统，它应用人工智能技术和计算机技术，根据某领域一个或多个专家提供的知识和经验，进行推理和判断，模拟人类专家的决策过程，以便解决那些需要人类专家处理的复杂问题，简而言之，专家系统是一种模拟人类专家解决领域问题的计算机程序系统。

药学专家系统就是致力于在药学领域内建立高性能的程序，其实质就是把与药学领域问题求解相关的专家知识有机地结合到程序设计之中，使程序能够像人类专家一样进行推理、学习、解释，从而实现问题的求解。因而专家系统的内核通常是为一定类型的知识表示，如规则、逻辑等而设计的；并且专家系统中知识表示的方式也直接影响着专家系统的开发、效率、速度及其维护。

专家系统的一般结构如图 1 –4 所示。其中包括：

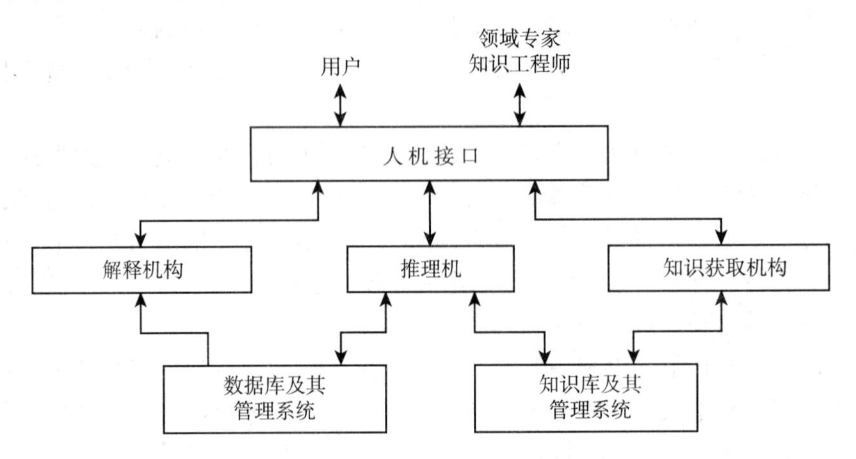

图 1 –4　专家系统示意图

1. 知识获取机构　它的任务是把专家对书本上的知识、客观世界的认识和理解进行选择、抽取、汇集、分类和组织，将它们转化为计算机可以利用的形式。

2. 知识库及其管理系统　知识库主要用来存储某领域专家系统的专门知识。

3. 数据库及其管理系统　数据库用于存储领域或问题的初始数据和推理过程中得到的中间数据（信息），即被处理对象的一些当前事实。需注意的是，知识库与传统的数据库不一样：数据库一般是被动的，而知识库则更有创造性；数据库中的事实可以是固定的，而知识库总是不断补充新的知识。

4. 推理机　推理机是专家系统的“思维”机构，是构成专家系统的核心部分。它的功能是根据一定的推理策略从知识库中选取有关知识，对用户提供的证据进行推理，直到得出相应的结论为止。推理机包括推理方法和控制策略两部分。

其中，知识获取的任务主要是把专家对书本上的知识、客观世界的认识和理解进行选择、抽取、汇集、分类和组织，将它们转化为计算机可以利用的形式。因此，很多资料上都称知识获取是构造专家系统的“瓶颈”。因为它是成功构造专家系统中非常重要的、也是非常困难的一部分。药学专家系统就要依赖众多的药学专家。因此要求每一个药学科学人员都必须要学好药学学科所有的专业知识。

常见的 10 种主要类型专家系统特点如下：

1. 解释专家系统的特点　系统处理的数据量很大，且往往是不准确的、有错误的或不完全的。系统能够从不完全的信息中得出解释，并能对数据做出某些假设。

2. 预测专家系统的特点　系统处理的数据随时间变化，而且可能是不准确和不完全的。系统需要有适应时间变化的动态模型，能够从不完全和不准确的信息中得出预报，并达到快速响应的要求。

3. 诊断专家系统的特点　能够了解被诊断对象或客体各组成部分的特性以及它们之间的联系。能够区分一种现象及其所掩盖的另一种现象。能够向用户提出测量的数据，并从不确切信息中得出尽可能正确的诊断。

4. 设计专家系统的特点 善于从多方面的约束中得到符合要求的设计结果。系统需要检索较大的可能解空间。善于分析各种子问题，并处理好子问题间的相互作用。能够试验性地构造出可能设计，并易于对所得设计方案进行修改。能够使用已被证明是正确的设计来解释当前的（新的）设计。

5. 规划专家系统的特点 所要规划的目标可能是动态的或静态的，因而需要对未来动作做出预测。所涉及的问题可能很复杂，要求系统能抓住重点，处理好各子目标间的关系和不确定的数据信息，并通过试验性动作得出可行规划。

6. 监视专家系统的特点 系统应具有快速反应能力，在造成事故之前及时发出警报。系统发出的警报要有很高的准确性。在需要发出警报时发警报，在不需要发出警报时不得轻易发警报（假警报）。系统能够随时间和条件的变化而动态地处理其输入信息。

7. 控制专家系统的特点 能够解释当前情况，预测未来可能发生的情况，诊断可能发生的问题及其原因，不断修正计划，并控制计划的执行。也就是说，控制专家系统具有解释、预报、诊断、规划和执行等多种功能。

8. 调试专家系统的特点 是同时具有规划、设计、预报和诊断等专家系统的功能。

9. 教学专家系统的特点 同时具有诊断和调试等功能，具有良好的人机界面。

10. 修理专家系统特点 具有诊断、调试、计划和执行等功能。

现有的专家系统开发工具，大致分为下面几类：面向人工智能 AI 的通用程序设计语言；通用知识表示语言；专家系统的外壳，有的称为骨架和通用化专家系统构造工具也称组合式专家系统研制工具。

事实上现代计算机软件开发技术完全都可以胜任专家系统的开发。图 1－5 就是沈阳药科大学近年承担的国家自然科学基金重大项目开发的一个专家系统的界面。这个系统是使用网络软件开发技术实现的。

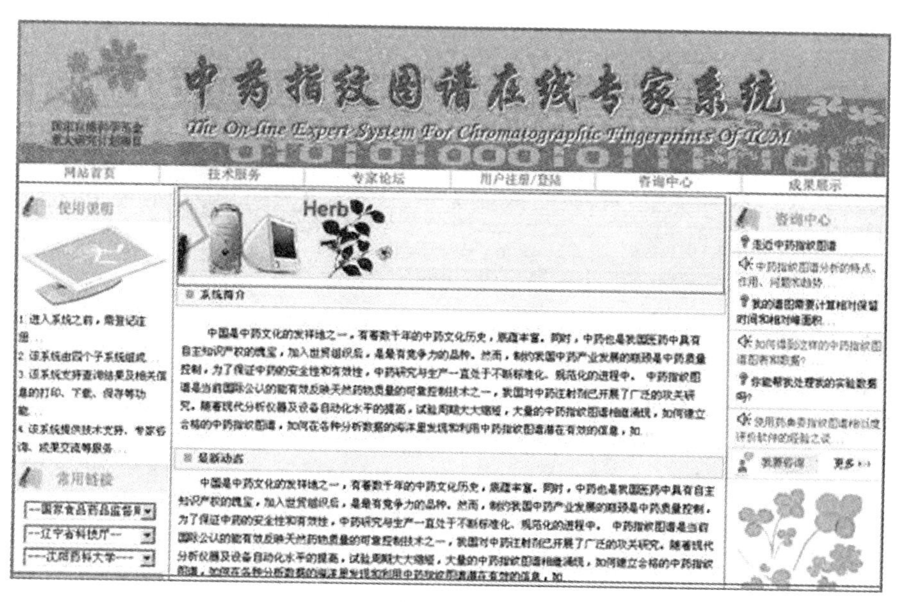

图 1－5 中药指纹图谱在线专家系统

随着计算机与信息技术的不断发展，还会有许多新型专家系统问世，比如分布式专家系统；协同式专家系统；深层知识专家系统；模糊专家系统；神经网络专家系统等。按药学学科来分也可以有药剂学专家系统；药理学专家系统；药物化学专家系统；药物分析学专家系统等等。按药学各学科技术来分也可以有更细的划分，一切有待不断发展之中。每一个药学科学人员都有义不容辞的责任。新一代专家系统的特征可能要包括：①并行分布式处理；②多专家协同工作；③高级语言和知识语言描述；④具有学习功能；⑤引入新的推理机制；⑥具有纠错和自完善能力；⑦先进的智能人机接口等。这些药学专家系统不断问世并不断完善，必将推动药学科学事业不断发展，为人类健康做出贡献。

计算机硬件组成

第一节 计算机硬件系统组成

现代计算机经过几十年的发展，虽然已取得了巨大的进步，但在基本的硬件组成上依然遵循冯·诺依曼结构，如图2－1所示。冯·诺依曼结构计算机由运算器、控制器、存储器、输入设备和输出设备五部分组成，各部分分工明确：运算器用来完成算术运算和逻辑运算，并将运算的中间结果暂存在运算器内；控制器用来控制、指挥程序和数据的输入，运行以及处理运算结果；存储器用来存放数据和程序；输入设备用来将人们熟悉的信息形式转换为机器能识别的信息形式；输出设备可将机器运算结果转换为人们熟悉的信息形式。

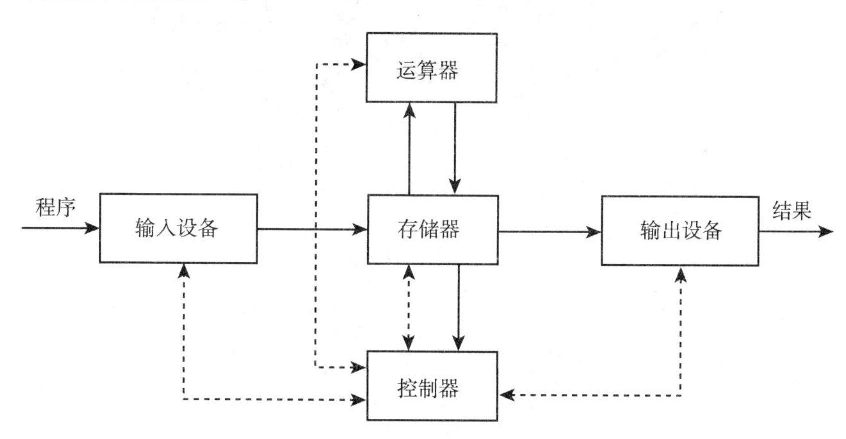

图2－1 冯·诺依曼结构计算机

硬件系统是组成计算机系统的各种物理设备的总称，是计算机系统的物质基础。通常分为主机和外设两大类，如图2－2所示。冯·诺依曼结构计算机中的运算器和控制器封装在CPU中，存储器分为内存储器和外存储器，输入设备主要有键盘、鼠标等，输出设备主要有打印机、显示器等。

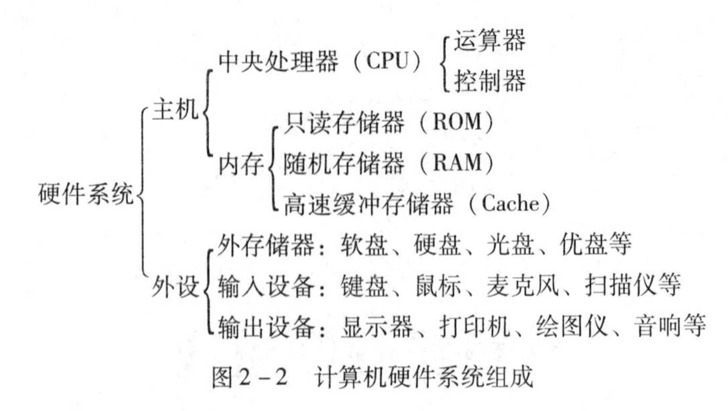

图 2－2　计算机硬件系统组成

下面分别介绍计算机硬件系统的各个组成部分。

第二节　中央处理器

CPU（Central Processing Unit）中文称为中央处理器。CPU 是一块进行算术运算和逻辑运算、对指令进行分析并产生各种操作和控制信号的芯片，是计算机的核心部件。计算机的所有操作都受 CPU 控制，CPU 的性能直接决定了其所在主机系统的性能。图 2－3 是两大 CPU 生产商 Intel 及 AMD 公司生产的 CPU。

图 2－3　Intel 及 AMD 公司生产的 CPU

一、CPU 的组成

CPU 主要包含运算器（ALU）和控制器（CU），除此之外还包括寄存器、高速缓冲存储器（Cache，简称缓存）及实现它们之间联系的数据、控制及地址总线。如图 2－4 所示。

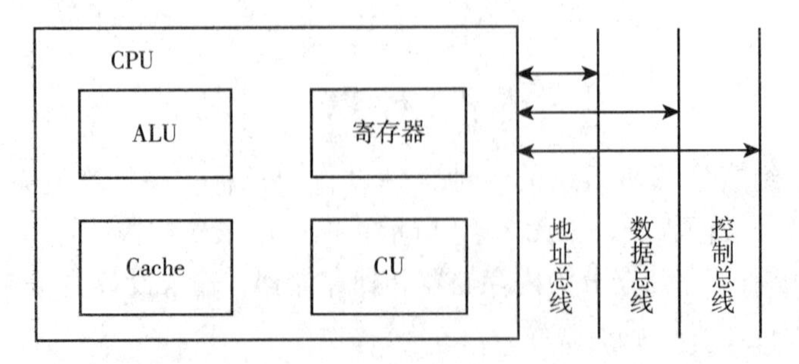

图 2－4　CPU 的组成结构图

二、运算器

运算器是计算机的处理中心，主要由算术逻辑单元、浮点运算单元、通用寄存器和状态寄存器组成。算术逻辑单元主要完成二进制数据的定点算术运算（加减乘除）、逻辑运算（与或非异或）及各种移位操作；浮点运算单元主要负责浮点运算和高精度整数运算；通用寄存器用来保存参加运算的操作数和运算的中间结果；状态寄存器通常作为转移指令的判断条件。

三、控制器

控制器是计算机的控制中心，一般包括指令控制器、时序控制器、总线控制器、中断控制器等几个部分。指令控制器完成取指令、分析指令和执行指令的操作；时序控制器要为每条指令按时间顺序提供应有的控制信号；总线控制器是为多个功能部件服务的信息通路的控制电路；中断控制器用于计算机发生需立即处理事件时，中断当前程序转向另一事件，处理完成后返回原始程序。

四、CPU 的性能指标

计算机的性能在很大程度上由 CPU 的性能所决定，而 CPU 的性能主要体现在其运行程序的速度上。影响运行速度的性能指标包括 CPU 的主频、缓存容量、CPU 的字长、指令集和架构等参数。

1. 主频 主频也叫时钟频率，单位是兆赫（MHz）或千兆赫（GHz），用来表示 CPU 的运算、处理数据的速度。通常，主频越高，CPU 处理数据的速度就越快。

CPU 的主频 = 外频 × 倍频系数。同一型号 CPU 的主频越高，实际的运算速度也越快；而不同型号的 CPU 之间由于架构、缓存等多方面的差别，其主频和运算速度间的关系不大。

2. 外频 外频是 CPU 的基准频率，单位是 MHz。

3. 前端总线（FSB） 前端总线的速度指的是 CPU 和主板北桥芯片间总线的速度。前端总线频率的高低直接影响 CPU 与内存间数据交换的速度。

4. 倍频 倍频是指 CPU 主频与外频之间的比例关系。在相同的外频下，倍频越高 CPU 的频率也越高。

5. 高速缓冲存储器 高速缓冲存储器的大小也是 CPU 的重要指标之一，缓存容量的增大，可以大幅度提升 CPU 内部读取数据的命中率，而不用再到内存或者硬盘上寻找，以此提高系统性能。但是从 CPU 芯片面积和成本的因素来考虑，缓存都很小。

除了上述指标，CPU 的字长，即 CPU 内部可以同时并行处理二进制位数的多少，CPU 针对不同工作所内嵌的指令集（如 MMX、SSE 等）以及不同 CPU 之间架构的差异也会影响 CPU 的性能。

第三节 存储器

存储器（Memory）是计算机系统中用来存放程序和数据的设备。计算机中的各种数据、程序、运行结果都保存在存储器中。有了存储器，计算机才有记忆的能力，才能正常工作。

存储器的种类很多，如果以存储器在系统中的作用进行分类，可以分为：主存储器（又称内存储器，简称主存、内存）和外存储器（又称辅助存储器，简称外存）。主存储器中又包含一种特殊的存储器：高速缓冲存储器（Cache）。三种存储器各有特点：Cache：容量小、速度高；主存：容量较大、速度较高；外存：容量大、速度慢。以上述三种存储器为基础，形成了如图2－5所示的"Cache－主存－外存"三级存储体系结构。

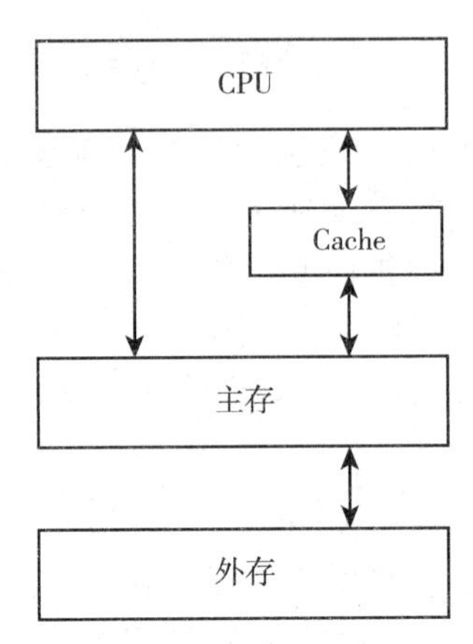

图2－5 三级存储体系结构

下面分别介绍上述三种存储器。

一、主存储器

主存储器是计算机硬件的一个重要部件，其作用是存放指令和数据，并由中央处理器（CPU）直接随机存取。主存储器分为随机存取存储器（RAM）、只读存储器（ROM）和高速缓冲存储器（Cache）。

随机存储器（Random Access Memory，RAM）是计算机工作时的主要存储区域，一切需要执行的程序和数据都要事先装入该存储器内。RAM中的数据会随着计算机的断电而消失，因此RAM是计算机处理数据的临时存储区，需要长期保存的数据必须保存在计算机的外存储器中。

最常见的随机存储器就是PC机中的内存条，由于它直接和CPU交换信息（外存储器不能），因此内存条的速度和容量将直接影响着计算机的性能。三代DDR内存条如图2－6所示。

只读存储器（Read Only Memory，ROM）最大的特点是存储器中的信息一旦被写入就固定不变，只能读取不能更改，即使断电也不会丢失。因此ROM一般用来保存那些长久不变的东西。例如，主板生产商将PC机中的磁盘引导程序、自检程序和I/O驱动程序等基本信息写入BIOS芯片中来长期保存。如图2－7所示。

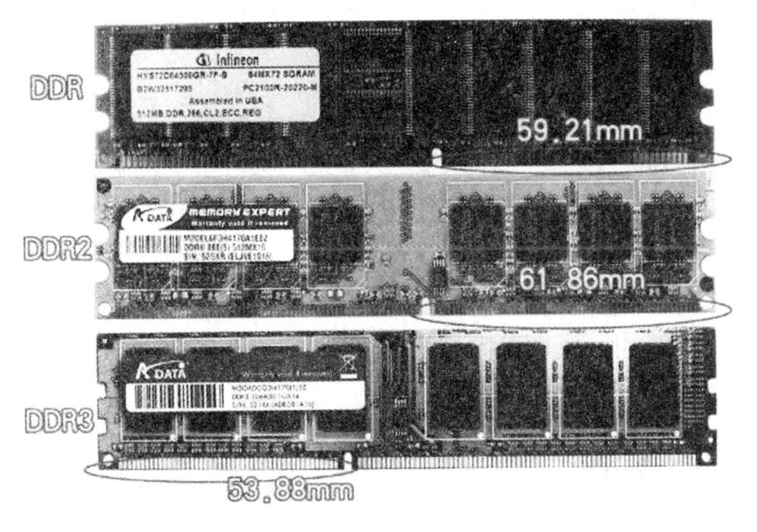

图 2 – 6 三代 DDR 内存条

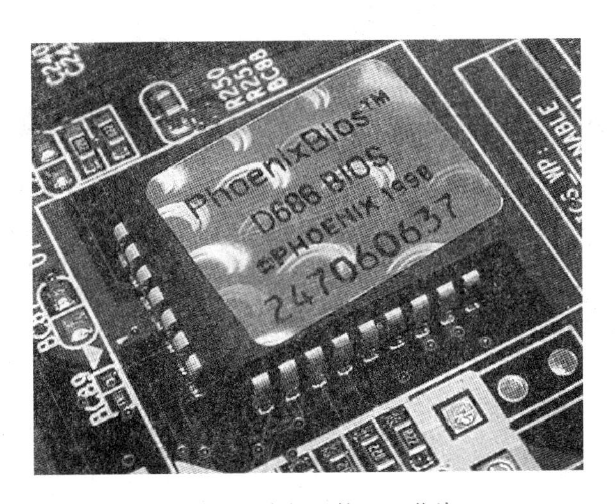

图 2 – 7 主板上的 Bios 芯片

二、高速缓冲存储器

高速缓冲存储器（Cache，简称缓存）是用来缓解 CPU 运行速度高而 RAM 相对运行速度太低的矛盾而设计的。计算机工作时，系统先将数据由外存读入 RAM 中，再由 RAM 读入 Cache，最后 CPU 直接从 Cache 中存取数据进行操作。

目前主流 CPU 中的 Cache 一般分为三级：一级缓存（L1 Cache）、二级缓存（L2 Cache）和三级缓存（L3 Cache）。一级缓存内置在 CPU 芯片内并与 CPU 同速运行，用于存储处理器操作的原始指令和 CPU 运行所需的数据，可以有效地提高 CPU 的运行效率，但是制造成本非常高。因此，即便是拥有 Ivy Bridge 核心的酷睿 i7 系列四核处理器，其每个核心的一级缓存也只有 32KB。与一级缓存一样，二级、三级缓存也集成在 CPU 中，用于存储 CPU 所需数据，但速度与一级缓存相比逐步降低，以上述 CPU 为例，其二级缓存为每核心 256KB，四个核心共享 6MB 的三级缓存。

三、外存储器

外存储器简称外存，主要用来长期存放计算机工作所需要的各种文件、程序、文档和数据等。外存和内存相比，有着存储容量大、停电后数据不丢失、运行速度慢、类型多样化等特点。常见的外存储器有软盘、硬盘、光盘、U 盘（优盘、闪盘）等。

所有存储器都是以字节（Byte，B）为单位的，1B = 8bit。由于外存的容量较大，为了描述的方便而出现了一些较大的容量单位，它们是艾、拍、太、吉、兆、千。其换算关系为 1EB = 1024PB、1PB = 1024TB、1TB = 1024GB、1GB = 1024MB、1MB = 1024KB、1KB = 1024Byte。

1. 软盘　软盘（Floppy Disk，FD）是一种涂有磁性物质的聚酯薄膜圆型盘片，被封装在一个方形的保护套中，信息在磁盘上是按照磁道和扇区来存放的。由于容量小，速度慢、不易携带并且极易损坏，软盘目前已经被淘汰。如图 2－8 所示。软盘里的信息需要通过软盘驱动器（软驱）来读取。

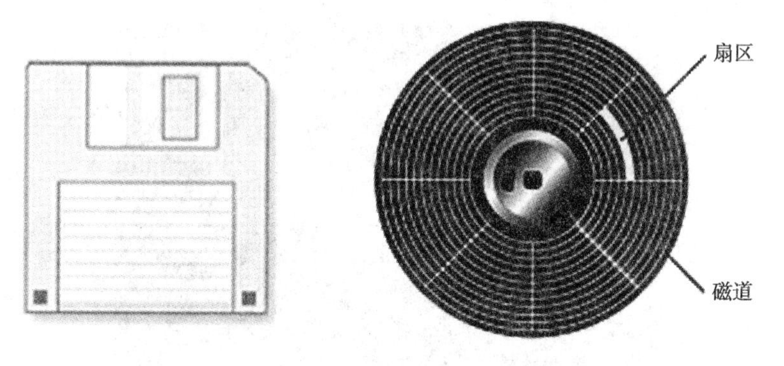

图 2－8　软盘和盘片的结构

2. 硬盘　硬盘（Hard Disk）的盘片是一张涂有磁性材料的铝合金圆盘，多张盘片构成了一个盘片组。与软盘不同的是，硬盘的盘片组和相应的驱动器（主轴电机、磁头、磁头驱动电机等）集成到了一起，而且采用温彻斯特技术被集中密封在一个与外界隔绝的腔体内。如图 2－9 所示。因此硬盘有时也称为硬盘驱动器（Hard Disk Driver）。

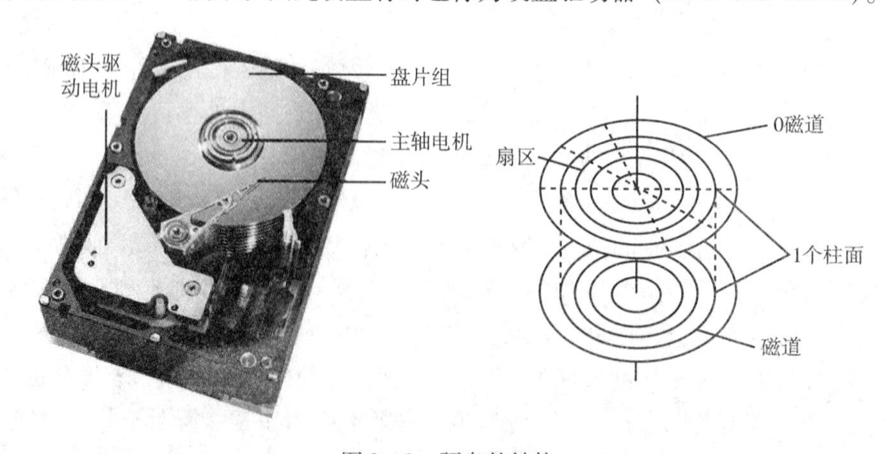

图 2－9　硬盘的结构

与单张软盘一样每张盘片表面都被分为若干个磁道，每圈磁道又被划分为若干个扇区。一个盘片组里所有盘片的同一圈磁道构成一个圆柱面，称为柱面。因此硬盘容量的计算公式为：

硬盘容量 = 每扇区字节数（通常为 512 字节）×扇区数/磁道×柱面数（每张盘片上的磁道数）×磁头数（总的面数）

3. 光盘　光盘（Optical Disk）是指利用光学方式进行读写信息的存储介质，需要使用光盘驱动器（光驱）来对光盘里的信息进行操作。人们把早期采用非磁性介质进行光存储的技术称为第一代光存储技术，其缺点是不能像软盘、硬盘中的磁性介质那样改写光盘上的信息。磁光存储技术是在光存储技术基础上发展起来的，称为第二代光学存储技术，特点是可以重复擦写。

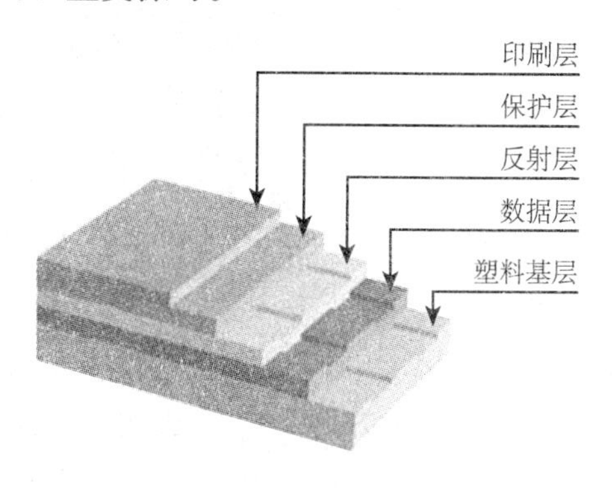

图 2-10　光盘的层面结构

光盘的盘片由几层功能不同的介质组成，随种类的不同分层也不一样，但是都包括以下 5 个基本层次：塑料基层、数据层、反射层、保护层、印刷层。如图 2-10 所示。塑料基层最厚，构成光盘主体的强度和形状；数据层用来刻录和保存数据，刻录盘的性能主要取决于该层；反射层用来发射光驱发出的激光束；保护层用来防止盘片的数据层和反射层遭到破坏；印刷层用于涂画公司的标志。由此可见对于光盘来讲，有公司标志的那一面更怕划伤。

根据数据层上记录数据的密度不同，目前常见的光盘大致又可以分为：VCD（Video Compact Disc）、DVD、HD DVD（High Definition DVD 高解析度 DVD）、Blu-ray Disc（蓝光光盘）几种。VCD 光盘的容量一般在 650～800MB，采用波长为 780 纳米（nm）的激光进行读写操作；目前常见到的 DVD 又分为单面单层（DVD-5）、单面双层（DVD-9）、双面单层（DVD-10）、双面双层（DVD-18）4 种，其容量分别为 4.7GB、8.5GB、9.4GB、17GB，采用波长为 650 纳米的红色激光；HD DVD 分为单面单层、单面双层、单面三层 3 种，容量分别为 15GB、30GB、51GB，采用波长为 405 纳米的蓝色激光；Blu-ray Disc 的容量分为 25 GB（单层）、50 GB（双层）、100 GB（四层）、200 GB（八层），采用波长为 405 纳米的蓝色激光。随着东芝公司 2008 年 2 月 19 日宣布停止 HD DVD 技术的开发与生产，Blu-ray Disc 技术接替 DVD 技术已经成为了必然的趋势。

4. U 盘　闪速存储器（Flash Memory）是 20 世纪 90 年代 INTEL 公司发明的一种高

密度、非易失性存储器（Non - Volatile Memory，NVM），即使在电源关闭后仍能保持片内信息，而且无需特殊的高电压就可以实现片内信息的擦除和重写。由于其具有瞬间的清除能力，因此 TOSHIBA 公司将其命名为 Flash Memory。目前被广泛应用于数字摄像机、数码照相机、MP3 播放器、个人数字助理（Personal Digital Assistant ，PDA）等移动存储中。作为计算机使用的移动存储设备，它采用了支持即插即用和热插拔功能的 USB 接口，因此被称为 U 盘（优盘、闪存盘）。如图 2 - 11 所示。由于它具有体积小、容量大、无须额外的磁盘驱动器、携带方便等诸多优点，因此正在逐步取代光盘驱动器，未来也很有希望取代硬盘，成为最重要的外存介质。

图 2 - 11　优盘

第四节　输入设备

输入设备（Input Device）是人或外部与计算机进行交互的一种装置，用于把原始数据和处理这些数据的程序输入到计算机中。计算机能够接收各种各样的数据，既可以是数值型的也可以是非数值型的（如图形、图像、声音、视频等），它们可以通过不同类型的输入设备输入到计算机中，进行存储、处理和输出。常见的输入设备有键盘、鼠标、摄像头、麦克风、扫描仪、手写笔、游戏手柄、触摸屏等。如图 2 - 12 所示。我们主要学习键盘和鼠标。

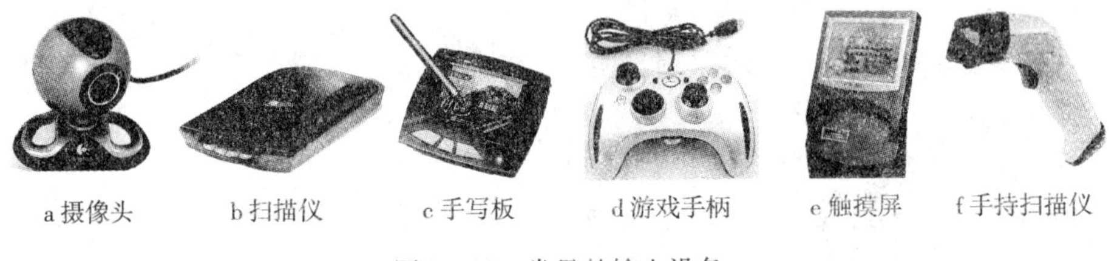

图 2 - 12　常见的输入设备

1. 键盘　键盘（Keyboard）是用于操作设备运行的一种指令和数据输入装置，是微机必不可少的设备。早期的键盘以 83 键为主，现在已被淘汰。目前的主流键盘有 104 或 107 个键。

键盘有很多种分类方式，如果以外形分类，可分为标准键盘和人体工程学键盘。人体工程学键盘是按照人体工程学原理设计的键盘，可以令用户使用键盘时更为舒适。如果根据按键的工作原理，键盘可分为机械接触式键盘、薄膜电容式键盘两种类型，目前普遍使用的是电容式键盘。而根据键盘连接计算机的方式，可分为有线键盘和无线键盘两类。其中有线键盘的接口有 PS/2 和 USB 两种。

键盘一般可分为四个分区：功能键区、主键盘区、编辑键区和辅助键区（数字键区)。如图2－13所示。功能键区一般被某些软件设为实现某种功能的快捷键。主键盘区我们日常打字输入使用频率最高的一个区域，所以人们又叫它打字键区。编辑键区主要作用是在文件编辑时，方便光标的快速定位。辅助键区主要是为了方便输入数字和数学运算符。

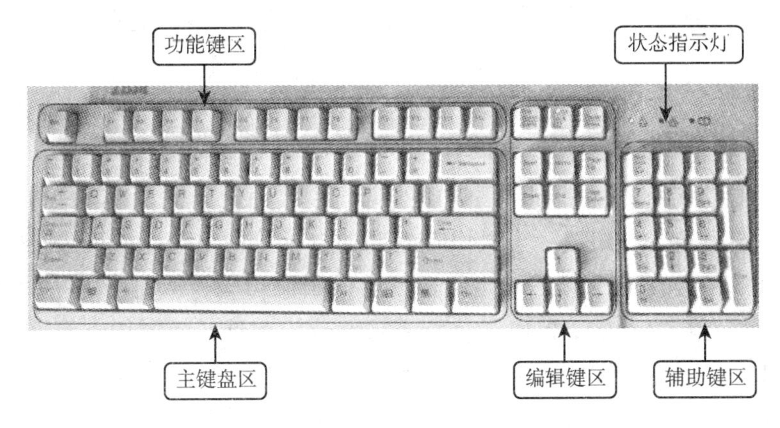

图2－13　键盘各个功能区

2. 鼠标　鼠标（Mouse）是计算机输入设备的一种，因形似老鼠而得名。鼠标的诞生使人们告别了使用键盘敲击一条条命令的繁琐，令计算机更易于被操作。

鼠标按其工作原理的不同可分为机械鼠标和光电鼠标。机械鼠标主要由滚球、转轮和光栅信号传感器组成，而光电式鼠标由于利用光学原理实现定位，与机械式鼠标相比在定位的精度、使用寿命上都有着明显的优势。

与键盘类似，根据鼠标连接计算机的方式，也可分为有线鼠标和无线鼠标两类。有线鼠标又分为PS/2接口鼠标和USB接口鼠标等类型。如图2－14所示。

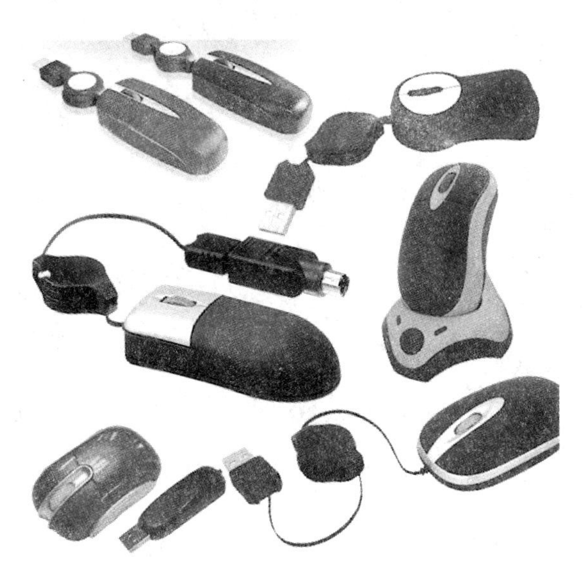

图2－14　各式各样的鼠标

第五节 输出设备

输出设备（Output Device）是将计算机处理的结果转换成人们能够识别的数字、字符、图像、声音等形式展示出来。常见的输出设备有显示器、打印机、绘图仪、音箱等。

1. 显示器 显示器（display）是一种将数据以图像的形式显示到屏幕的显示工具。分为 CRT 显示器、液晶显示器等多种类型。

CRT 显示器（cathode ray tube 阴极射线管）主要由电子枪，偏转线圈，荫罩，荧光粉层及玻璃外壳五部分组成，当显像管内部的电子枪发出的电子束轰击到荧光屏上时，R、G、B 三色荧光粉会被不同比例强度的电子流点亮，从而产生各种色彩。CRT 曾经是应用最广泛的显示器，但由于体积笨重，分辨率低，辐射偏大等原因，现在基本上已经被 LCD 显示器所取代。如图 2－15 所示。

液晶显示器（liquid crystal display，即 LCD）在两片平行的玻璃当中放置液态的晶体，两片玻璃中间有许多垂直和水平的细小电线，通电时电线控制 R、G、B 三色水晶分子改变方向，将光线折射出来产生画面。与 CRT 显示器相比，液晶显示器有机身薄，占地小，辐射小，分辨率高等优点，但也存在色彩不够鲜艳，可视角度不高，容易产生拖尾，最佳分辨率单一等缺点。目前液晶显示器有多种分类方式，按照背光源可分为采用 CCFL 背光灯管的液晶显示器和采用 LED 背光灯管的液晶显示器；按照屏幕显示技术可分为：TN 面板显示器、IPS 面板显示器和 MVA 面板显示器。

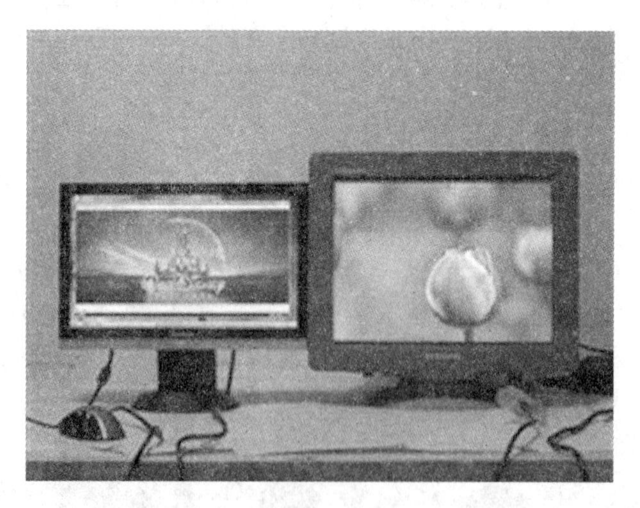

图 2－15 LCD 显示器与 CRT 显示器

2. 打印机 打印机（Printer）是计算机的输出设备之一，用于将计算机处理结果打印在相关介质上。衡量打印机好坏的指标有三项：打印分辨率，打印速度和噪声。常见的打印机有三种：针式打印机、喷墨打印机和激光打印机。

针式打印机在打印机历史的很长一段时间上曾经占有着重要的地位，但由于打印质量低、工作噪声大，所以现在只应用于银行、超市等很少的地方。

喷墨打印机因其有着良好的打印效果与较低价位的优点成为了目前主流的打印机。与其它种类的打印机相比，喷墨打印机几乎可以在各种打印介质上进行打印的优点也使其有着广阔的应用范围。

激光打印机是有望代替喷墨打印机的一种机型，分为黑白和彩色两种。虽然激光打印机的价格要比喷墨打印机昂贵的多，但从单页的打印成本上讲，激光打印机则要便宜很多。如图 2－16 所示的各类打印机。

图 2－16　针式打印机、喷墨打印机与激光打印机

3. 绘图仪　绘图仪（plotter）是能按照人们要求自动绘制图形的设备。它可将计算机的输出信息以图形的形式输出。主要可绘制各种管理图表和统计图、大地测量图、建筑设计图、电路布线图、各种机械图与计算机辅助设计图等。如图 2－17 所示。

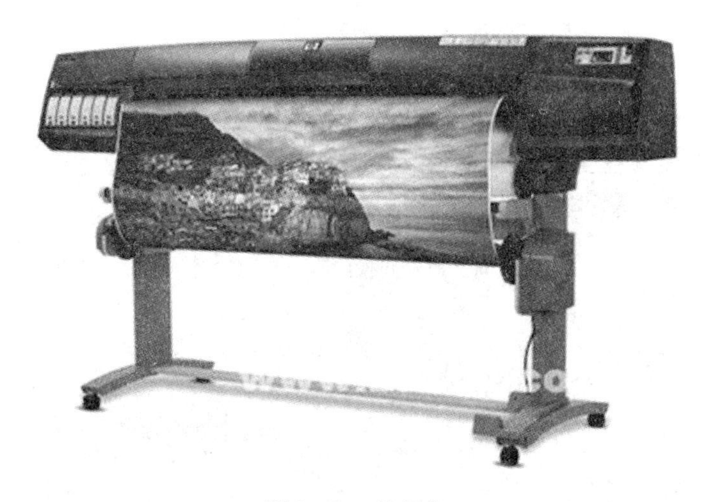

图 2－17　绘图仪

第六节　主板、接口与总线

CPU、内存和硬盘等硬件若要实现自身功能，需要连接到一块被称为主板的集成电路板上。主板通过不同的接口与各种硬件连接，而不同种类硬件间通过不同类型的总

线来传送各种数据。下面我们分别来认识主板、接口及总线。

一、主板

主板（Motherboard Mainboard）是微机系统中最大的一块集成电路板，是由多层印刷电路和焊接在其上的 CPU 插座、控制芯片组、BIOS 芯片、内存条插槽、PCI Express（简称 PCI－E）总线扩展槽、PCI（Peripheral Component Interconnect，周边设备互连）局部总线扩展槽和其它各种接口等构成。微型计算机通过主板将 CPU 等各种部件和外围设备有机地结合起来，形成一套完整的系统。PC99 技术规格规范了主板的设计要求，提出主板的不同接口采用不同颜色进行标识。主板分 ATX、Micro ATX 以及 BTX 等结构，ATX 是目前主板中最为常用的结构，大多数主板都采用此结构；Micro ATX 又称 Mini ATX，是 ATX 结构的简化版，就是常说的“小板”，扩展插槽较少，多用于品牌机并配备小型机箱；而 BTX 则是英特尔制定的最新一代主板结构。主板外观如图 2－18 所示。

二、接口

计算机与外部设备之间通过总线进行连接，除了软驱、硬盘和光驱的接口从主机箱后面看不到外（图 2－18 中的“外部设备接口”部分），其他外部设备的连接接口几乎都集中在主板的背面，如图 2－19 所示（左图为技嘉 GA－MA78GM－S2H 主板，右图为微星 P45 NEO－F 主板）。其中：

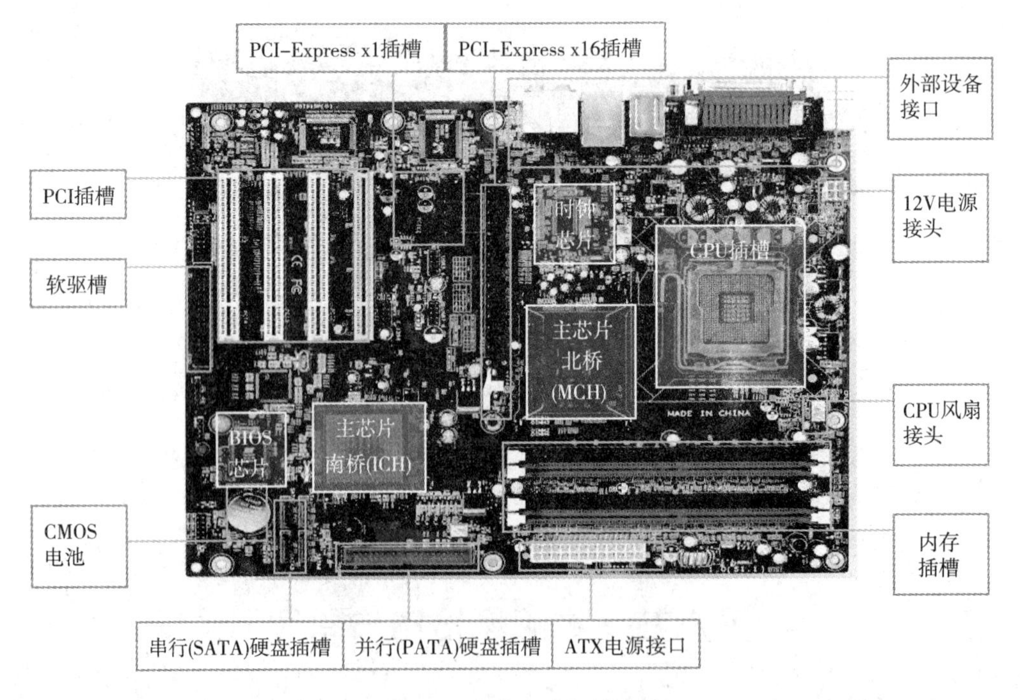

图 2－18 计算机主板外观图

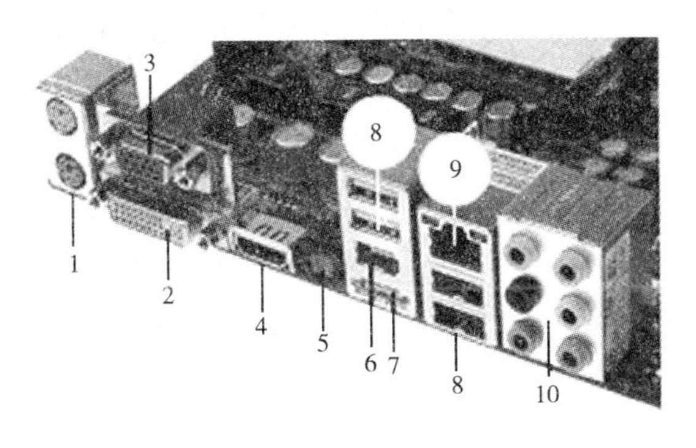

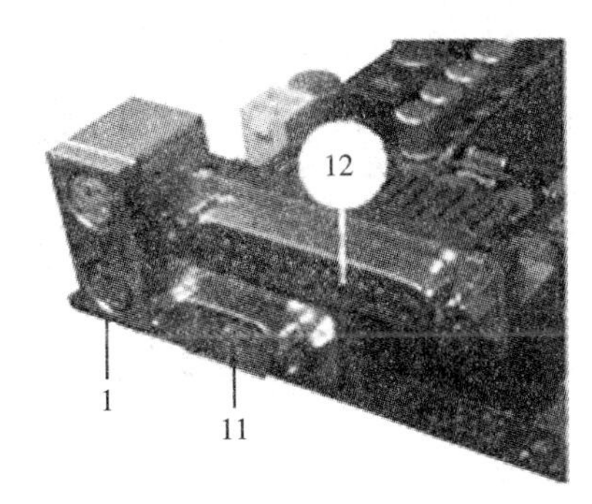

图 2－19　主板背面接口

1 表示 PS/2 键盘鼠标接口。绿色为鼠标接口，紫色为键盘接口。

2、3、4 表示视频输出接口。只有集成了显卡的主板才具有该端口。2 为 24 针的 DVI－D（Digital Visual Interface，数字化视频接口）接口；3 为 15 针的 VGA 视频输出端口；4 为提供全数字化影像/声音传输的 HDMI（High－Definition Multimedia Interface，高清晰多媒体接口）接口。

5 表示 S/PDIF（Sony/Philips Digital InterFace，索尼和飞利浦数字接口）接口。该接口可提供数字音频输出至具有光纤传输功能的音效系统。

6 表示 IEEE 1394 接口。1394 接口的传输速率可达 400Mbps，俗称火线。通常和数码录像机等设备相连，进行高速视频采集。

7 表示 eSATA 接口。eSTAT 接口传输速率可达 3Gbps，用于连接外置的 SATA 设备。

8 表示 4 个 USB 接口。USB 接口有 USB1. 1 和 USB2. 0 两种，传输速度分别为 12Mbps 和 480Mbps。其中 USB2. 0 向下兼容 USB1. 1。

9 表示网络接口（RJ－45 接口）。只有集成了网卡功能的主板才具有该端口。

10 表示音频接口。只有集成了声卡的主板才具有该端口，而且支持不同声道个数的主板该端口的个数也不同，但是相同功能的端口颜色是一样的。粉色为麦克风输入端口（Mic）；绿色为左右声道音频输出端口（line－out），连接音箱或耳机；蓝色为音效输入端口（line－in），用于外部的 CD 播放器，磁带机或其他的音频设备向计算机输入音频；橙色为 5. 1/7. 1 声道模式中的中置/超重低音输出端口（cs－out）；黑色为 4/5. 1/7. 1 声道模式中的后置/环绕输出端口（rs－out）；灰色为 7. 1 声道模式中的侧置/超重低音输出端口（ss－out）。

11 表示 COM（Communication Port，串行通讯接口）。该接口用于连接老式的串行鼠标或 Modem 等设备，由于速度太慢而趋于淘汰。

12 表示 LPT（Line Print Terminal，行式打印机终端）接口。该接口用于连接传统的打印机，随着打印机普遍开始支持 USB 接口而趋于淘汰。

三、总线

总线（Bus）是 CPU、内存、输入输出设备等硬件进行信息传送的公用通道，主机的各个部件通过总线相接，外部设备通过相应的接口电路与总线相连。

总线有多重分类方式，最常见的是从功能上分为地址总线（Address Bus）、数据总线（Data Bus）和控制总线（Control Bus）。

地址总线用于传送地址。常被用来连接 CPU 与外部存储器，进行地址传送。地址总线的位数决定存储器存储空间的大小，如果地址总线为 16 位，则其最大存储空间为 2^{16}（64KB）。

数据总线用于传送数据信息，它又有单向传输和双向传输数据总线之分。在实际工作中，数据总线上传送的并不一定是完全意义上的数据。

控制总线用于传送控制信号和时序信号。控制总线一般是双向的，其传送方向由具体控制信号而定，其位数也要根据系统的实际控制需要而定。

除了上述分类方式，总线还可以按照数据传输的方式分为并行总线和串行总线。通俗地讲，并行总线相当于多车道，而串行总线则相当于单车道。从原理来看，并行传输方式优于串行传输方式，但是由于并行传输方式成本更高，因此使用较少。目前常见的串行总线有 SPI、I2C、USB、IEEE1394、RS232、CAN 等；并行总线有 IEEE1284、ISA、PCI 等。

操作系统

操作系统（Operating System，简称 OS）是最基本的系统软件，是安装在计算机硬件上的第一层软件，负责管理和控制计算机硬件与软件资源的程序，任何其他软件都必须在操作系统的支持和服务下才能运行，提供用户操作计算机的界面。本章将介绍操作系统的基本概念及 Windows 7 的操作。

第一节　操作系统概述

操作系统一方面直接管理和控制计算机的所有硬件和软件，使计算机系统的各部件相互协调一致地工作；另一方面，它向用户提供正确的利用软硬件资源的方法和环境，使用户能够通过操作系统充分而有效的使用计算机。

一、操作系统的功能

操作系统的主要功能是资源管理，程序控制和人机交互等。

1. 资源管理　计算机的资源可分为设备资源和信息资源两大类。设备资源指的是组成计算机的硬件设备，如中央处理器（CPU），存储器及各类输入/输出设备等。信息资源指的是存放于计算机内的各种数据，如文件，系统软件和应用软件等。操作系统负责管理这些资源的使用。

2. 程序控制　软件程序自始至终都是在操作系统的控制之下进行的。所谓计算机程序是指用户为解决相应的问题使用某种程序设计语言（VB、C 等）编写的代码集合，通过编译程序的编译之后，生成可执行的目标程序，用户就可以直接在操作系统下使用了。

3. 人机交互功能　人机交互主要依靠输入/输出设备（如键盘、鼠标、显示器等）和相应的软件来完成。外部设备都有相应的驱动软件，这些软件则由操作系统控制运行。

二、操作系统的发展与分类

早期的计算机并没有操作系统，主要是靠人工插拔线路的方法来运行。从 20 世纪

60 年代开始，逐渐创建出了不同类型的操作系统。尤其是 20 世纪 80 年代开始，家用计算机开始普及，操作系统也逐渐成熟起来，比较有代表性的操作系统包括：

1. DOS（Disk Operating System，磁盘操作系统） 1981－1995 最早的 OS，称为磁盘操作系统。字符命令管理界面，是计算机专业人员或维修维护人员必学的内容之一，如图 3－1 所示。

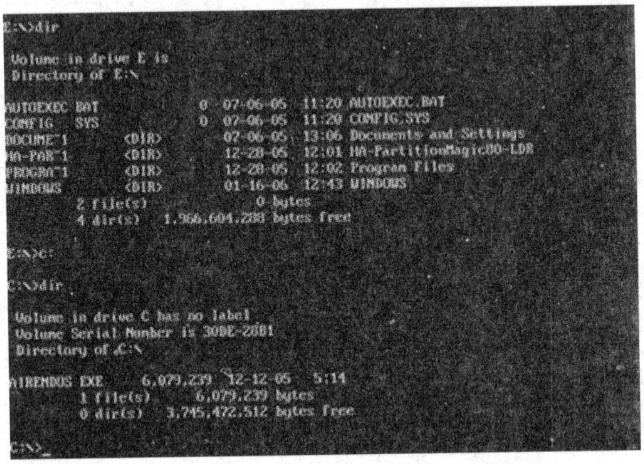

图 3－1 DOS 工作界面

2. Windows 系列 Win3. 0/3. 1/3. 2。

3. 个人用户微机操作系统 Win95/97/98/ME/XP/Vista/7/8。

4. 网络用户操作系统 Win NT/2000/2003/2008。

5. 其他 Linux 完全免费，源代码开放；UNIX 具有高稳定性和安全性的网络 OS，主要用于数据管理及大型网络系统、金融、证券和网站；IMAC/OS2 是 Apple 公司专用操作系统。

通常操作系统分为 6 种类型，具体如下：

1. 批处理操作系统（Batch Processing Operating System） 其工作方式是用户将作业交给系统操作员，系统操作员将许多用户的作业组成一批作业，之后输入到计算机中，在系统中形成一个自动转接的连续的作业流，然后启动操作系统，系统自动、依次执行每个作业。

2. 分时操作系统（Time Sharing Operating System，简称 TSOS） 其工作方式是一台主机连接了若干个终端，每个终端有一个用户在使用。用户交互式地向系统提出命令请求，系统接受每个用户的命令，采用时间片轮转方式处理服务请求，并通过交互方式在终端上向用户显示结果。分时操作系统将 CPU 的时间划分成若干个片段，称为时间片。操作系统以时间片为单位，轮流为每个终端用户服务。每个用户轮流使用一个时间片而使每个用户并不感到有别的用户存在。

常见的通用操作系统是分时系统与批处理系统的结合。其原则是：分时优先，批处理在后。

3. 实时操作系统（Real Time Operating System，简称 RTOS） 其工作方式是使

计算机能及时响应外部事件的请求在规定的严格时间内完成对该事件的处理，并控制所有实时设备和实时任务协调一致地工作的操作系统。

4. 网络操作系统（Network Operating System，简称 NOS）　其工作方式是基于计算机网络的，是在各种计算机操作系统上按网络体系结构协议标准开发的软件，包括网络管理、通信、安全、资源共享和各种网络应用。其目标是相互通信及资源共享。在其支持下，网络中的各台计算机能互相通信和共享资源。

5. 分布式操作系统（Distributed Software Systems）　是为分布计算系统配置的操作系统。大量的计算机通过网络被连结在一起，可以获得极高的运算能力及广泛的数据共享。这种系统被称作分布式系统。

6. 嵌入式操作系统（Embedded Operating System，简称：EOS）　是指用于嵌入式系统的操作系统。嵌入式操作系统是一种用途广泛的系统软件，通常包括与硬件相关的底层驱动软件、系统内核、设备驱动接口、通信协议、图形界面、标准化浏览器等。

三、操作系统的基本特征

1. 并发（Concurrence）　并发是指两个或者多个事件在同一时刻发生，在单处理机系统中，宏观上多道程序同时执行，微观上各个程序交替运行。

2. 共享（Sharing）　共享是指一段时间内多个并发进程交替使用有限的计算机资源，共同享有计算机资源，操作系统对资源要合理的分配和使用。

3. 虚拟（Virtual）　虚拟是指通过某种技术把物理实体转换成若干个逻辑对应物。

4. 异步（Asynchronism）　异步性是指进程只要在相同的环境下，无论多少次运行，都会得到相同的结果。

四、常用操作系统简介

现在，常用操作系统主要包括 MS - DOS、Mac OS、Windows、Linux、Free BSD、UNIX、OS/2 等。

1. MS - DOS　由 Microsoft 公司研制并安装在 PC 机上的单用户命令行式操作系统。

2. Windows　由 Microsoft 公司研制的基于窗口式的操作系统，成为目前世界上用户最多的操作系统。现在比较流行的版本包括 Windows XP、Windows Server 2003、Windows 7、Windows 8 等。

3. Mac OS　是苹果机（Apple）专用系统，它是基于 Unix 内核的图形化操作系统；一般情况下在普通 PC 上无法被安装。该系统由苹果公司自行开发，与最为流行的 Windows 操作系统相比，Mac 系统很少受到病毒的攻击。

4. Unix　该系统由 AT&T 贝尔实验室的丹尼斯·里奇与肯·汤普逊于 1969 年开发，该系统拥有多用户、多任务和支持多种处理器结构的特点。

5. Linux　是一种自由和开放源码的类 Unix 操作系统，借助于 Internet 网络，并通过全世界各地计算机爱好者的共同努力，已成为今天世界上使用最多的一种 Unix 类操作系统，并且使用人数还在迅猛增长。

第二节 Windows 7 简介

Windows 7 是微软公司推出的新一代操作系统平台，于 2009 年 10 月正式发布并投入市场。它继承了 Windows XP 的实用与 Windows Vista 的华丽，同时进行了一次大的升华。Windows 7 主要围绕用户个性化的设计、娱乐视听的设计、用户易用性的设计以及笔记本电脑的特有设计等几方面进行改进，并新增了很多特色的功能，其中最具特色的是“跳转列表”（Jump List）、Windows Live Essentials、轻松实现无线联网、轻松创建家庭网络以及 Windows 触控技术等。

Windows 7 包含 6 个版本，Windows 7 Starter（初级版）、Windows 7 Home Basic（家庭普通版）、Windows 7 Home Premium（家庭高级版）、Windows 7 Professional（专业版）、Windows 7 Enterprise（企业版）、Windows 7 Ultimate（旗舰版）。

一、启动与退出

1. 启动 Windows 7 在开机自检通过后，将会出现 Windows 7 的欢迎界面，根据用户账户数量不同，界面可以分为单用户登录和多用户登录，如图 3 - 2 所示。选择需要登录的账户名，在文本框中输入登录密码，然后按 Enter 键或单击文本框右侧的登录按钮，加载个人设置成功之后，即可进入 Windows 7 的工作界面。

2. 退出 Windows 7 退出 Windows 7 可以通过关机、睡眠、注销等操作来实现。

（1）关机：正常关机的步骤是单击“开始”菜单 - “关机”按钮，系统将自动保存相关信息。如果在使用电脑过程中出现“死机”、“蓝屏”、“花屏”等情况，无法通过“开始”菜单来关闭电脑，需要按住主机的电源开关片刻直到电脑主机关闭，这种关机称为非正常关机（或非法关机）。

图 3 - 2 Windows 7 登录界面

（2）睡眠：单击“开始”菜单－“关机”右侧的箭头，在列表中选择“睡眠”。如果选择睡眠，程序和数据被保存在内存当中，此时电脑并没有关闭，而是进入低能耗状态。如果想恢复到睡眠前的状态，只需要按下键盘上的 WakeUp 键。

（3）注销：Windows 7 是一个多用户操作系统，每个用户可以拥有各自的工作环境。单击“开始”菜单－“关机”右侧的箭头，在列表中选择“注销”，电脑将关闭当前所有工作，电脑处于没有任务的状态下等待其他用户的重新登录。而“切换用户”可以在保留当前用户工作的同时切换到另一个用户账户。

（4）锁定：如果在工作过程中要临时离开，又要防止别人使用自己的电脑，除了关机外，最好的办法是将电脑锁定。电脑被锁定后，需要重新输入密码，才能登录继续操作，从而保护了电脑中的数据。

（5）休眠：“休眠”与“睡眠”都是为了让电脑进入低能耗状态，使计算机节能，但略有不同。“休眠”将程序和数据保存到硬盘上，电脑关闭。再次按下电源（Power）开关的时候，电脑重新将保存在硬盘上的程序和数据读取到内存当中，恢复休眠前的工作状态。

二、Windows 7 的桌面

桌面（Desktop）是 Windows 操作系统中非常重要的一个概念，是在用户登录系统后，所看到的一个主屏幕区域，主要由桌面图标、桌面背景和任务栏 3 部分组成，用户可以通过桌面有效的组织和管理计算机资源。Windows 7 的桌面上默认只有一个回收站，如图 3－3 所示。

图 3－3　Windows 7 桌面

与日常办公桌一样，我们还可以在上面放置一些常用的工具，如计算机、用户的文件、网络、控制面板等。在默认 Windows 7 的桌面上，右击“桌面”，然后依次选择“个性化”－“更改桌面图标”，打开如图 3－4 所示的“桌面图标设置”对话框来设置完成，增加了新桌面图标的桌面，如图 3－5 所示。

图 3－4　“桌面图标设置”对话框

图 3－5　增加新桌面图标的桌面

1. 桌面图标　在基于图形用户界面（Graphical User Interface，简称 GUI）的 Windows 操作系统下，程序、数据和文件夹都是由图标（ICON）和名称共同组成的，用户可以对桌面上的图标按名称、大小、类型、时间等自动排列，也可以取消自动排列，改为手动拖动图标。在 Windows 7 系统里，常用的桌面图标有用户的文件、计算机、网络、回收站和控制面板等。

（1）用户的文件：“用户的文件”属于系统文件夹，类似办公桌上的文件夹或文件柜，方便用户将常用的文档分类存放。但是，由于 Windows 系统经常受到病毒攻击，如果系统损坏，桌面上“用户的文件”中的文档有可能无法取回，所以建议将重要文档保存到系统磁盘之外的其他磁盘下，或者调整“用户的文件”里重要文件夹的保存位置。

例如，进入“用户的文件”，右击“我的文档”，依次单击“属性”-“位置”-“移动”来完成“我的文档”存储位置的变更，如图 3-6 所示。

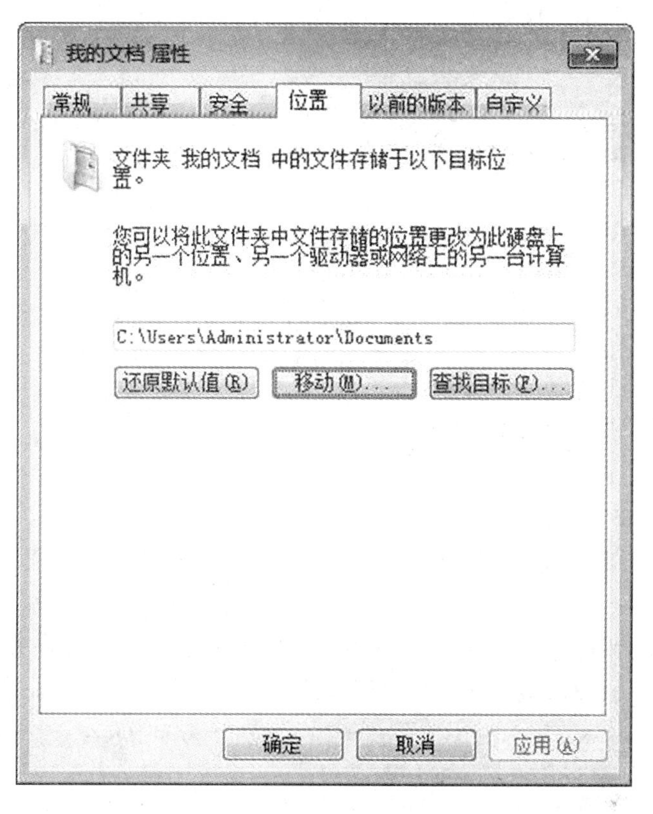

图 3-6 我的文档属性存储位置的变更

(2) 计算机：“计算机”用来管理磁盘、文件和文件夹，双击该图标打开“计算机”窗口，用户可以查看电脑中的磁盘分区以及文件和文件夹等，如图 3-7 所示。

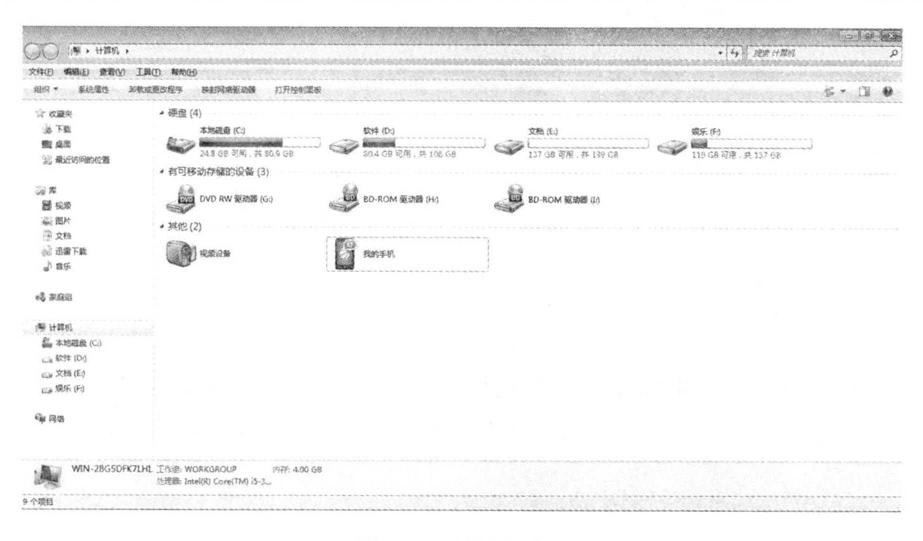

图 3-7 计算机窗口

（3）网络：“网络”主要是用来访问网络中的其他电脑和共享资源，并可以进行网络设置等。双击该图标打开“网络”窗口，如图3－8所示。

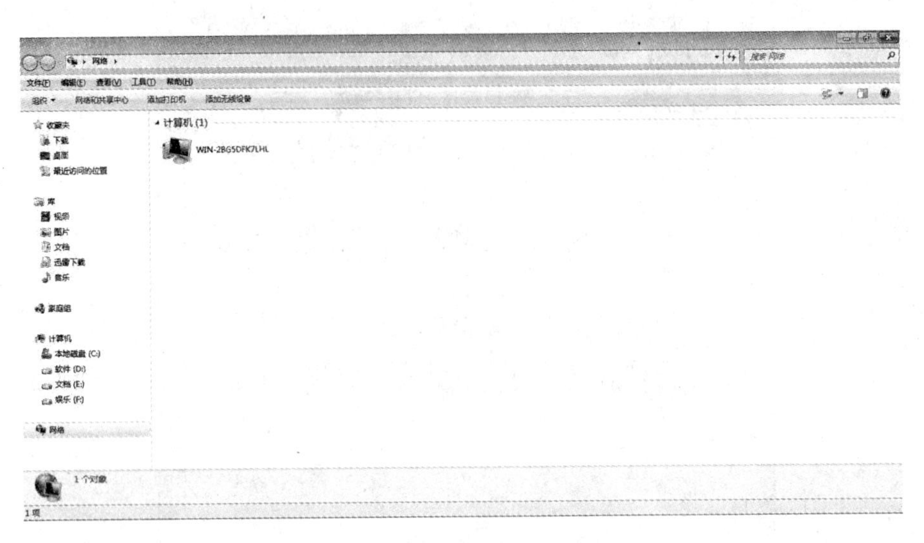

图3－8 “网络”窗口

（4）回收站：“回收站”用于临时存放被用户删除的文件或文件夹，这些信息可以在回收站中被还原，双击该图标打开“回收站”窗口，如图3－9所示。

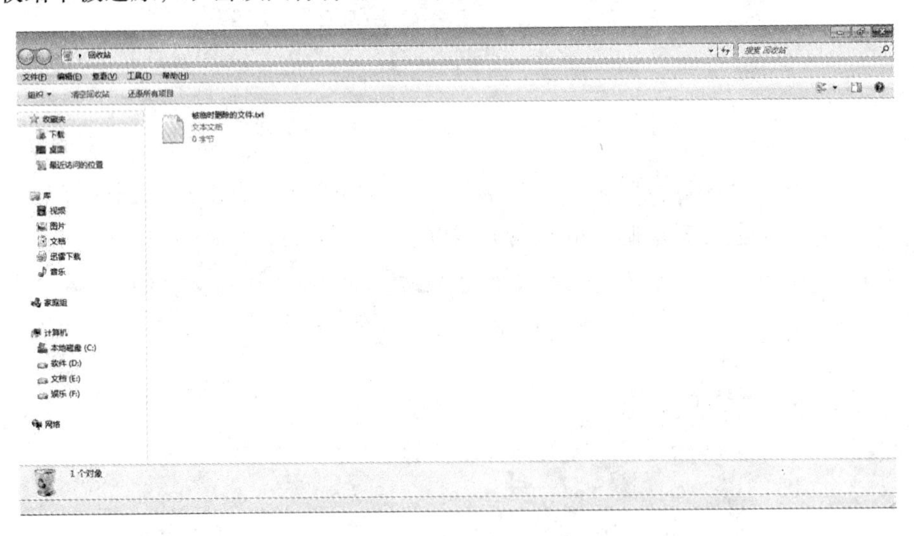

图3－9 “回收站”窗口

（5）控制面板：“控制面板”允许用户查看并操作基本的系统设置和控制，比如程序和功能、电源选项、个性化、用户帐户、声音等。“控制面板”窗口如图3－10所示。

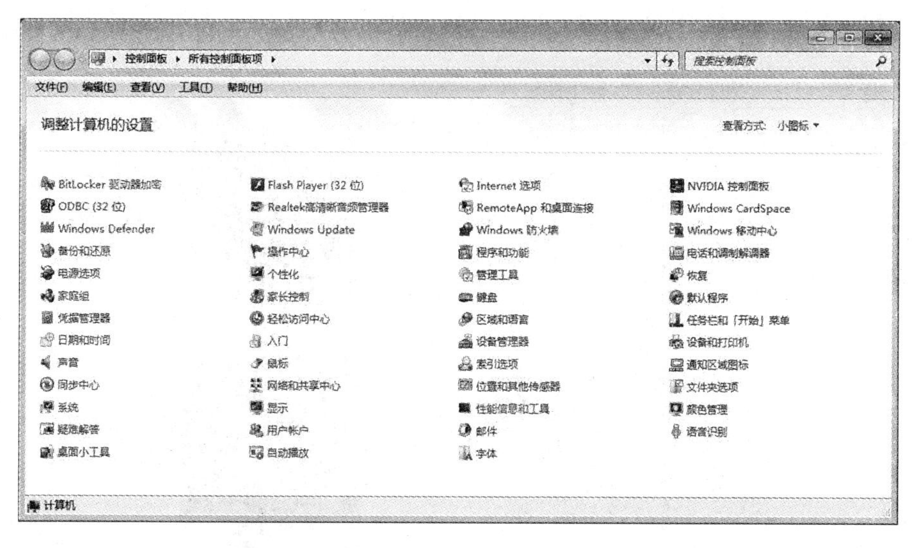

图 3－10　“控制面板”窗口

2. 桌面背景　桌面背景是指 Windows 7 桌面的背景图案，用户可以根据自己的喜好更改桌面的背景图案。右击“桌面”，在弹出的快捷菜单中选择“个性化”，打开“个性化”窗口，如图 3－11 所示。

3. 任务栏　“任务栏”通常位于屏幕的最底部，由“开始”菜单、“快速启动栏”、“任务按钮区”、“通知区域”、“显示桌面”构成，如图 3－12 所示。

图 3－11　“个性化”窗口

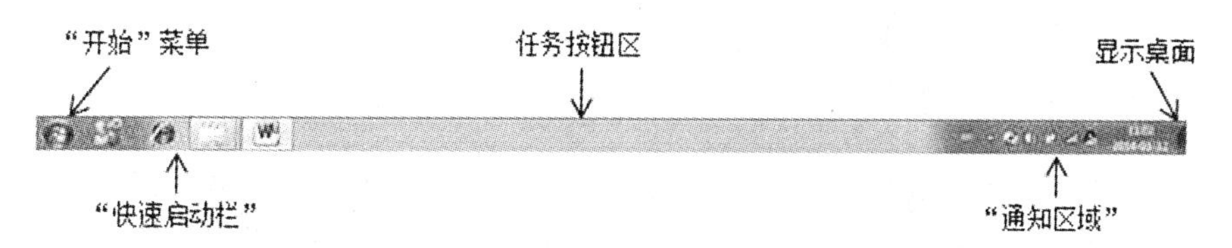

图 3－12　任务栏

（1）“开始”菜单：“开始”菜单位于任务栏最左侧，单击打开如图3－13所示的“开始”菜单。

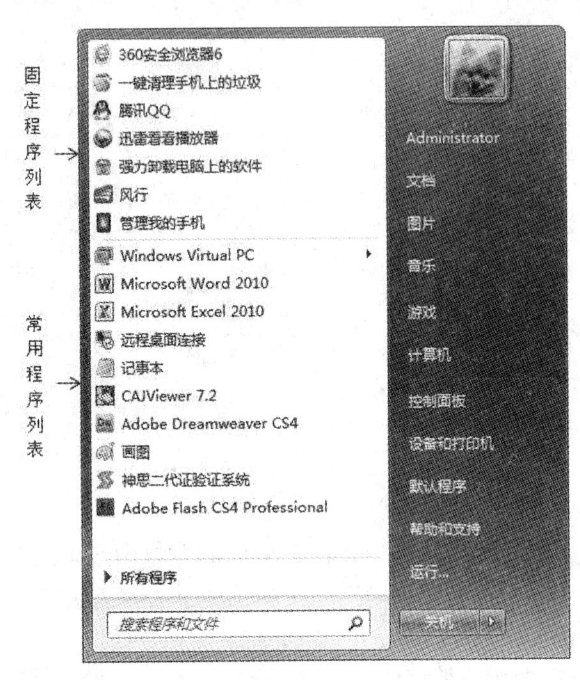

图3－13　“开始”菜单

（2）快速启动栏：单击“快速启动栏”中的图标，即可启动程序。

（3）任务按钮区：“任务按钮区”放置已经打开窗口的最小化图标按钮，单击这些任务按钮就可以在不同窗口间进行切换。用户还可以通过拖拽操作重新排列任务按钮顺序。

如果用户的电脑硬件配置支持Aero特效并且打开了该功能，则当鼠标指针指向“任务按钮区”中的按钮时，会在上方显示窗口的缩略图。

（4）通知区域：“通知区域”在任务栏的右侧，主要包括音量、网络等系统图标，此外还包括一些正在运行的程序图标，如QQ等。

第三节　Windows 7的基本操作

在Windows 7中，几乎所有的操作都是通过窗口来完成的，窗口是用于显示文件和程序内容的场所。

一、Windows 7的窗口

1. 窗口的外观　对于Windows 7的窗口来说，虽然内容和作用不同，但是组成都是大同小异的。一般窗口都由控制按钮、地址栏、搜索栏、菜单栏、工具栏、工作区、导航窗格和状态栏等几部分构成，如图3－14所示。

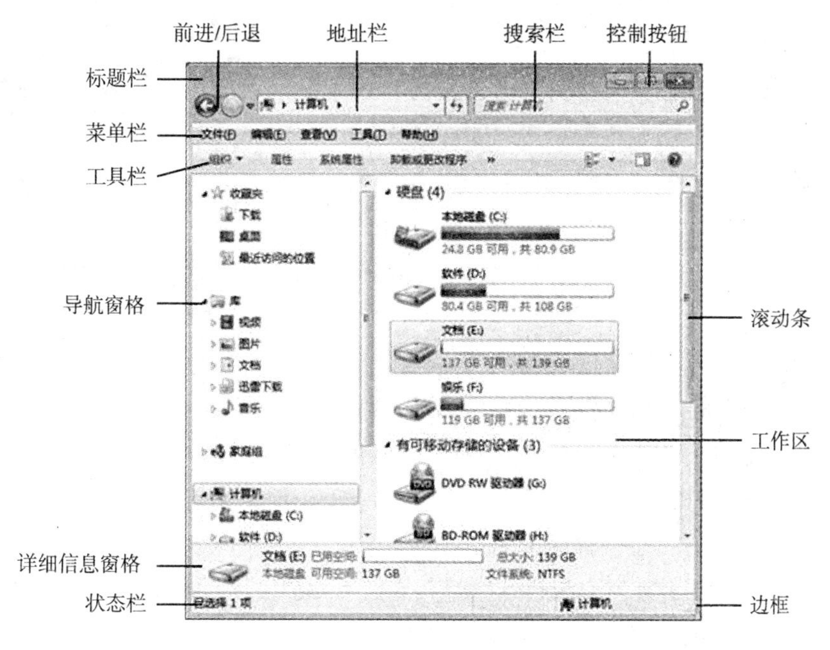

图 3－14 Windows 7 窗口的外观

（1）控制按钮：控制按钮由最小化、最大化（向下还原）和关闭 3 个按钮组成。

（2）地址栏：显示文件和文件夹所在的路径，通过它还可以访问网络上其他电脑的共享资源和因特网的资源。

（3）搜索栏：在当前文件夹中按文件名或文件内容等进行搜索。

（4）菜单栏：菜单栏是全部命令的集合，通过点击菜单栏中的项目，可以完成对应的操作。如果在 Windows 7 中菜单栏没有显示，可以通过点击“组织” －“布局” －“菜单栏”将其显示出来。

在菜单操作过程中，▸ 表示还有子菜单，✓ 表示该菜单项为复选，● 表示该菜单项为单选。在某些情况下，如果菜单项显示为灰色，表示该项禁止操作。在菜单名称后跟着的圆括号中的字母称为热键，可以通过 Alt + 热键的形式执行菜单；在某些菜单项右侧的按键组合称为快捷键，如 Ctrl + X 表示剪切。

（5）工具栏：工具栏是常用命令的集合，单击相应的按钮可以执行相应的操作。

（6）工作区：工作区用于显示窗口中的操作对象和操作结果。当窗口中显示内容较多时，将自动出现滚动条，滚动条分为水平滚动条和垂直滚动条两种。

单击滚动条两端的箭头可以实现窗口工作区内容的微移动；如果单击箭头和滑块之间的区域，可以实现窗口工作区内容的相对较大范围的移动；此外，还可以拖动滑块来快速调整显示内容。

（7）导航窗格：位于窗口工作区的左侧，用户可以使用导航窗格访问计算机的磁盘和目录，还可以利用导航窗格快速实现资源的移动和复制。

（8）详细信息窗格：详细信息窗格位于窗口的下方，主要用于显示当前窗口或被选中对象的详细信息。

（9）状态栏：状态栏位于窗口的最下方，用于显示当前窗口或被选中对象的相关信息和状态。

2. 窗口的操作 窗口主要可以进行的操作包括打开窗口、关闭窗口、调整窗口大小、移动窗口及窗口切换等。

（1）打开窗口：在操作系统中，进行某项操作的方法有很多，下面以打开“计算机”窗口为例。

·双击桌面上的“计算机”图标。

·右击桌面上的“计算机”图标，选择“打开”菜单项。

·单击“开始”菜单，选择“计算机”菜单项。

·单击任务栏中的资源管理器，在“库”窗口单击左侧的“计算机”。

（2）关闭窗口：当某些程序的窗口不再使用时，用户应该及时关闭这些窗口，减少系统资源开销，便于管理。与打开窗口相同，下面以关闭“计算机”窗口为例。

·单击“计算机”窗口右上角的“关闭”按钮。

·单击“计算机”窗口“文件”菜单下的“关闭”菜单项。

·在“计算机”窗口标题的空白区域内右击，在弹出的控制菜单中选择“关闭”命令。

·双击“计算机”窗口标题栏最左侧（通常为应用程序图标）。

·快捷键 Alt + F4。

（3）调整窗口大小：调整窗口大小可以通过最小化、最大化（向下还原）及手动调整来完成。其中最大化和向下还原是一对相反的按钮，并不同时出现。在最大化或最小化状态时，用户不能进行手动调整窗口大小操作。

（4）移动窗口：在窗口处于还原状态时，用鼠标拖动窗口的标题栏，可以移动窗口的位置。

（5）窗口切换：在 Windows 7 系统中，如果同时打开多个窗口，当前活动窗口只能有一个。如果想在当前活动窗口和非活动窗口之间进行切换，可以通过如下方法完成。

·单击任务栏“任务按钮区”某非活动任务窗口按钮。

·单击非活动窗口任意位置。

·快捷键 Alt + Tab。该快捷键有两种用法，如果按 Alt + Tab 键后，全部松开按钮，表示在最近访问的两个窗口之间切换；如果按住 Alt 键不放，不断按 Tab 钮，表示可以在所有窗口之间切换。

·快捷键 Alt + Esc，在非最小化窗口之间切换，同时不会出现 Alt + Tab 那种窗口切换图标方块。

3. 窗口的排列 在 Windows 7 操作系统中，提供了层叠窗口、堆叠显示窗口和并排显示窗口 3 种窗口排列方法，通过多窗口排列可以使窗口更加整齐，方便用户进行各种操作。在任务栏空白处右击，在弹出的菜单中选择相应的窗口排列命令即可，效果如图 3－15 和图 3－16 所示。

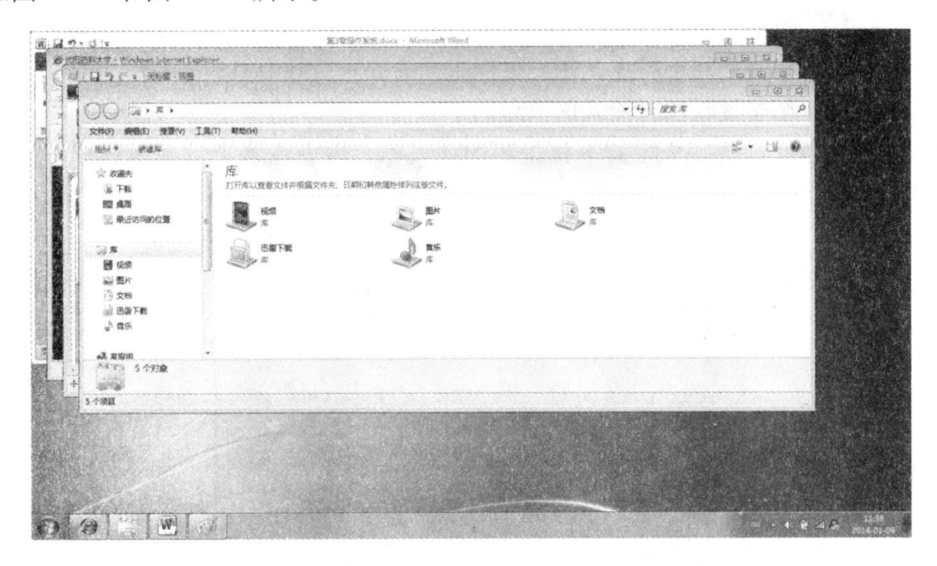

图 3－15 窗口层叠排列

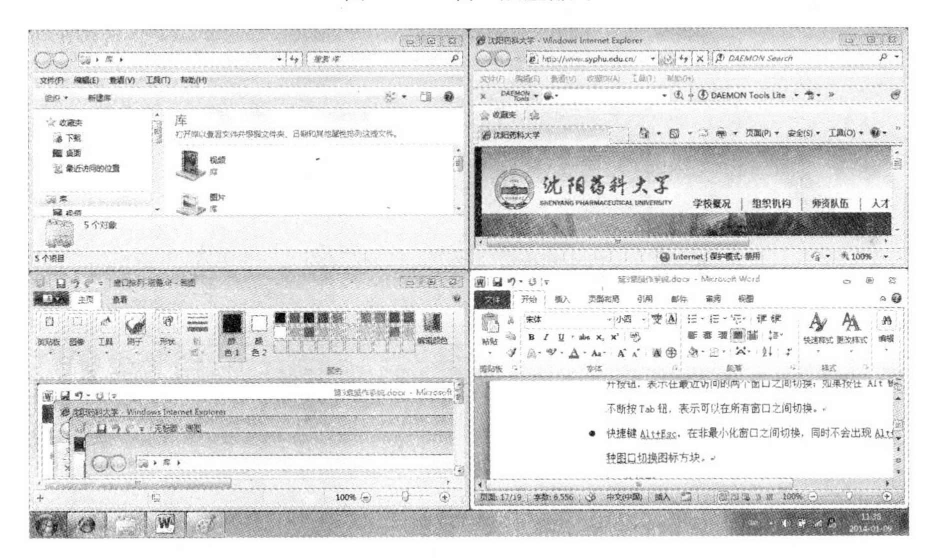

图 3－16 窗口堆叠排列

二、Windows 7 控件的使用

对话框是 Windows 操作系统的重要组成部分，它提供了人机交互的重要窗口。通常，在菜单项后面如果出现省略号，表示打开对话框。对话框没有控制菜单图标、最大化/最小化按钮，不能调整大小，利用移动和关闭。

Windows 7 对话框由控件组成，如图 3－17 所示，常见的控件包括：

· 命令按钮：用于命令的确认或者取消。

· 选项卡：用于将内容进行分类，方便管理，同时还可以在有限的空间显示更多的内容。

· 单选按钮：又名录音机按钮，是一组相互排斥的选项，每次只能选择一项，如“图标”的查看形式。

· 复选框：相互之间不排斥，用户可以根据需要进行任意选择。

· 文本框：用于接收用户输入的信息。

· 下拉列表框：是一个带有下拉按钮的列表框，用来在多个选项中选择一个，选中的项将显示出来。

· 数值框：用于输入或选中一个数值。它由文本框和微调按钮组成。

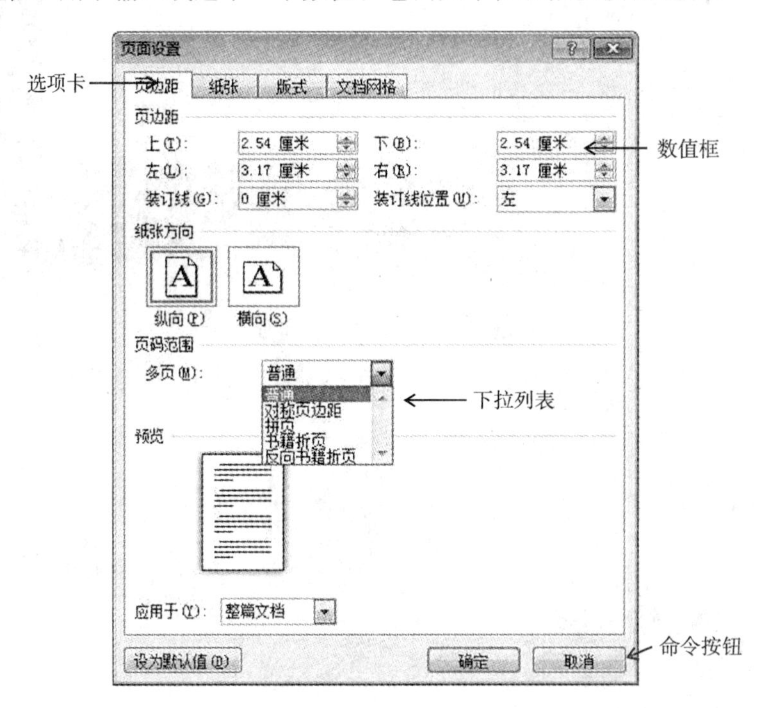

图 3－17　控件

三、文件及文件夹

计算机中的数据都是以文件的形式存放的，而文件又被存放在文件夹中。

1. 文件　文件（File）是计算机中各种数据信息的集合，包括文本、图像、声音、视频及程序数据等。在 Windows 中，文件由文件名来标识，格式为“文件名．扩展名”。扩展名用来区分文件类型，不同类型的文件，有不同的图标，由不同的应用程序编辑，如图 3－18 所示。

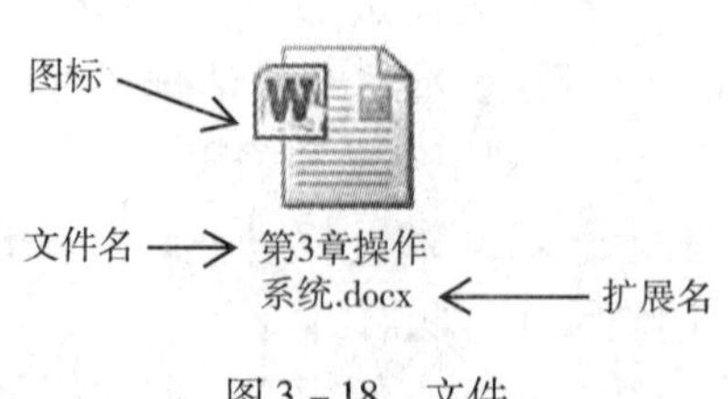

图 3－18　文件

常见类型的文件及扩展名如表 3 - 1 所示。

表 3 - 1 常见类型的文件及扩展名

文件类型	扩展名
文本文件	. txt
Word 文档	. doc，. docx
Excel 工作簿	. xls，. xlsx
PowerPoint 电子演示文稿	. ppt，. pptx
Access 数据库文件	. mdb
可执行文件	. exe；. com；. bat
网页文件	. html；. asp；. php；. aspx
图片文件	. bmp；. jpg；. tif；. ico
音频/视频文件	. mp3；. wav；. mid/. mpeg；. avi；. mov；. rmvb
PhotoShop 文件	. psd
Flash 文件	. fla；. swf
压缩文件	. rar；. zip
注册表文件	. reg

文件的种类很多，在安装了相应的软件之后，才会显示正确的图标。如果文件没有扩展名，文件图标就未知，在打开文件的时候，因为扩展名不完整，需要通过“打开方式”对话框来选择对应的应用程序，如图 3 - 19 所示。

图 3 - 19 “打开方式”对话框

2. 文件夹　如果计算机中的文件过多，用户在查找文件的时候不太方便，将文件整理到根据某种原则建立的文件夹中，可以有效的管理好计算机中的资源。

3. 文件和文件夹的树形结构　文件和文件夹共同保存在磁盘上，文件夹里可以存放文件和子文件夹，子文件夹还可以存放文件和子文件夹，因此在计算机管理文件上形成了树形结构，如图3－20所示。

图3－20　文件和文件夹的树形结构

4. 文件和文件夹路径　路径指的是文件和文件夹在电脑中存放的位置，当进到某个文件夹时，地址栏中显示该文件夹的路径。路径由盘符、文件夹和文件名构成，它们之间用“\”分隔。例如，计算器程序的路径是“C：\ Windows \ System32 \ Calc. exe”。

5. 文件属性　文件属性反映了文件的特征信息，包括时间属性、空间属性和其他操作属性，如图3－21所示。

（1）时间属性包括创建时间、修改时间和访问时间。

（2）空间属性包括文件位置、文件大小和占用磁盘空间。

（3）操作属性包括只读属性、隐藏属性和存档属性。设置了只读属性的文件可以防止被人修改，通过另存为保存修改过的文件，只读文件可以被删除；隐藏文件不显示，可以保护文件；设置存档属性的文件，可以在备份程序备份的时候识别出来该文件是否备份过或做过修改。

6. 文件通配符　在文件搜索等操作过程中，有时会用到文件通配符“＊”和“?”，其中“＊”代表任意多个字符，“?”代表任意一个字符。例如，“A＊. doc”表示文件名以A开头的Word文档；“B?? . xls”表示文件名以B开头的，文件名字符数为3的Excel工作簿文件；“＊. ＊”代表任意文件。

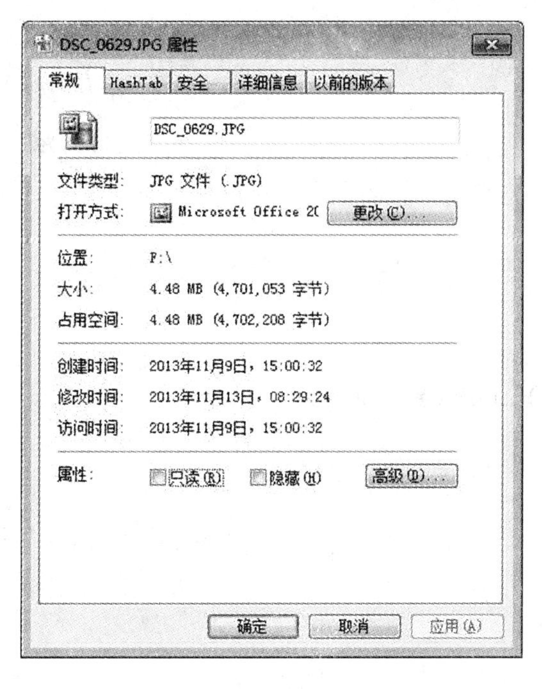

图 3－21　文件属性

四、资源管理器

在 Windows 7 系统里，文件和文件夹的管理使用资源管理器，与以往的 Windows 操作系统相比，在界面和功能上都有了很大的改进。如图 3－22 所示，为 Windows 7 的资源管理器界面，它主要由菜单栏、工具栏、地址栏、搜索框、导航窗格、详细信息栏和预览窗格等。

图 3－22　资源管理器

在 Windows 7 的资源管理器中，地址栏以“按钮”的形式取代了传统的纯文本方式，并且取消了地址栏的“向上”按钮。当用户在资源管理器右上角的搜索框中输入查询内容后，用户不需要做任何操作，系统将自动进行搜索。与 Windows XP 相比，Windows 7 资源管理器增加了“收藏夹”、“库”、“家庭组”和“网络”等节点，用户可以快速的跳转到指定的目录。详细的信息栏提供了更为丰富的文件信息，并且用户可以直接修改文件的各种附加信息。用户还可以通过右侧的预览窗格对文件进行预览。

五、文件及文件夹的基本操作

文件及文件夹的基本操作主要包括新建文件和文件夹、选取、重命名、移动、复制、删除和查看等。

1. 创建文件和文件夹 在目标位置，右击鼠标，在弹出的快捷菜单中选择“新建”，然后根据需要创建文件或文件夹。

2. 选取

· 选择一个文件或文件夹，直接用鼠标单击。

· 选择窗口中所有文件和文件夹，点击工具栏“组织” - “全选”或者按快捷键 Ctrl + A。

· 选择某区域内的文件和文件夹，按住鼠标左键不放的同时进行拖拉操作来完成。

· 选择不连续的文件和文件夹，按住 Ctrl 键，然后单击要选择的文件和文件夹。

· 选择连续的文件和文件夹，单击第一个文件和文件夹，按住 Shift 键，再单击最后一个文件或文件夹，即可选定它们之间的所有文件和文件夹。

3. 重命名 如果想要更改某文件和文件夹的名称，首先选定该文件，然后通过工具栏“组织” - “重命名”，或者右击鼠标选择“重命名”，或者两次不连续的单击该文件或文件夹的名称，就可以更改名称了。

如果文件或文件夹处于打开状态时，重命名操作是禁止的。

4. 复制 对文件和文件夹进行复制操作，可以在其他位置形成对应的副本，因此可以实现文件的备份，起到一定的保护作用。常用的复制方法如下：

· 在选中对象上右击鼠标，在弹出的快捷菜单中选择“复制”，到目标文件夹中右击鼠标，选择“粘贴”。

· 在“资源管理器”窗口中，还可以点击工具栏“组织”中的“复制”和“粘贴”来完成复制过程。

· 在选中对象后，按快捷键 Ctrl + C 表示复制，再按快捷键 Ctrl + V 表示粘贴。

· 按钮 Ctrl 键，直接拖动对象到目标位置松开，也表示复制；如果是利用资源管理器，将对象复制到不同的磁盘下，也可以不按 Ctrl 键。例如，将“D：\ SN. txt”文件直接拖拽到“C：\ ”下，表示复制，如图 3 –23 所示。

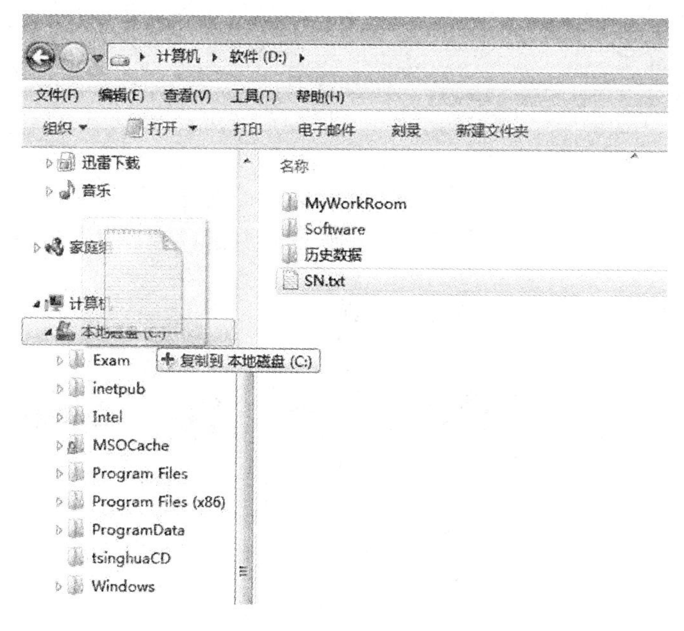

图 3－23 利用资源管理器实现复制操作

5. 移动 移动的作用是改变文件或文件夹的存储路径（位置）。与复制操作类似，移动首先执行“剪切”操作，再执行“粘贴”操作。其中“剪切”的快捷键是 Ctrl + X。同样可以利用资源管理器，通过鼠标的拖拽的方法完成移动操作，不过在不同磁盘下，需要按住 Shift 键。

6. 删除 当某些文件或文件夹已经不再需要，为了节省磁盘空间，用户需要删除这些文件或文件夹，被删除的对象将临时保存在“回收站”里，但如果是删除 U 盘中的信息，将被直接删除。

· 在选中对象上右击，在弹出的快捷菜单中选择“删除”。

· 在“资源管理器”窗口中，还可以选择工具栏中的“组织” － “删除” 命令。

· 直接按键盘上的 Delete 键。

· 直接将对象拖拽到“回收站”。

7. 查看

（1）文件和文件夹的显示方式：在 Windows 7 操作系统的“资源管理器”窗口中，提供了 8 种查看文件或文件夹的方式。

· “超大图标”、“大图标”和“中等图标”，这 3 种查看方式只是图标大小不同，将文件夹中所包含的图像文件显示在文件夹图标上，方便用户快速识别文件夹中的内容，如图 3－24 所示

· “小图标”方式是以图标形式显示文件和文件夹，图标右侧显示文件或文件夹的名称，横向排列文件和文件夹。

图 3－24　“中等图标”查看方式

· “列表”方式是以列表的形式显示文件和文件夹，按纵向顺序排列，名称显示在图标的右侧。

· “详细信息”方式以列表的形式显示文件和文件夹，除显示图标和名称外，还显示文件的类型、修改日期等相关信息，如图 3－25 所示。

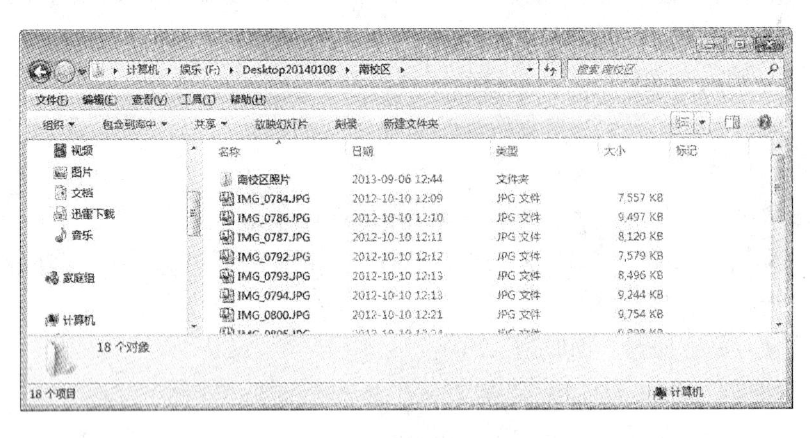

图 3－25　“详细信息”查看方式

· “平铺”方式类似于“中等图标”显示方式，只是比“中等图标”显示更多的文件信息。

· “内容”方式是“详细信息”方式的加强版，如图 3－26 所示。

（2）文件和文件夹的排序：在 Windows 操作系统中，用户可以很方便的对文件或文件夹进行排序，排序方式主要包括：“名称”、“修改日期”、“类型”、“大小”等，同时还可以选择“递增”或“递减”方式。在“资源管理器”窗口空白处，右击鼠标，在弹出的快捷菜单中选择“排序方式”中的选项即可实现对文件和文件夹的排序。

图 3－26 “内容”查看方式

例如，在某文件夹下存在大量文件，用户近期曾经修改过一个文件，但是忘记了名称，此时，使用“修改日期”的排序方式，就可以很轻松的找到目标文件。

（3）显示隐藏的文件和文件夹：对于计算机中比较重要的文件，如系统文件、个人保密资料等，如果用户不想让别人看到并操作这些文件，可以将它们的属性设置为“隐藏”。如果想查看这些被隐蔽了的文件或文件夹，需要在“资源管理器”窗口中，选择“组织”－“文件夹和搜索选项”，打开“文件夹选项”对话框，在“查看”选项卡下，选中“显示隐藏的文件、文件夹和驱动器”单选按钮并确定后，即可显示被隐藏的文件或文件夹了，如图 3－27 所示。

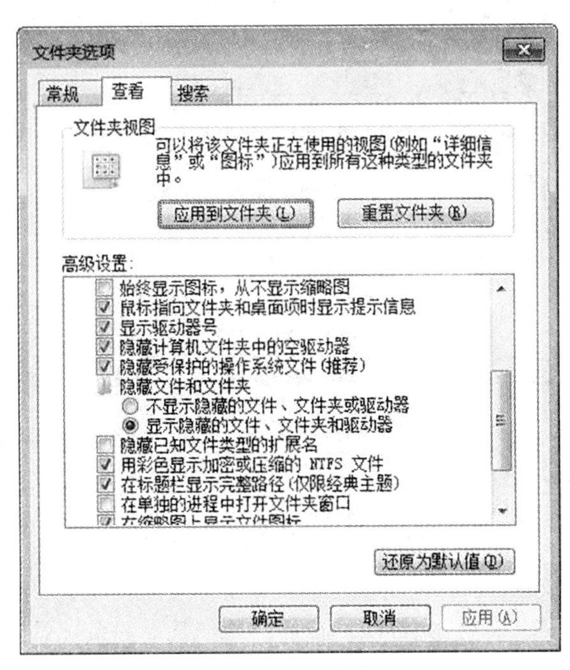

图 3－27 文件夹选项

六、库的使用

在 Windows 7 中引入库的概念，是一种有效的文件管理模式。文件库可以将我们需要的文件和文件夹统统集中到一起，就如同网页收藏夹一样，只要单击库中的链接，就能快速打开添加到库中的文件夹—而不管它们原来深藏在本地计算机或局域网当中的任何位置。另外，它们都会随着原始文件夹的变化而自动更新，并且可以以同名的形式存在于文件库中。

例如，将“F：\ Music”文件夹添加到“音乐库”中，打开“资源管理器”窗口，默认显示的就是“库”，右击“音乐”，选择“属性”，单击“包含文件夹”按钮，选择想要包含的文件夹即可，如图 3－28 所示。

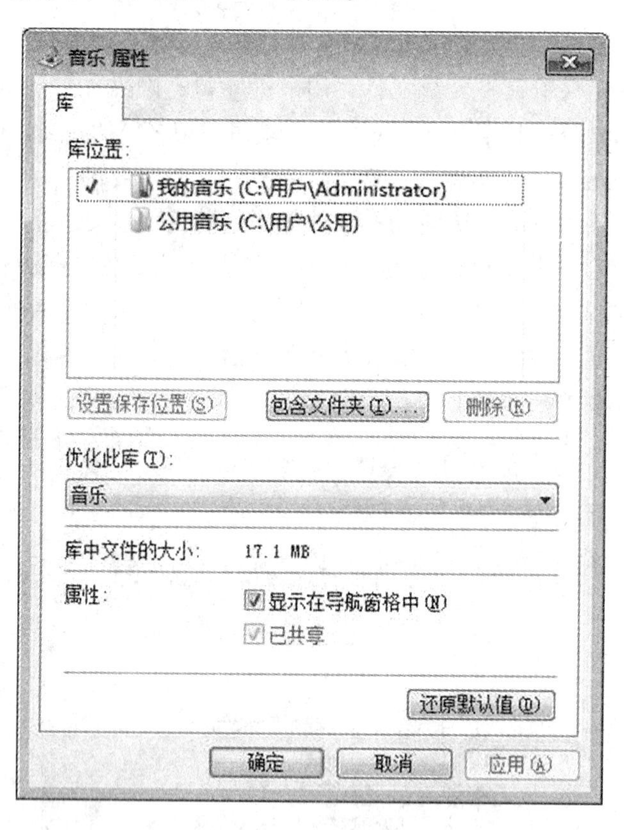

图 3－28　库－音乐　属性

第四节　控制面板

控制面板（Control Panel）允许用户查看并操作基本的系统设置和控制，通过“开始”菜单可以打开“控制面板”，如图 3－29 所示。

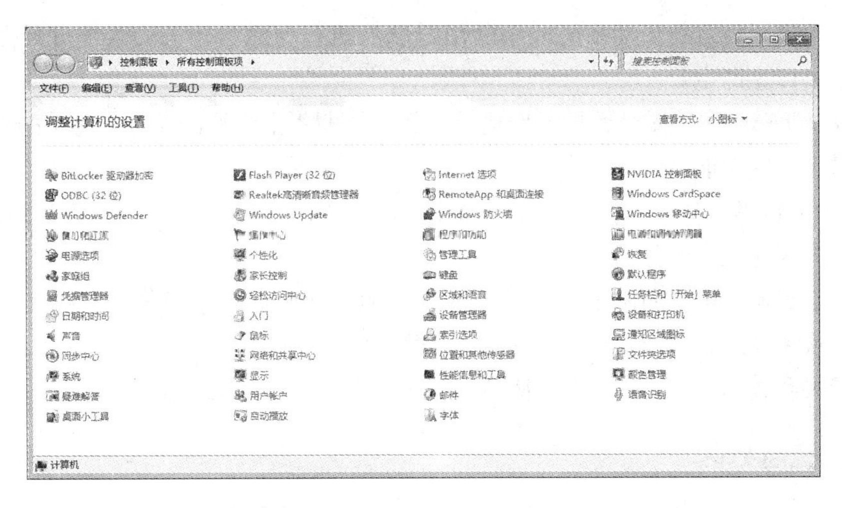

图 3 - 29 Windows 7 的控制面板

当需要从计算机上卸载软件程序的时候，可以选择“控制面板”中的“程序和功能”，在列表中选择某应用程序，执行工具栏上的“卸载”命令即可，如图 3 - 30 所示。

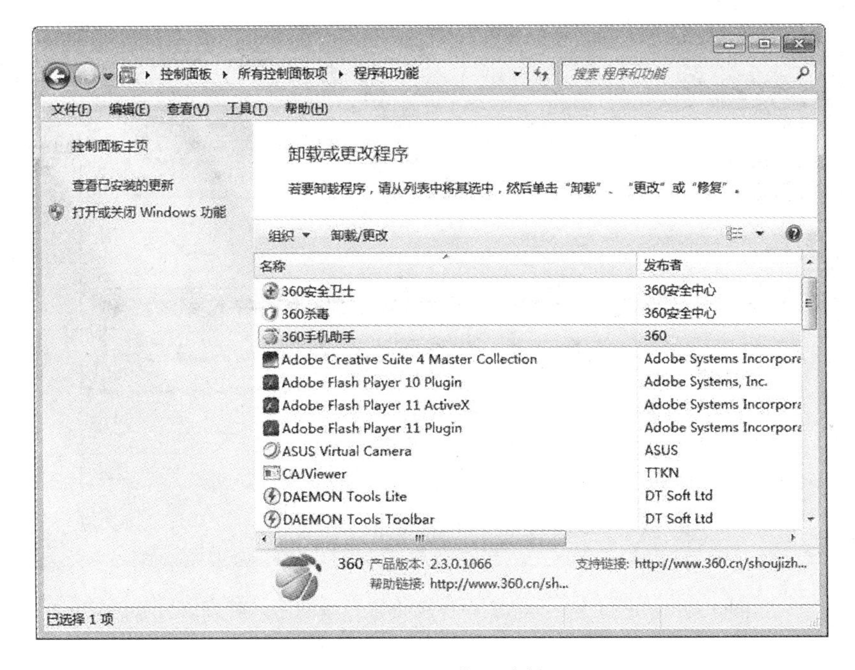

图 3 - 30 程序和功能

第五节 Windows 7 磁盘管理

磁盘管理是一种用于管理硬盘及其所包含的卷或分区的系统实用工具。使用磁盘管理可以初始化磁盘、创建卷以及使用 FAT、FAT32 或 NTFS 文件系统格式化卷。磁盘管理可以使您无需重新启动系统或中断用户就能执行与磁盘相关的大部分任务。多数配置的更改可立即生效。

在 Windows 7 中，磁盘管理不但提供了您在早期版本中就已经十分熟悉的功能，而且还新增了一些功能：

· 更为简单的分区创建。右键单击某个卷时，可以直接从菜单中选择是创建基本分区、跨区分区还是带区分区。

· 磁盘转换选项。向基本磁盘添加的分区超过四个时，系统将会提示您将磁盘分区形式转换为动态磁盘或 GUID 分区表（GPT）。

· 扩展和收缩分区。可以直接从 Windows 界面扩展和收缩分区。

一、磁盘分区

计算机中存放信息的主要存储设备就是硬盘，但是硬盘不能直接使用，必须对硬盘进行分割，分割成小块的硬盘区域就是磁盘分区。在传统的磁盘管理中，将一个硬盘分为两大类分区：主分区和扩展分区。主分区是能够安装操作系统，能够进行计算机启动的分区，这样的分区可以直接格式化，然后安装系统，直接存放文件，如图 3 - 31 所示。

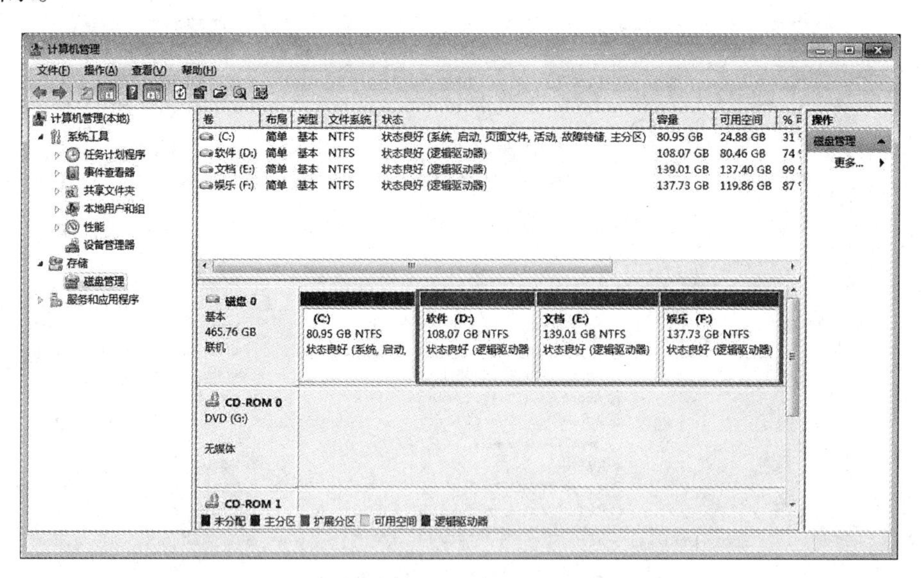

图 3 - 31　通过 Windows 7 中计算机管理里的磁盘管理查看分区

二、磁盘格式化

格式化，简单说，就是把一张空白的盘划分成一个个小区域并编号，供计算机储存，读取数据，类似一张白纸上打上格用来做应用题一样，没有这个工作，计算机就不知在哪写，从哪读。格式化硬盘可分为高级格式化和低级格式化，高级格式化是指在 Windows 7 操作系统下对硬盘进行的格式化操作；低级格式化是指在高级格式化之前，对硬盘进行的分区和物理格式化。

高级格式化的基本操作如上：

（1）右击磁盘，在弹出的快捷菜单中选择“格式化”命令，打开如图 3－32 所示的对话框。

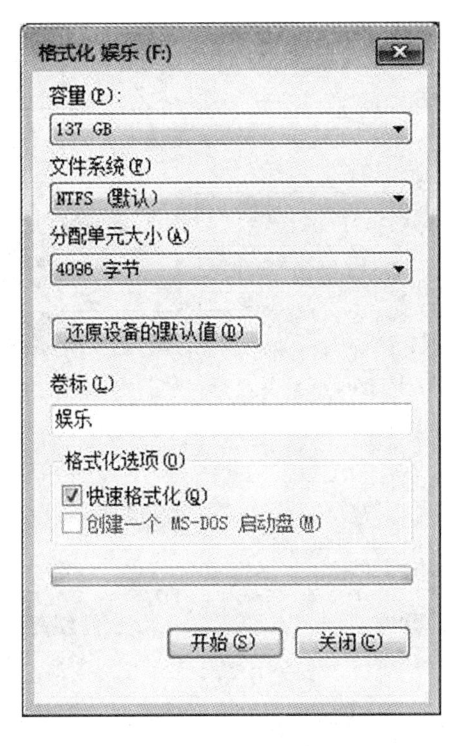

图 3－32 磁盘高级格式化

（2）如果需要快速格式化，可选中“快速格式化”复选框，快速格式化将不扫描磁盘的坏扇区而直接从磁盘上删除文件。

（3）单击“开始”按钮，将弹出“格式化警告”对话框，如果确认进行格式化，单击“确定”按钮，立即进行格式化操作。

高级格式化操作只是将磁盘的文件分配表清除，如果此时发现格式化操作属于误操作，用户一定不要再对该磁盘进行写入操作，应该立刻下载专业软件或到专门机构进行数据恢复处理，减少损失。

三、磁盘清理

如果要减少硬盘上不需要的文件数量，以释放磁盘空间并让计算机运行得更快，可以使用 Windows 7 的磁盘清理。该程序可删除临时文件、清空回收站并删除各种系统文件和其他不再需要的文件。

（1）单击“开始”菜单－“所有程序”－“附件”－“系统工具”，选择“磁盘清理”命令。

（2）在“驱动器”列表中，单击要清理的硬盘驱动器，如图 3－33 所示，然后单击“确定”。

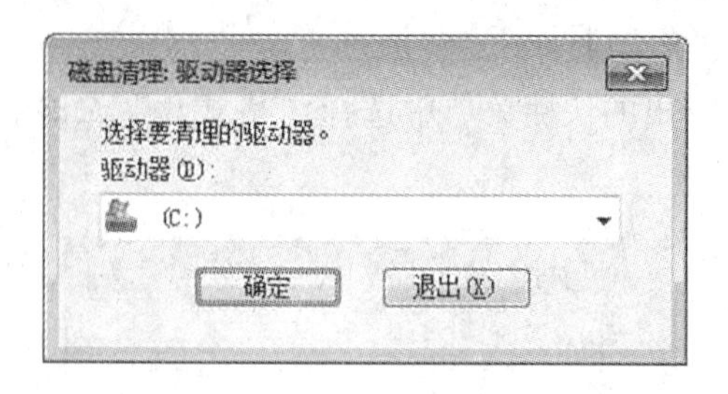

图 3－33　“磁盘清理：驱动器选择”对话框

（3）在“磁盘清理”对话框中的“磁盘清理”选项卡上，选中要删除的文件类型的复选框，如图 3－34 所示，然后单击“确定”。

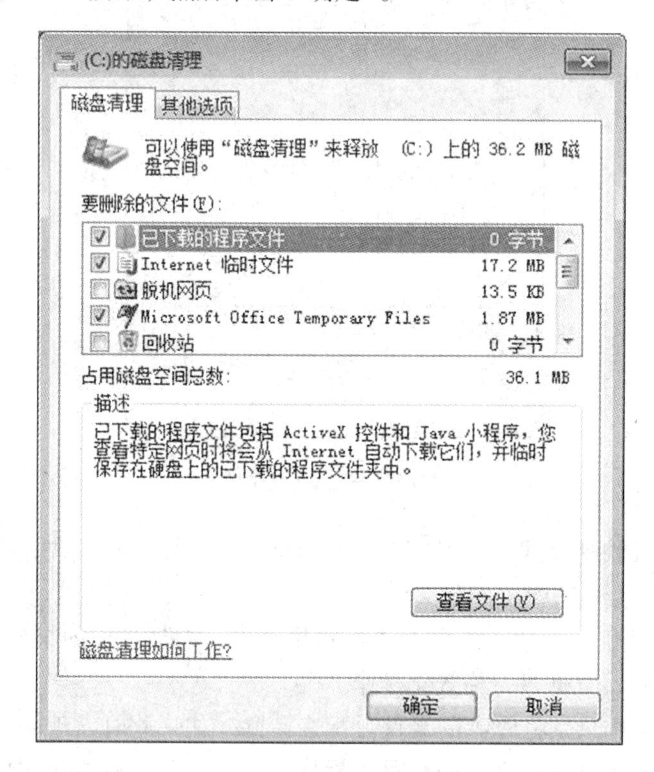

图 3－34　“磁盘清理”

（4）在出现的消息中，单击“删除文件”。

四、磁盘碎片整理

磁盘碎片会使硬盘执行能够降低计算机速度的额外工作。可移动存储设备（如 USB 闪存驱动器）也可能成为碎片。磁盘碎片整理程序可以重新排列碎片数据，以便磁盘和驱动器能够更有效地工作。磁盘碎片整理程序可以按计划自动运行，但也可以手动分析磁盘和驱动器以及对其进行碎片整理。

磁盘碎片整理的基本步骤如下：

（1）单击“开始”菜单－“所有程序”－“附件”－“系统工具”，选择“磁盘碎片整理”命令，打开如图 3－35 所示的对话框。

图 3－35　磁盘碎片整理程序

（2）在“当前状态”下，选择要进行碎片整理的磁盘。若要确定是否需要对磁盘进行碎片整理，请单击“分析磁盘”。

（3）在 Windows 完成分析磁盘后，可以在“上一次运行时间”列中检查磁盘上碎片的百分比。

（4）如果需要对磁盘的碎片进行整理，单击“磁盘碎片整理”。

五、磁盘数据的备份与还原

计算机硬盘中所存储的数据对用户而言是最为重要的，一旦感染上了病毒，就有可能造成硬盘数据丢失，因此做好数据的备份是使用计算机过程中一个不可忽视的步骤。

1. 硬盘数据的备份　要备份硬盘的数据，最好的办法就是将数据保存到外部存储设备上（如移动硬盘、光盘等）备份起来，以免硬盘损坏而丢失数据。

此外，Windows 7 系统还为用户提供了一个很好的数据备份功能，可以将硬盘中的重要数据生成为一个备份文件，如果需要找回这些数据，只需将备份文件恢复即可。

打开“控制面板”，选择“操作中心”，打开“操作中心”对话框，然后点击窗口左下角的“备份和还原”命令，打开“备份和还原”窗口，如图3－36所示。

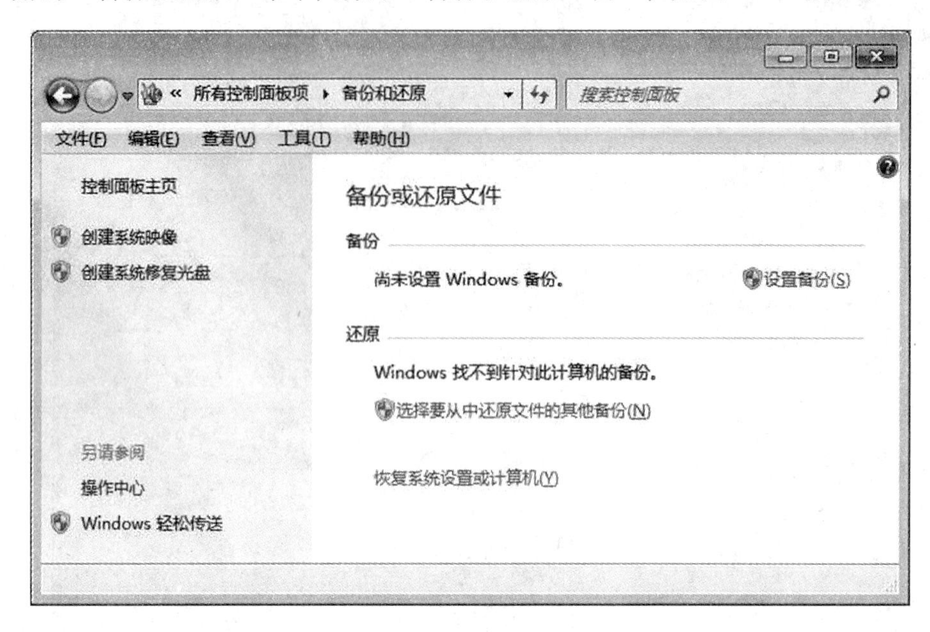

图3－36　“备份和还原”窗口

选择“设置备份”，按提示操作即可。

2. 硬盘数据的还原　如果用户的硬盘数据损坏或者被错误删除，可以通过备份文件的还原功能或者其他修复软件来找回损坏或丢失的文件。要使用系统提供的数据还原功能来还原数据，必须是要事先对数据进行备份，生成备份文件。

计算机网络

第一节　概　　述

计算机网络是计算机技术与通信技术高度发展、紧密结合的产物，网络技术的进步正在对当代社会发展产生着重要的影响。

回顾近几百年的历史，可以总结为18世纪是机械时代；19世纪是蒸汽机时代；20世纪是信息时代。计算机是20世纪人类最伟大的发明之一，它的产生标志着人类开始迈向一个崭新的信息社会。从工业革命到信息革命，一个根本的变革就是从劳动密集型社会转入到知识密集型社会。在20世纪的最后10年中，人们惊喜地发现信息的获取、存储、传送和处理之间的孤岛现象随着计算机网络的发展而逐渐消失；一度独立发展的电信网、电视网和计算机网开始逐步融合（三网合一）；新的信息产业正以强劲的势头异军突起。科学家预言，在未来社会中，信息产业将成为社会经济中发展最快的部门。为了提高信息社会的生产力，提供一种全社会的、经济的、快速的存取信息的手段是十分必要的，这种手段必须借助于计算机网络来实现。

一、网络的基本概念

计算机网络是计算机技术与通信技术高速发展、紧密结合的产物。在计算机网络发展过程的不同阶段，人们从不同角度为计算机网络给出了不同的定义。这些定义可以归纳为三大类：广义的观点、用户透明的观点以及资源共享的观点。

广义的观点从强调信息传输的角度出发，把计算机网络定义为“以计算机之间传输信息为目的而连接起来的实现远程信息处理的系统”。

用户透明的观点从强调最终用户觉察不到在计算机网络中存在中间设备的角度出发，把计算机网络定义为“由一个网络操作系统自动管理用户所需的资源，从而使整个网络成为一个对用户透明的计算机大系统”。

资源共享观点从强调共享资源的角度出发，把计算机网络定义为“一群分布在不同地理位置的具有独立功能的计算机通过通信设备和传输媒体互连起来，在功能完善的网络软件（网络协议、网络操作系统等）的支持下，实现计算机之间资源共享的系统的集合”。

从当前计算机网络的特点来看，资源共享的观点能够比较准确地描述计算机网络的主要特征。网络中被共享的资源包括：硬件、软件和数据。

二、网络的应用领域

计算机网络自20世纪60年代末诞生以来，仅仅经过了几十年的时间就以异常迅猛的速度发展了起来，被广泛地应用于军事、政治、经济、卫生、教育等各个领域。很难想象现代社会中离开了计算机网络将是一种什么情景。

1. 网络在军事领域中的应用　现代社会中很多新技术的出现都源于军事，网络也不例外。Internet的鼻祖就是20世纪60年代中期由美国国防部高级研究计划局研制的ARPANET。目前世界各国的军事建设都在向信息化方向发展，借助于空中的卫星和预警机、地面上的战场信息战车和指挥部的信息基站、士兵手持的无线通信设备，现代的信息化战争方式已经改变了传统的作战模式。2011年5月2日凌晨美国总统奥巴马带领官员在美国白宫观看海豹突击队刺杀本拉登行动的实时视频、无人驾驶轰炸机的广泛应用等都是网络在军事领域中应用的典范。

2. 网络在政府工作中的应用　网络早已不再是简单地用于公告发布的网站平台，综合政务网站的应用已经普及到了各个行政部门。工商、税务、卫生、司法等部门通过综合的政务网站平台共享信息，大大提高了办公效率。今天我们办理很多项工商审批手续，已经不再需要来来回回往工商局跑好多趟了，直接在网络中提交、办理就可以了。利用网络快速便捷的优势，公安部门全国联网通缉逃犯，无论你购买机票还是住宿宾馆，当地民警通过网络就可以实时得知你的身份证真伪以及有无犯罪记录等信息，使得犯罪分子没有可乘之机。

3. 网络在经济领域中的应用　网络在企业中的应用更加广泛，首先借助于Intranet（企业内部网）实现了企业内部的办公自动化，其次利用Extranet（企业外部网）与有密切业务往来的企业外网相连，在提高了商务合作效率的同时还保护了企业内部信息资源的安全，另外中国虽然有句古话“酒香不怕巷子深”，但是在信息时代飞速发展的今天，利用网络扩大企业和商品的知名度已经成为了大家公认的有效手段。网络对企业发展来说还有一个重要功绩，那就是计算机网络的大规模普及推动了大型跨国公司的产生和发展，因为网络化办公取消了地域的限制，为整个企业统一的管理和商品调度提供了可行的技术手段。当然对于淘宝、亚马逊、当当、京东等专门的网络商城来说，网络更是其运行的基础。2013年“双十一”淘宝商城创下了销售总额350.19亿元的奇迹，充分显示了网络在经济领域中的作用。

4. 网络在卫生医疗领域中的应用　医疗网站不再是简单地发布健康保健常识的平台，它可以突破时间和空间的限制，提高患者就医的效率。首先通过网络提交患者的资料，通过护士或辅助医师的分析整理，为患者更加有针对性地预约相关专家，节省了患者排队等候的时间，专家通过调用患者的健康档案（全国联网的电子病志）可以更加精准地为患者进行诊治。其次网络的发展为远程专家会诊提供了技术可能，分布在世界各地的专家可以通过网络“坐”在一起共同研究治疗方案。不久的将来，还可以实现医疗器械的远程共享甚至远程手术，沈阳军区总医院的专家通过网络远程操控新疆建设兵团的微创手术设备，足不出户就可以为千里之外的患者医治了。

5. 网络在教育领域中的应用 首先在学校内部，学生可以通过网络教学平台获取课件等教学资源、通过网络提交作业、通过 BBS 与教师进行交流等。其次远程教育近年来也得到了飞速发展，位于全国各地的教学点通过网络平台实时聆听本部教师授课，享受与本部同学相同的教学资源，还可以与教师互动，而且还可以反复聆听。另外近年来国家投资建设了很多国家级精品课程库，不但可以获得课件等教学资源，而且还可以聆听国家级教学名师的全程教学视频。

6. 网络在个人生活中的应用 随着网络终端基础设施建设的加快，个人用户上网速度不断提升，网民数量也与日俱增，到 2013 年 9 月中国网民数量已经超过了 6.04 亿，手机网民达到了 4.64 亿，成为了世界上的第一大网络基地（第二三名分别为印度和美国）。人们利用计算机网络进行学习、工作、消费、娱乐，乃至社交和婚姻都通过计算机网络去解决。可以说网络正在悄然改变着人们的生活方式。

三、网络引发的社会问题

计算机网络技术的飞速发展和快速普及为人们的工作、学习和生活构建了一个快捷、便利的环境，但同时也引发了很多社会问题。

1. 网络诈骗 网络诈骗指为达到某种目的在网络上以各种形式欺骗他人的诈骗手段。网络作为新兴的事物刚刚步入人们的生活，对大多数人来说网络的本质和运行的技术手段仍是未知的，加之网络世界是虚幻的，因此就给不法分子创造了欺骗网民的有利环境。诈骗购物网站、诈骗付费服务网站、诈骗支付网站、诈骗邮件等随时隐藏在我们的网络环境中。

2. 网络病毒与网络攻击 计算机联网后带给我们无比丰富的信息世界的同时，也给我们的电脑带来了遭受网络攻击的危险。伴随下载的邮件进入系统的木马可能正在实时窥探你的网银、QQ、邮箱等账号和密码信息，并在你毫无知觉的情况下将这些信息发送给了网络中隐形的攻击者。同样随着网络的快速发展，目前计算机网络已经成为了世界上最重要的计算机病毒传播途径。一种新的计算机病毒可能会在一夜之间传至世界上的每一个国家。

3. 知识产权 中国的每一位网民都曾经有过从网络中下载歌曲、下载电影、下载带有注册码的应用软件、下载电子图书等经历。对于这些行为我们可能早已司空见惯，但是殊不知以上所有行为都已经侵犯了相应所有人的知识产权。虽然近年来我国政府在保护知识产权方面已经做了大量的工作，但是其道路仍是漫长的。

4. 网络游戏 网络游戏又称网游，因其情节扣人心弦、奖励令人有成就感、加之暴力和色情的诱惑很容易令人着迷，很多青少年更是痴迷于网游不能自拔。不仅严重影响了青少年的身体和心理健康，影响了正常的学业，而且还容易诱发青少年误入犯罪的歧途。2013 年度（第十届）中国游戏行业年会公布的数据显示 2013 年我国网络游戏的经营收入为 650 亿元，足以证实网游群体的庞大。

5. 社会能力 网络打破了时间与空间的限制，让每个人足不出户就可以与世界各地的人联系在一起，初听起来似乎很诱人，似乎加深了人们之间的沟通机会。但是长此以往的后果是宅男宅女的大量出现，他们长期猫在家里泡在网上，在虚拟的世界里任意驰骋，但面对现实社会中的交往却表现出冷漠和恐惧，社会意识越来越淡薄。

第二节 计算机网络发展的四个阶段

纵观计算机网络的形成与发展历程，大致可以将其划分为四个阶段。

1. 面向终端的第一代计算机网络 20 世纪 50 年代开始，人们通过数据通信系统将地理位置分散的多个终端（Terminal），利用通信线路连接到一台中心计算机（Host）上，由该中心计算机以集中方式处理不同地理位置的用户数据。其中除中心计算机具有独立的数据处理功能外，所有终端设备均无独立处理数据的功能，因此终端设备与中心计算机之间不提供相互的资源共享，网络功能以数据通信为主。

典型代表是 1954 年美国军方的半自动地面防空系统（Semi - Automatic Ground Environment，SAGE）将远距离雷达和测控仪器所探测到的信息通过通信线路汇集到某个基地的一台 IBM 计算机上进行集中的信息处理，再将处理好的数据通过通信线路送回到各自的终端设备上。

2. 以资源共享为主的第二代计算机网络 1969 年美国国防部高级研究计划局（Advanced Research Project Agency，ARPA）将分散在不同地区的计算机组建成以分组交换技术为手段的 ARPANET（Internet 的鼻祖），这个网络中的通信双方都是具有自主处理能力的计算机，而且网络功能也以资源共享为主。ARPANET 标志着第二代计算机网络的开始。

3. 体系结构标准化的第三代计算机网络 20 世纪 70 年代中期随着网络的迅速发展，各大计算机厂商纷纷推出各自的计算机网络体系结构。代表性的有 1974 年 IBM 公司提出的 SNA（System Network Architecture，系统网络体系结构）、1975 年 DEC 公司提出的 DNA（Digital Network Architecture，数字网络体系结构）等，每一种结构都可以方便地实现同一体系结构内网络设备间的互连，但不同体系结构间的网络设备互连时却十分困难。为推进网络的全球化进展，国际标准化组织（International Organization for Standardization，ISO）成立专门的分委会，并于 1983 年提出开放式系统互连参考模型（Open Systems Interconnection Reference Model，OSI/RM），从此计算机网络走上了标准化道路。标志着第三代计算机网络的开始。

4. 以 Internet 为核心的第四代计算机网络 从 20 世纪 90 年代开始 Internet 蓬勃发展，形成了一个跨越国界、覆盖全球的网络。它在经济、文化、科研、教育和社会生活等各方面都发挥着越来越重要的作用。随着信息高速公路计划的提出和实施，当今的世界已经进入了一个以网络为中心的时代，标志着第四代计算机网络的开始。特点是宽带化、综合化、数字化。

第三节 计算机网络的分类

计算机网络的分类方法很多，常见的有根据地理范围（规模）、拓扑结构、交换技术、服务方式、传输介质等不同角度进行分类。

一、按照地理范围进行分类

这是目前最基本的分类方法，它可以很好地反映不同类型网络的技术特征。由于网络覆盖的地理范围不同，它们所采用的传输技术也就不同，因此形成不同的网络技术特点与网络服务功能。按照覆盖的地理范围，计算机网络可以划分为局域网、城域网、广域网三类。

1. 局域网　局域网（Local Area Network，LAN）用于将有限范围内（一个实验室、教学楼、校园、企业）的各种计算机与外围设备互连成网，通常范围在10Km以内。局域网具有传输速率快、误码率低、结构简单易于实现的特点。

2. 城域网　城域网（Metropolitan Area Network，MAN）是介于广域网与局域网之间的一种高速网络。城域网的设计目标是满足几十公里范围内的大量机关、企业、学校的多个局域网的互连需求，以实现大量用户之间数据、语音、图像与视频等多种信息的快速传输。

3. 广域网　广域网（Wide Area Network，WAN）一般是在不同城市的LAN或者MAN网络之间进行互连，所覆盖的地理范围从几十公里到几千公里。其通信子网可以是公共分组交换网、卫星通信网和无线分组交换网。由于广域网常常借助于传统的公共传输网络（例如公共交换电话网Public Switched Telephone Network，PSTN）进行通信，因此广域网的数据传输速率比局域网系统慢、误码率也比局域网系统高。

二、按照拓扑结构进行分类

所谓网络拓扑结构是引用拓扑学中研究与大小、形状无关的点、线之间关系的方法，把网络中的计算机和通信设备抽象成没有大小的点，把传输介质抽象为一条直线段，由点和线段组成的几何图形就是计算机网络的拓扑结构。目前主要的基本拓扑结构有星型拓扑、总线型拓扑、环型拓扑、树型拓扑。在局域网中，使用最多的是星型拓扑结构。

1. 星型拓扑　星型拓扑结构就是以中央节点为中心，把若干外围节点连接起来的辐射式互联结构，各外围节点与中央节点通过点到点方式连接，中央节点执行集中式通信控制功能，如图4－1所示。传统的中央节点为集线器（Hub），目前多为交换机（Switch），网络传输介质目前主要是双绞线。优点是：网络节点扩充简单，某个节点或传输介质的失效只影响单独的某个外围节点。缺点是：中央节点负担重，中央节点一旦失效将导致整个网络瘫痪。

2. 总线型拓扑　总线型拓扑就是将网络中的所有设备通过相应的硬件接口直接连接在公共的传输介质上，如图4－1所示。它是最传统的一种拓扑形式。在总线型拓扑结构中任何一个节点的信息都会沿着总线向两个方向传输扩散，并被总线中所有节点接收，因此总线型拓扑的网络也被称为广播式网络。优点是：结构简单、造价低。缺点是：网络中任意接口的松动和失效将导致整个网络瘫痪。

3. 环型拓扑　环型拓扑就是网络中的各节点通过环路接口连在一条首尾相连的闭合环形通信线路中，如图4－1所示。数据沿着环依次通过每个节点传递最终到达目的节点，数据在每台设备上的延时时间是固定的。典型的环型拓扑网络是令牌环网（Token Ring）。优点是：实时性好，增加节点操作简单。缺点是：单个线路或节点故障会导致全网瘫痪，故障排除困难。

4. 树型拓扑　树型拓扑是一种层次结构，节点按层次连接，形状像一棵倒置的树，如图4－1所示。优点是：连接简单、适用于汇集信息的应用要求。缺点是：任何一个非末端节点失效都会影响多个节点的工作。

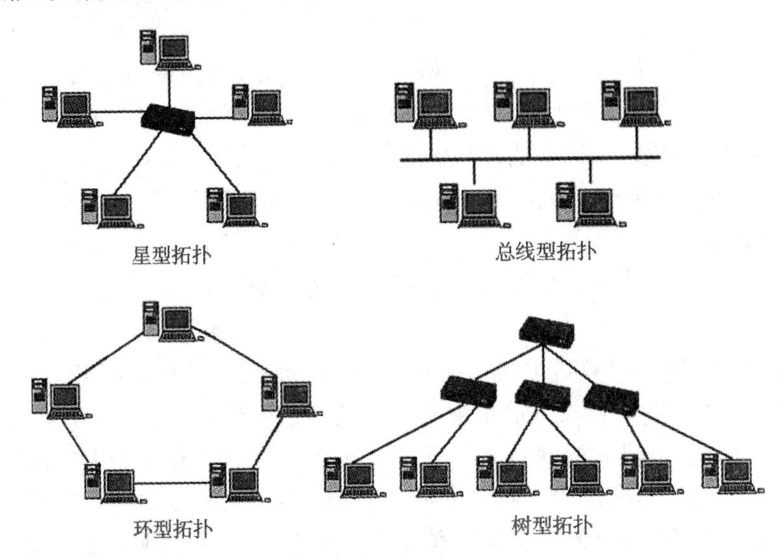

图4－1　网络拓扑结构

三、按照交换技术进行分类

根据交换技术的不同，可以把计算机网络划分为电路交换、报文交换、分组交换三种基本方式。当然还有更高级的ATM交换（Asynchronous Transfer Mode，异步传输模式）等技术，由于涉及的网络专业知识太多在此不作讲述。

1. 电路交换　电路交换又称“线路交换”，指两台计算机在进行数据交换之前，必须要在通信子网中建立一条实际的物理连接线路，这条物理线路在被释放前是被独占的，就像我们日常打电话一样。优点是数据交换的实时性高。缺点是线路建立所需时间长，线路利用率低。

2. 报文交换　报文交换不需要在两个通信节点之间建立专用通路。发送方把欲发送的信息组织成报文，报文中含有目标节点的地址，完整的报文在网络中一站一站地向前传送。网络中的每个节点接收整个报文，检查目标节点地址，然后根据网络中的交通情况在适当的时候转发到下一个节点，因此这种方式又被称为“存储－转发网络”。优点是不存在连接建立的时延，用户可以随时发送报文；线路不独占，提高了线路的利用率；中间节点具有路径选择功能因此传输的可靠性高（某条传输路径发生故障时，可以自动选择另一条）；可以实现不同速率节点间的数据交换；允许建立数据传输的优先级，使优先级高的报文优先转发。缺点是由于数据通过交换结点时需要经历存储、检验、转发的操作，从而引起转发时延，网络的通信量越大时延就越大，因此报文交换的实时性低；报文交换只适用于数字信号；由于报文长度没有限制，而中间节点需要完整地接收整个报文，因此对中间节点的缓冲区要求非常高。适合于拍发电报、发送 E - Mail 等任务。

3. 分组交换　分组交换是对报文交换方式的改进，是目前最为主流的交换方式。分组交换仍采用存储 - 转发方式，但是将长报文分割为若干个较短的分组，然后把这些分组（携带有源、目的地址和编号信息）逐个发送出去。除了报文交换的特点外，还有以下优缺点。优点是中间节点所需的缓冲区较小；一旦出现错误，只需重传较小的分组，因此提高了传输效率。缺点是由于每个小分组都需要源、目的地址和分组编号等信息，导致实际传送的信息量增加；由于每个分组独立进行路由，因此可能出现失序、丢失或重复分组的情况，目的节点需要对分组按编号进行重新排序等工作。

四、按照服务方式进行分类

按照服务方式进行分类，计算机网络可以划分为：对等结构（Peer - to - Peer）、客户机/服务器结构（C/S 结构）、浏览器/服务器结构（B/S 结构）。

1. 对等结构　对等结构又称为对等网，网络中不要求设置服务器，每台客户机都可以与其他每台客户机对话，共享彼此的信息资源和硬件资源，组网的计算机一般类型相同。这种网络方式灵活方便，但是较难实现集中管理与监控，安全性也低，较适合于部门内部协同工作的小型网络或者寝室中的笔记本之间直接通过无线网络功能进行互连。

2. 客户机/服务器结构　在 C/S 结构中，网络中的计算机地位是不平等的，服务器是整个网络的核心，它通常采用高性能的 PC、工作站或小型机，并运行大型数据库系统（如 Oracle、SQL Server），而客户机只是普通的 PC 机。客户端需要安装专用的客户端软件，很多工作可以在客户端处理后再提交给服务器，因此称之为胖客户机/瘦服务器模式，是传统的非对等网络结构。

3. 浏览器/服务器结构　传统的 C/S 结构存在许多问题。首先，采用 C/S 架构要选择适当的数据库平台来实现数据库数据的真正“统一”，因为分布于两地的数据同步完全由数据库系统来管理，而逻辑上两地的操作者要直接访问同一个数据库才能有效实现。由此产生了下面的问题：如果需要建立“实时”的数据同步，就必须在两地间建立实时的通信连接，保持两地的数据库服务器在线运行，网络管理工作人员既要对服务器维护管理，又要对客户端维护管理，这需要高昂的投资和复杂的技术支持，维护成本很高，维护任务的工作量很大。其次，传统 C/S 结构的软件需要针对不同的操作系统开发不同版本的客户端，以解决软件的可移植问题（例如为 Windows 系统开发的客户端无法在 Linux 和 Mac 系统下运行，即使都是 Windows 系统的客户端为 Windows XP 开发的客户端在 Windows 7 下也不能运行），由于目前操作系统的更新换代很频繁，因此导致了高成本、低效率的问题。同时随着网络技术的发展，Web 已经成为人们获取信息的重要来源。因此出现了 B/S 结构，在 B/S 结构中，用户通过浏览器向网络中的服务器发出请求，服务器对收到的请求进行处理，将用户所需信息返回到浏览器。也就是说 B/S 结构把 C/S 结构中的事务处理逻辑模块从客户机的任务中分离出来，由

Web 服务器来负担，这样客户机的压力减轻了，把相应的负荷分配给了 Web 服务器。因此 B/S 结构又称为瘦客户机/胖服务器模式。

B/S 结构的优势是其异地浏览和信息采集的灵活性。任何时间、任何地点、任何系统，只要可以使用浏览器上网，就可以使用 B/S 系统的终端。主要优点有：

（1）具有分布性特点，可以随时随地进行查询、浏览等业务处理。

（2）业务扩展简单方便，通过增加网页即可增加服务器功能。

（3）维护简单方便，只需要改变网页，即可实现所有用户的同步更新。

（4）开发简单，共享性强。

缺点主要是：

（1）个性化特点明显降低，无法实现具有个性化的功能要求。不能像 C/S 结构那样针对不同的用户或团体开发订制的界面和功能。

（2）操作是以鼠标为最基本的操作方式，无法满足快速操作的要求。

（3）页面动态刷新，响应速度明显降低。

（4）客户端只能完成浏览、查询、数据输入等简单操作，绝大部分功能需要由服务器承担，使得服务器的负担很重。

（5）技术成熟度没有传统的 C/S 结构高。

（6）安全性没有传统的 C/S 结构高，毕竟现在的网络安全系数并不高。

五、按照传输介质进行分类

按照传输介质进行划分，计算机网络可以划分为：有线网络和无线网络。

1. 有线网络　有线网络指通过有形的物理介质（主要是同轴电缆、双绞线和光纤）把网络中的计算机和网络设备进行连接。

2. 无线网络　无线网络指通过红外线、微波等无线介质进行数据传输的网络。目前只有用户终端通过无线方式连接的半无线网络（例如无线校园网）也称为无线网络。

第四节　网络的体系结构

网络体系结构是指通信系统的整体设计，它是计算机之间相互通信的层次，以及各层中的协议和层次之间接口的集合，为网络硬件、软件、协议、存取控制和拓扑提供标准。

计算机网络是一个非常复杂的系统，需要解决的问题很多并且性质各不相同。为了将庞大而复杂的问题分解为若干个较小的易于处理的局部问题来进行简化，于是提出了“分层”的思想。

1974 年美国 IBM 公司按照分层的思想提出了世界上的第一个系统网络体系结构（System Network Architecture，SNA）。随后各公司陆续推出了自己的网络体系结构。但是，不同的网络体系结构给网络的互连带来了巨大的不便。为此，国际标准化组织 ISO 于 1977 年成立专门机构研究这个问题，并于 1978 年提出了著名的开放式系统互联参考模型（Open Systems Interconnection Reference Model，OSI/RM）。由于它由低到高采用了物理层（Physical Layer）、数据链路层（Data - Link Layer）、网络层（Network Layer）、传输层（Transport Layer）、对话层（Session Layer）、表示层（Presentation Layer）和应用层（Application Layer）七个层次来描述网络的层次结构，因此该模型又被称为OSI七层模型，如图4-2所示。

前面讲到，Internet的鼻祖是美国国防部高级研究计划局研制的ARPANET，1969年ARPA提出了TCP/IP参考模型，它由网络接口层（Network - Interface Layer）、网际层（Internet Layer）、传输层（Transport Layer）和应用层（Application Layer）四个层次构成，和OSI七层模型的对应关系如图4-2所示。虽然OSI七层模型在实际应用中结构过于复杂很不实用，目前世界上普遍采用TCP/IP的四层模型，但是由于OSI七层模型概念清楚、体系结构理论比较完整，因此普遍采用OSI和TCP/IP综合对比的学习方法。

OSI参考模型	TCP/IP参考模型
应用层	应用层
表示层	
会话层	
传输层	传输层
网络层	网络层
数据链路层	网络接口层
物理层	

图4-2 OSI参考模型与TCP/IP参考模型

为了使网络中的计算机之间能够正确地传送信息和数据，必须在数据传输的顺序、数据的格式及内容等方面有一个约定或规则，这种约定或规则被称为协议。网络协议包含语义、语法、时序三个基本要素。

语义就是对协议元素含义的解释，不同类型的协议元素所规定的语义是不同的。例如同样都是0或1，不同协议中其代表的含义是不同的。

语法是将若干个协议元素和数据组合在一起用来表达一个完整内容时所应遵循的格式，也就是对信息的数据结构所做出的规定。例如在一个IP数据包的包头里应该包含哪几部分，它们间的顺序如何，每部分占有多少个数据位。

时序是对事件实现顺序的详细说明。例如利用面向连接的TCP协议建立会话时，需要一个三次握手的过程，这三次握手的顺序是有明确规定的。

任何厂家生产的计算机系统，只要遵守了共同的协议就可以互连互通了。在TCP/IP协议簇中，常见的主要协议如图4-3所示。其中最常用最基本的协议有：

HTTP（Hypertext Transfer Protocol）超文本传输协议，规定了浏览器和万维网服务器之间互相通信的规则，是通过因特网传送万维网文档的数据传输协议。

FTP（File Transfer Protocol）文件传输协议，是用于在Internet上控制客户端和FTP服务器进行文件双向传输的一套标准协议。

SMTP（Simple Mail Transfer Protocol）简单邮件传输协议，是用于在Internet上从客

户端向邮件服务器上传邮件所采用的协议。

POP3（Post Office Protocol Version 3）邮局协议（版本3），用于规定将客户端连接到Internet的邮件服务器以及下载电子邮件的电子协议。

TCP（Transmission Control Protocol）传输控制协议，是工作于传输层上的面向连接的、可靠的、基于字节流的通信协议。

IP（Internet Protocol）网际协议，是工作于网络层上的为Internet中的主机提供地址以及根据源主机与目的主机的地址来转发数据的重要协议。

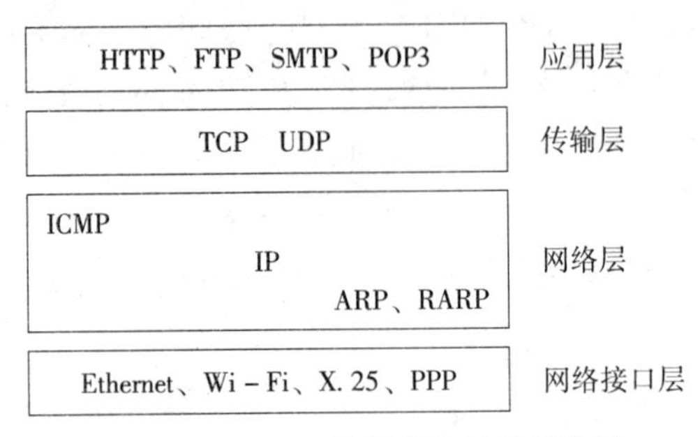

图4-3　TCP/IP协议簇中的常见协议

为了实现主机间的通信，各层之间必须相互配合协调工作。两台主机间只有对等层才能相互通信；同一台主机内部只有相邻层之间才能通过接口进行通信，下层向上层提供服务；发送方数据由最高层逐渐向下层传递（封装），实际通信在最底层完成，接收方数据由最低层逐渐向高层传递（拆封）。如图4-4所示。

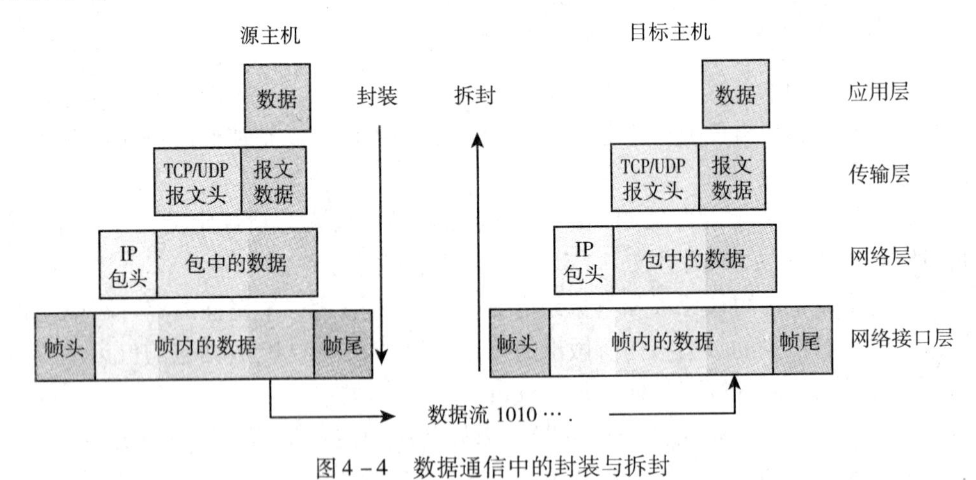

图4-4　数据通信中的封装与拆封

第五节　计算机局域网的组成

计算机网络系统是由网络硬件和网络软件两部分组成的。其中，网络硬件的选择对网络性能起着决定性作用，而网络软件则是进一步挖掘网络潜力的工具。由于网络的终端用户在机关、企业、学校等工作和学习领域中应用最多的是局域网技术，而广域网除了接入技术外很少涉及，因此下面就局域网技术来进行简要阐述。

一、网络硬件

网络系统正常运转的第一步工作是将网络中的各种硬件设备进行物理连接。

1. 计算机　在网络环境中，计算机设备根据其在网络中的服务特性（功能）不同，可以划分为服务器（Server）、客户机（Client）和同位机（Peer）。

（1）服务器：服务器是指在网络环境中，分散在不同地点运行相应的操作系统和应用软件，担负一定数据处理任务和提供资源的计算机，常见的有数据库服务器、文件服务器、打印服务器、Web 服务器等。在对服务器要求不高的小型网络中可以选用高档微机作为网络服务器，而大中型网络中的服务器一般由高性能的专用服务器来充当。

服务器与普通微机相比一般具有以下特征：高性能、高可靠性、高安全性、强大的可扩展性、可管理性。

（2）客户机：客户机是使用服务器所提供服务的计算机。客户机要参与网络活动，必需先与网络服务器连接，并且登录，按照被授予的权限访问服务器。它可以退出网络，此时它作为一台具有独立处理功能的个人计算机为用户服务。

（3）同位机：同位机指在网络环境中同时充当服务器和客户机角色的计算机。

2. 网络中共享的外部设备　不经过计算机就可以直接连接到网络中的网络共享打印机、网络共享传真机，以及连接在服务器上的硬盘、打印机、绘图仪等都是共享的外部设备。网络中的客户机可以像使用本地设备一样使用这些共享的外部设备。

3. 网络接口设备　网络接口设备是指那些为计算机接入网络提供连接端口的设备。常见的有接入局域网的网卡和接入广域网的 Modem。

（1）网络接口卡：网络接口卡（Network Interface Card，NIC）又称网卡或网络适配器。是插在计算机总线插槽内或某个外部接口上的电路卡。通过网线与其它设备相连，从而为计算机之间的相互通信提供物理通道。

（2）调制解调器：调制解调器（Modem）是调制器和解调器的简称，俗称“猫”，是利用普通电话上网时实现计算机和电话线之间连接的外部设备。它可以将计算机处理的数字信号转换为电话线中传输的模拟信号（即调制）；同时将电话线中传来的模拟信号转换成计算机可以识别的数字信号（解调）。

在 ISDN（Integrated Services Digital Network，综合业务数字网）和 ADSL（Asymmetric Digital Subscriber Line，非对称数字用户线路）连接方式中也需要进行数据格式的相互转换，因此对应地也需要使用 ISDN Modem 和 ADSL Modem。

4. 网络传输介质　传输介质是数据传输的载体，将网络中的各种设备进行物理地连接。在计算机网络中通常使用的传输介质有双绞线、同轴电缆、光纤、微波和卫星通信等。它们分别支持不同的网络类型，具有不同的传输速率和传输距离。

（1）双绞线：双绞线（Twisted Pair）是目前局域网中使用最为广泛的传输介质。由 4 对两两缠绕在一起的 8 根线组成，如图 4－5 所示。其价格便宜也易于安装使用，只是传输距离和速率方面受到一定的限制。双绞线两端通过 RJ－45 连接器（俗称“水晶头”）和网络设备上对应的 RJ－45 接口进行连接。

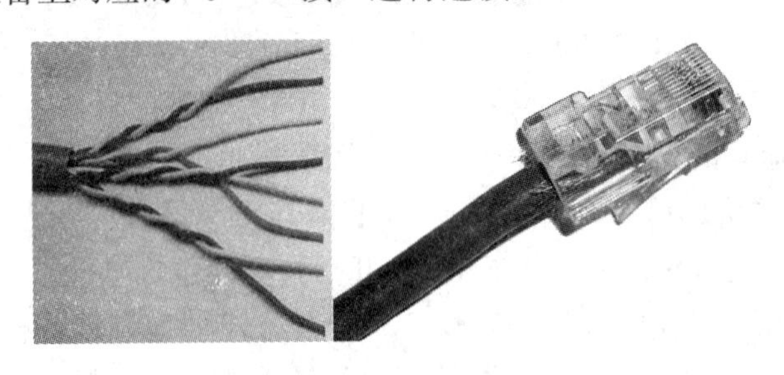

图 4－5　双绞线

（2）同轴电缆：同轴电缆以金属内导体为芯外包一层绝缘材料，这层绝缘材料外用密织的网状金属外导体环绕起到信号屏蔽的作用，最外面又覆盖一层保护性绝缘材料，如图 4－6 所示。同轴电缆比双绞线的抗干扰能力强、传输距离更远。但是由于传输速率低，支持的网络拓扑结构不好，而在网络应用中逐步被淘汰。

图 4－6　同轴电缆

（3）光纤：光纤（Fiber）即光导纤维，采用非常细、透明度很高的石英玻璃纤维（直径约为 2～125 微米）作为纤芯，外涂一层低折射率的包层和保护层，如图 4－7 所示。成束的一组光纤就是光缆。光缆和双绞线以及同轴电缆相比具有传输速率高、传输距离远、抗电磁干扰能力强、保密性好、抗腐蚀能力强等优点，在高速和长距离传输中起到了越来越重要的作用。

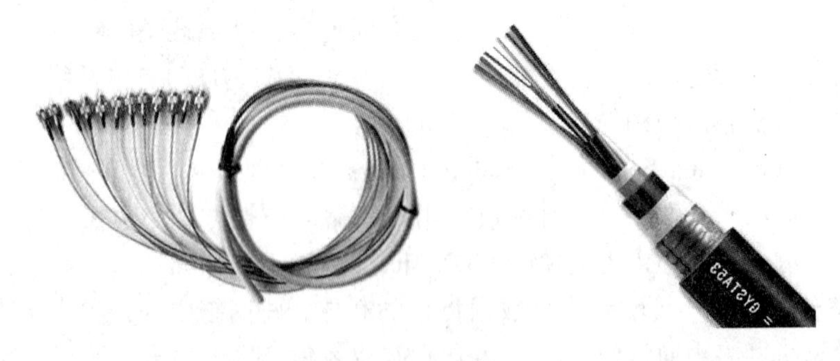

图 4－7　光纤

（4）无线传输介质：无线传输常用于有线铺设不便的特殊地理环境，或者作为地面通信系统的备份和补充。通常，对无线传输的发送与接收是靠天线发射、接收电磁波来实现的。目前比较成熟的无线传输方式有以下几种。

① 微波通信：微波通信通常是指利用高频（2～40GHz）范围内的电磁波（微波）来进行通信。微波通信是无线局域网中主要的传输方式，其频率高、带宽大，传输速率高。

② 卫星通信：卫星通信可以看作是一种特殊的微波通信，它使用地球同步卫星作为中继站来转发微波信号。特点是通信容量大、传输距离远、可靠性高、通信成本和距离无关。

③ 激光通信：激光通信是利用在空间中传播的激光束将传输数据调制成光脉冲的通信方式。激光通信不受电磁干扰、保密性好、方向性高、带宽大。但是激光在空气中传播衰减快，特别是雨、雾天气时甚至可能会出现通信中断。

5. 网络设备　根据网络的规模和传输技术不同，局域网组建时还会用到集线器、交换机、路由器等网络设备。

（1）集线器：集线器（Hub）用于采用双绞线作为传输介质组建星型拓扑的网络时作为网络中心连接设备，如图4－8所示。它是对网络进行集中管理的最小单元，具有信号放大和中转功能。

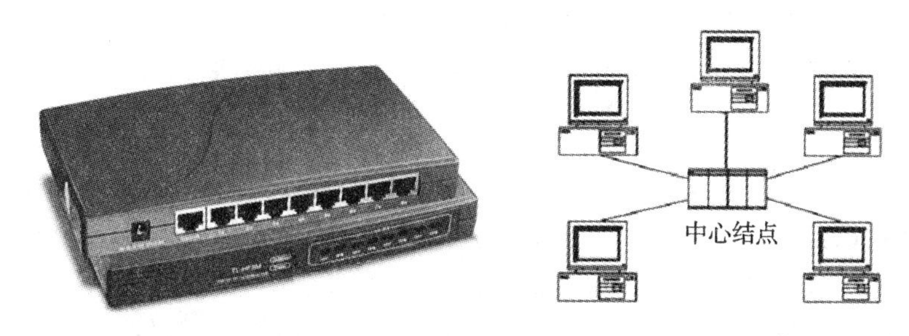

图4－8　集线器

由于它将从任意端口接收到的数据位（bit，一个二进制的0或1）向所有其他端口进行转发，因此在用集线器连接的网络中某个时刻只能有一个设备发送信号，否则就会产生冲突。所以集线器正在逐步被交换机所取代。

（2）交换机：交换机（Switch）外观和集线器非常相似，也用于采用双绞线作为传输介质组建星型拓扑的网络时为网络提供中心连接。但是交换机比集线器更加智能化，它处理数据的单位是数据帧（Frame）。

它根据从某个端口接收到的数据帧中的源MAC地址来自动建立自己的MAC地址表，并根据目的MAC地址来决定向哪个端口进行转发。从而在同一时刻可以在多个端口对之间进行数据传输。交换机是目前局域网组建中最重要的网络设备。

（3）路由器：路由器（Router）也是一种多端口设备，它处理数据的单位是数据包（Packet）。用于在局域网—局域网、局域网—广域网、广域网—广域网之间进行互连。它通过数据包中包含的目的网络地址来为该数据包选择一个到达目的地的最佳路径，这个过程就叫做路由。

当我们在宿舍或家庭里将几台计算机互连时就构成了一个小型的局域网，这个局域网通过一条ADSL线路连接Internet时，就属于局域网—广域网互连的情况，此时就需要用到路由器。我们采用的ADSL宽带路由器就是一种内置了4个端口交换机的、功能简化的、智能的简易路由器。

二、网络软件

就像一台计算机的运行需要硬件系统和软件系统相互配合工作一样。计算机网络也必须要由对应的网络软件来统一协调网络中的各种共享资源，管理网络中的各种设备。网络软件包括网络操作系统、网络通信软件与协议软件、网络应用软件、网络管理软件。

1. 网络操作系统　网络操作系统（Network Operating System，NOS）是指能使网络上各个计算机方便而有效地共享网络资源，为用户提供所需的各种服务的操作系统软件。它除了单机操作系统具备的功能（如CPU管理、内存管理、文件管理、输入/输出管理等）外，还应提供高效而可靠的网络通信能力，并提供多项网络服务功能，如远程打印、文件传输、电子邮件、远程管理等。

总之，网络操作系统的基本任务就是：屏蔽本地资源与网络资源的差异性，为用户提供各种基本网络服务功能，实现网络系统资源的共享管理，并提供网络系统的安全保障。

目前主要的网络操作系统有Unix操作系统、Linux操作系统、Windows操作系统和NetWare操作系统等。

2. 网络通信软件与协议软件　网络通信软件支持计算机与相应的网络连接，能够方便地控制自己的应用程序与多个站点进行通信，并对大量的通信数据进行加工和处理。例如Net Use、Telnet、NetMeeting等。

网络协议是网络中各计算机之间必须遵守的规则的集合，网络管理软件、网络通信软件以及网络应用软件等都要通过网络协议软件才能发挥作用。例如TCP/IP、NetBEUI等。

早期网络通信软件和协议软件以独立软件的形式出现，目前这两种软件一般都内置于网络操作系统中。

3. 网络应用软件　网络应用软件是直接面向网络用户的软件。计算机网络通过网络应用软件为用户提供信息资源的传输和资源共享服务。例如电子邮件、Web服务、网络金融、网络办公自动化等。

4. 网络管理软件　网络管理软件是指为了保障计算机网络可靠地工作，而提供配置管理、故障管理、计费管理、性能管理和安全管理这五大功能的软件系统。例如HP公司的HP Open View管理软件等。

第六节　局域网介质访问控制方法

在共享介质的网络环境中，任何一个网络节点都可以用“广播”方式把数据传送到同一网段中的其他任意一个节点。因此同一网段中的每个节点必须要共同遵守一套规则，来控制多个节点利用公共传输介质发送和接收数据的次序，从而减少“冲突”的产生，以及当冲突发生时如何来解决，这套规则就叫做介质访问控制方法。

局域网的介质访问控制方法很多，目前被普遍采用并形成国际标准的介质访问控制方法主要有载波侦听多路访问/冲突检测（Carrier Sense Multiple Access with Collision Detection，CSMA/CD）、令牌环（Token Ring）、令牌总线（Token Bus）三种。

一、载波侦听多路访问/冲突检测

CSMA/CD 采用的是随机争用机制。当某个节点发送数据时，首先侦听总线的状态（载波侦听），如果忙则等待，若空闲则发送。由于可能有几个节点同时检测到总线处于空闲状态而同时向总线发送数据（多路访问），因此节点在发送数据时必须同时进行冲突检测，如果检测到冲突则通知各节点，同时停止发送。为了降低再次冲突的可能，发生冲突的节点需要等待一个随机时间后再重新发送，如图 4－9 所示。因此 CSMA/CD 的工作原理可以概括为："先听后发、边听边发、冲突停止、随机延迟重发"。

目前局域网技术中最为流行的以太网遵守的就是 CSMA/CD 规则。

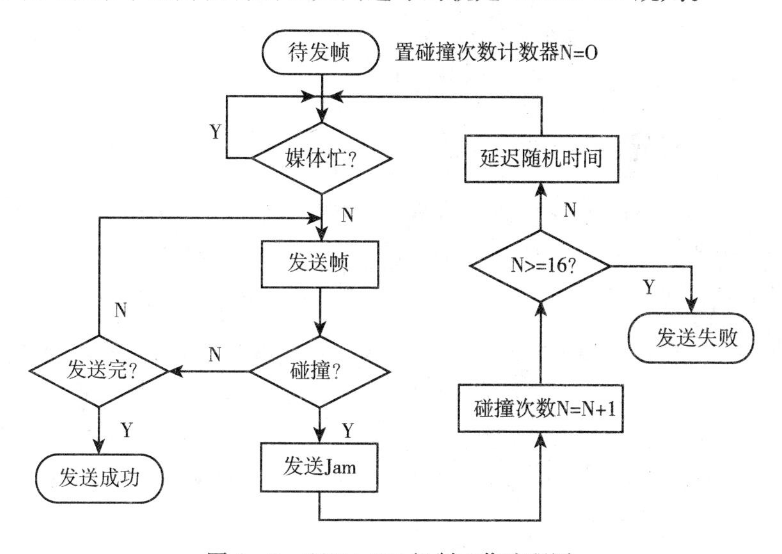

图 4－9　CSMA/CD 机制工作流程图

二、令牌环

Token Ring 适用于环形局域网。它工作时令牌（一个标识网络忙闲状态的特殊帧）总是以固定方向沿着环中各节点的物理排列顺序依次传递。例如某个环形网络中有 A、B、C、D 四个节点，A 准备向 D 发送数据，A 必须等待空闲令牌的到来。A 接收到空闲令牌后将其标识为忙碌状态，同时开始发送数据。该数据依次经由 B、C、D 进行传递最终回到 A，但是其中只有 D 节点对该数据帧进行复制，并做一个标记表明该数据被复制过。A 将收到的被复制过的数据帧抛弃，重新发送下一个数据帧。当 A 发送完毕或者自己持有令牌的时间超过最大允许值时，A 停止发送并将令牌标识为空闲状态发送给 B。

由于一个环中只有一个令牌，因此令牌环网中不存在冲突。

三、令牌总线

Token Bus 适用于总线型网络。它工作时会将环中的各个工作站按一定顺序（例如接口地址大小）排列形成一个逻辑环。环中的每个节点都有上一节点的地址（PS）和下一节点的地址（NS）。和令牌环网络一样令牌在网络中依次传递，只是传递顺序不是按照物理连接顺序而是按照逻辑环中的节点顺序。

第七节　因特网基础

从网络设计者的角度考虑，Internet 是计算机互联网络的一个实例，由分布在世界各地的、数以万计的、各种规模的计算机网络借助于网络互联设备—路由器，相互连接而形成的全球性互联网络。因此又称为“国际互联网”。

从 Internet 使用者的角度考虑，Internet 是一个信息资源网，由各种类型的主机相互连接形成的一个包罗万象的全球信息资源网。

一、Internet 概况

Internet 源于美国国防部高级研究计划署 1969 年建成的 ARPA 网。从 1969 ~ 1983 年是 Internet 形成的初级阶段，主要作为网络技术的研究和试验在一部分美国大学和研究部门中运行和使用。

1983 年 ARPA 和美国国防部通讯局研制成功了异构网络的 TCP/IP 协议。美国加州大学伯克利分校（University of California Berkeley）把该协议作为 BSD Unix（Berkeley Software Distribution，伯克利软件发行中心）操作系统的一部分，使得该协议在社会上流行起来，从而开始了 Internet 的实用阶段。同年，ARPANet 分裂为两部分，民用的 ARPANet 和纯军事用的 MILNET。

1986 年美国国家科学基金会（National Science Foundation，NSF）利用 TCP/IP 协议，在 5 个科研教育服务超级电脑中心的基础上建立了 NSFNet 广域网，在全美国实现了资源共享。由于 NSF 的鼓励和资助，许多大学、研究机构纷纷将自己的局域网接入到 NSFNet 中。从而使得 NSFNet 成功取代了 ARPA 网而成为美国乃至世界因特网的基础。

1989 年由欧洲核子研究中心（European Organization for Nuclear Research，CERN）成功开发的万维网（World Wide Web，WWW）为 Internet 实现广域网超媒体信息获取/检索奠定了基础，从此 Internet 进入了快速发展时期。

进入 20 世纪 90 年代，Internet 已经成为一个“网间网”，各个子网分别负责自己的建设和运行费用，而这些子网又通过 NSFNet 互联起来。

Internet 最初是以非赢利为目的的，旨在支持教育和科研活动。但是随着规模的扩大和应用服务的发展以及全球化市场需求的增长，开始了商业化服务。在引入商业机制后，准许以商业为目的的网络连入 Internet，从而使得网络的资源和服务得到了极大的丰富，很快 Internet 便达到了今天的规模。

二、Internet 在中国的发展

随着全球信息高速公路的建设，中国政府也开始积极推进中国信息基础设施（China Information Infrastructure，CII）的建设，并取得了显著的成绩。

1987 年 9 月 20 日，钱天白教授发出了我国的第一封电子邮件，内容为“Across the Great Wall we can reach every corner in the world.（越过长城，走向世界）”，揭开了中国人使用 Internet 的序幕。

1988 年 12 月，清华大学校园网采用胡道元教授从加拿大英属哥伦比亚大学（University of British Columbia，UBC 大学）引进的采用 X400 协议的电子邮件软件包，通过 X. 25 网与加拿大 UBC 大学相连，开通了电子邮件应用。

1990 年 11 月 28 日，钱天白教授又代表中国在 ICANN（Internet Corporation for Assigned Names and Numbers 互联网名称与数字地址分配机构）—严格讲是 ICANN 的前身国际互联网域名分配管理中心 SRI – NIC（Stanford Research Institute's Network Information Center 斯坦福研究院网络信息中心）首次注册了我国的顶级域名 CN，并在德国卡尔斯鲁厄大学计算机系建立了我国第一台 CN 域名服务器，从此，中国有了自己的网上标识，中国的网络有了自己的身份标识。

1993 年 3 月，中国科学院高能物理研究所租用美国 AT&T 公司（American Telephone & Telegraph Company，美国电话电报公司）的国际卫星信道接入美国斯坦福大学直线加速器中心（Stanford Linear Accelerator Center，SLAC）的 64K DECnet（由数字设备公司 Digital Equipment Corporation 推出并支持的一组协议集合）专线正式开通。

1994 年 5 月 21 日，在钱天白和德国卡尔斯鲁厄大学的协助下，在 CNNIC（China Internet Network Information Center，中国互联网信息中心）的 2 号楼里，完成了顶级域名 CN 服务器的设置，卡尔斯鲁厄大学停止了对 CN 的域名解析，中国服务器开始运转，CN 顶级域名服务器正式回归中国。

我国在实施国家信息基础设施计划的同时，也积极参与了国际下一代互联网的研究和建设。1998 年由教育科研网（China Education and Research Network，CERNET）牵头，以现有的网络设施和技术力量为依托，建设了中国第一个 IPv6 试验床，两年后开始分配地址；2000 年中国高速互连研究试验网络（National Natural Science Foundation of China Network，NSFCNET）开始建设，NSFCNET 采用密集波分多路复用技术，已分别与教育科研网、中国科技网（China Science and Technology Network，CSTNET）以及 Internet 2 和亚太地区高速网（Asia – Pacific Advanced Networks，APAN）互连；2003 年中国下一代互联网示范工程 CNGI（China Next Generation Internet）项目开始实施。中国国家互联网信息办公室公布到 2013 年 9 月，中国网民数量已经达到 6. 04 亿，手机网民达到 4. 64 亿，手机超越电脑成为第一大上网终端，中国互联网已进入移动互联网时代。

三、IP 地址

虽然每块网卡都具有一个固化在芯片上的唯一地址——MAC（Media Access Control，介质访问控制）地址，就像汽车的发动机编号一样，但是由于这种地址在世界上的分布毫无规律，因此只能够在规模有限的某个网段内应用。Internet 是一个全球性的网络，为

了能够方便地识别每台计算机，必须人为地为每个网络设备分配一个有意义的地址，就像每辆汽车都会按照地域被分配一个唯一的车牌号一样，这个地址就是 IP 地址。

IP 地址具有全球唯一性和与地理位置相关联两个特征。

具有全球唯一性。当 Internet 服务器提供商（Internet Service Provider，ISP）接收到用户发来的数据包时，该数据包中的目的 IP 地址和世界上的某个特定主机相对应。

与地理位置相关联。就像世界上的电话号码一样，同一个地区的号码具有某个共同的特征。当 ISP 接收到用户发来的数据包时，通过该数据包中包含的目的 IP 地址就可以知道该数据包应该向世界上的什么地方进行转发。当我们把一台笔记本带到外地时，虽然网卡的 MAC 地址是不变的，但是我们只要给该网卡重新设定一个当地的 IP 地址，它就可以在 Internet 上被重新定位了。

1. IP 地址的格式 TCP/IP 协议规定 IP 地址长度为 32 位，分为 4 个字节，每个字节对应一个 0 ~ 255 的十进制整数，4 个十进制的整数之间用英文的句点分隔。例如 192.168.44.100。这种格式的 IP 地址被称为“点分十进制”地址。这种编址方式可以使 Internet 容纳 40 亿台主机。

2. IP 地址的类型 IP 地址的长度为 32 位，它由网络号（又称网络 ID、网络地址）和主机号（又称主机 ID、主机地址）两部分构成，网络号在前、主机号在后。

根据网络规模大小的不同，IP 地址被分成 A、B、C、D、E 共 5 类。其中 A、B、C 三类为基本地址，可以分配给某台主机。D 类是用于多播的 IP 地址，E 类是保留 IP 地址，这两类地址不能分配给某个特定的主机。

这 5 类分别通过 IP 地址的前几位加以区分，如图 4－10 所示。

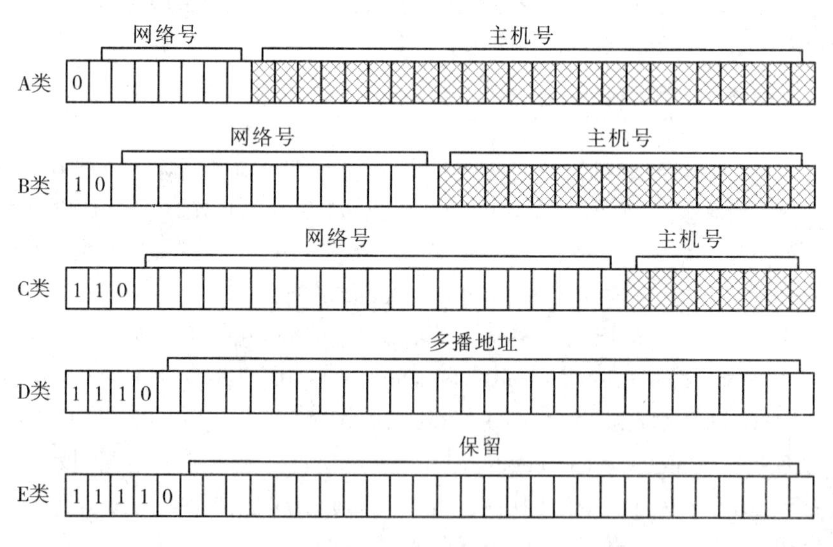

图 4－10 五类 IP 地址的划分

A 类地址的最高位为 0，用 7 位表示网络，24 位表示主机。B 类地址最高的两位分别为 1 和 0，用 14 位表示网络，用 16 位表示主机。C 类地址的高三位分别为 1、1、0，用 21 位表示网络，8 位表示主机。表示主机号的数据位如果全部为 0 表示网段，全部为 1 表示本网段的广播。因此如果主机号的位数为 n，那么该网段可以容纳的主机个数

就是 2^n-2。例如 IP 地址 192.168.10.20，由于高三位是“110”因此属于 C 类 IP 地址，低 8 位表示的是主机号。用二进制描述就是：

11000000.10101000.00001010.00010100　192.168.10.20 的二进制形式

11000000.10101000.00001010.00000000　192.168.10.20 所处的网段

11000000.10101000.00001010.11111111　面向 192.168.10.20 所在网段的广播地址

192.168.10.20 所处的网段 192.168.10.0 中可以容纳的主机个数最多为 $2^8-2=254$。

这三类 IP 地址可以容纳的网络个数和主机个数如表 4－1 所示。

表 4－1　A、B、C 三类 IP 地址可以容纳的网络数和主机数

类别	第一字节范围	网络地址长度	网络个数	最大主机个数	适用的网络规模
A	1～126	1 个字节	126	16 777 214	大型网络
B	128～191	2 个字节	16 384	65 534	中型网络
C	192～223	3 个字节	2 097 152	254	小型网络

3. 特殊的 IP

（1）回送地址：A 类地址中第一个字节为 127 的网段是保留地址，用于网络软件测试以及本地机器进程间的通信，我们把这个 IP 地址段称为（本地）回送地址（Loopback Address，又名回环地址）。例如我们发出一个目的 IP 为 127 开头的数据包，那么最终接收该数据包的将是本机。

（2）广播地址：当一个数据发出后，如果网络中的所有设备都可以接收该数据，那么我们称之为广播（Broadcasts）。IP 广播分为直接广播（Directed Broadcasts）和本地广播（Local Broadcasts，又名 Flooded Broadcasts）两种形式。

如果某个数据包中的目的 IP 包含一个有效的网络号而且主机号部分全部为二进制的 1，我们称之为直接广播 IP。例如目的 IP 为 C 类地址中的 200.100.64.255，那么该数据包在互联网上将被转发到指定的网段 200.100.64.0，而且所有 200.100.64.0 网段中的计算机都将接收此数据包。如果某个数据包中的目的 IP 由 32 个二进制的 1 组成，我们称之为本地广播 IP，它只能在源主机所在的网段传播。例如主机 192.168.44.45 发出一个目的 IP 为 255.255.255.255 的数据包，那么只有 192.168.44.0 网段中的计算机可以接收此数据包，其他网段不受广播的影响。

（3）保留地址：由于 IP 地址资源紧张，因而从 A、B、C 类中分别取出了 10.0.0.0～10.255.255.255（1 个网段）、172.16.0.0～172.31.255.255（16 个网段）、192.168.0.0～192.168.255.255（256 个网段）三个部分作为保留地址（Reserved Address，又称私有地址）。这些 IP 地址不能在 Internet 上使用，但是可以在世界范围内的各局域网内重复使用。

使用保留地址的局域网内的计算机接入 Internet 时，必须在和 Internet 连接的路由器上进行网络地址转换（Network Address Translation，NAT），将数据包中的源 IP 地址转换成该局域网申请的合法的公共 IP 地址（网吧这样的小型局域网一般只有一个公共

IP 地址，企业、学校这样的大局域网一般有多个公共 IP 地址）。

4. 子网掩码 一个 A 类网段中可以容纳 16777214 台计算机，如果现实中它们真的共存于同一个网段的话，那么第一由于网络自身维护的需要而产生的本地广播数据流会消耗网络大量的带宽，第二同一网段中主机个数越多产生冲突的机率也就越大，造成网络性能降低，第三由于现实中没有足够大的网段可以使用这么多的 IP 地址，因此势必造成 IP 地址的大量浪费。为此提出了将 A、B、C 类网段内主机位中的高位也作为网络位，从而达到进行子网划分的要求。

子网掩码（Subnet Mask）就是对网段进行子网划分的依据。子网掩码的长度也是 32 位和 IP 地址的 32 位相对应，只是要求 1 在前 0 在后。设置规则是：凡 IP 地址中表示网络地址部分的数据位，在子网掩码对应位上置 1，表示主机地址部分的那些数据位，在子网掩码对应位上置 0。因此 A、B、C 类网段默认的子网掩码如表 4－2 所示。

表 4－2 A、B、C 类网段默认的子网掩码

地址类别	二进制形式的子网掩码	十进制形式的子网掩码
A	11111111. 00000000. 00000000. 00000000	255. 0. 0. 0
B	11111111. 11111111. 00000000. 00000000	255. 255. 0. 0
C	11111111. 11111111. 11111111. 00000000	255. 255. 255. 0

例如：有两个 IP 地址 192. 168. 44. 60 和 192. 168. 44. 64，如果子网掩码都采用 C 类地址默认的子网掩码 255. 255. 255. 0，那么就有：

11000000. 10101000. 00101100. 00111100　192. 168. 44. 60 的二进制形式
11000000. 10101000. 00101100. 01000000　192. 168. 44. 64 的二进制形式
11111111. 11111111. 11111111. 00000000　子网掩码 255. 255. 255. 0

由于这两个 IP 地址中和子网掩码里 1 对应的位（表示网络地址的位）完全相同，因此它们处于同一个网段中。但是如果子网掩码采用 255. 255. 255. 192，那么：

11000000. 10101000. 00101100. 00111100　192. 168. 44. 60 的二进制形式
11000000. 10101000. 00101100. 01000000　192. 168. 44. 64 的二进制形式
11111111. 11111111. 11111111. 11000000　子网掩码 255. 255. 255. 192

由于这两个 IP 地址中和子网掩码里 1 对应的位（表示网络地址的位）不完全相同，因此它们处于不同的网段中。也就是说由于子网掩码中有 26 个 1，因此 C 类地址 192. 168. 44. 0 网段中的 254 个 IP 地址（它们的前 24 位当然都是相同的）里只要第 25 位和第 26 位不同，那么它们就处于不同的网段，这样由于第 25 位和第 26 位有“00、01、10、11”四种组合，所以子网掩码 255. 255. 255. 192 就可以把 C 类网段划分为 4 个子网。由于每个子网中主机位只有 6 个，因此每个子网中可以容纳的主机个数为 $2^6 - 2 = 62$。

有时我们也把 IP 地址为 192. 168. 44. 60，子网掩码为 255. 255. 255. 192 书写为 192. 168. 44. 44/26。它表示子网掩码为连续的 26 个 1。这种用一个 IP 地址加上一个斜杠以及子网掩码中二进制“1”的个数表示 IP 地址的方法叫做无类域间路由（Classless Inter－Domain Routing，CIDR）表示法。

5. IPv6 以上讲解的是目前广泛应用的 IPv4，即版本 4。随着家庭网络的蓬勃发展以及对未来无线通讯网络需求的大量增加，所有的 IP 地址预计最迟将在 2010 年全数用尽。虽然提出了保留地址、子网划分等一系列措施，但是都不能从根本上解决问题。IPv6 标准是由 Internet 工程任务组（Internet Engineering Task Force，IETF）于1995 年制订的，长度为128 个数据位，由16 个0～255 的十进制数组成。假如未来世界人口可以达到100 亿的话，那么 IPv6 可以为每人最多分配 3.4×10^{27} 个地址。

虽然 IPv6 具备诸多的好处，但是推行起来还具有很大的困难。通过 IPv6 封装的 IP 数据报的报头区（Header）在结构上与 IPv4 几乎完全不同，长度也几乎增加一倍。因此许多相关的网络设备与传输协议都需要重新设计才能支持 IPv6。为了保护现有网络用户的投资，实现平稳过渡，目前采用了 IPv4 和 IPv6 并存的办法。IPv6 完全取代 IPv4 估计还得需要10 年的时间。

6. 默认网关　不同网段之间通信时必须经过路由器进行转发。如图 4－11 所示，网络 A 为 C 类地址中的 192.168.0.0 网段、网络 B 为 192.168.1.0 网段。网络 A、B 和公共网络 Internet 分别连接在一台服务器的三块网卡上，该服务器模拟一台具有 3 个端口的路由器。与网络 A 连接的网卡的 IP 地址为 192.168.0.254，与网络 B 连接的网卡的 IP 地址为 192.168.1.254。当网络 A 中的主机（例如 PC01）向本网段中的主机（例如 PC03）发送数据时，可以直接将数据发送给目的主机。但是当向其它网段中的主机（例如 PC14）发送数据时，必须先将该数据发送到 192.168.0.254，由路由器将该数据转发到相应的网段。路由器中和本网段连接的端口的 IP 地址就是本网段的默认网关（Default Gateway）。当存在网段间的通信时必须为主机设置默认网关，如果只在本网段内通信可以不设置。

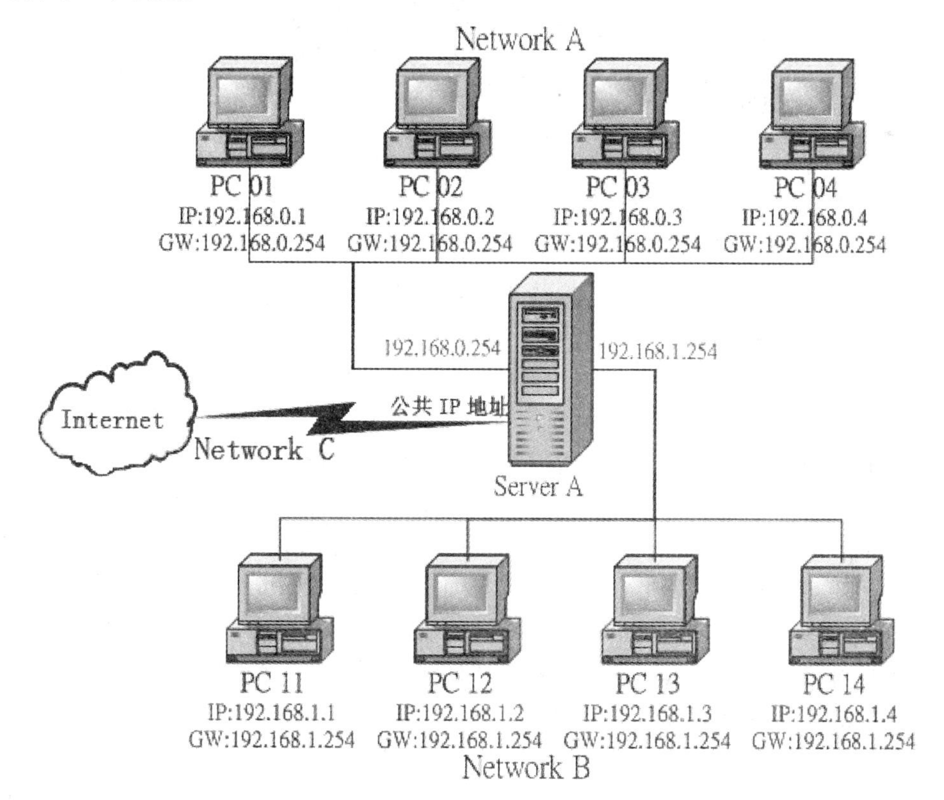

图 4－11　默认网关示意图

四、Internet 基本服务

Internet 最初提供的主要服务包括远程登录服务（Telnet）、电子邮件服务（E-Mail）、FTP（File Transfer Protocol，文件传输协议）服务、电子公告板（BBS）等。随着 Internet 的快速发展，Web 服务、网络电话（例如 Skype 和 IP 电话）、即时通信（例如 MSN 和 QQ）等服务也快速发展了起来，成为了人们生活和工作中不可或缺的部分。

1. 域名系统服务 虽然 Internet 中每台主机都与一个唯一的 IP 地址相对应，但是这个 32 位的地址很难记忆。例如，我们访问沈阳药科大学的 Web 服务器时它的 IP 地址我们很难记住，但是我们可以非常容易地记住它的名字“www. syphu. edu. cn”。这种名字就叫做完整主机名，其构成遵守的是 Internet 域名系统（Domain Name System，DNS）的层次型命名机制（Hierarchy Naming）。其意义如下：

www. syphu. edu. cn—— Web 服务器．沈阳药科大学．教育网．中国

即：中国的、教育网下的、沈阳药科大学的 Web 服务器。

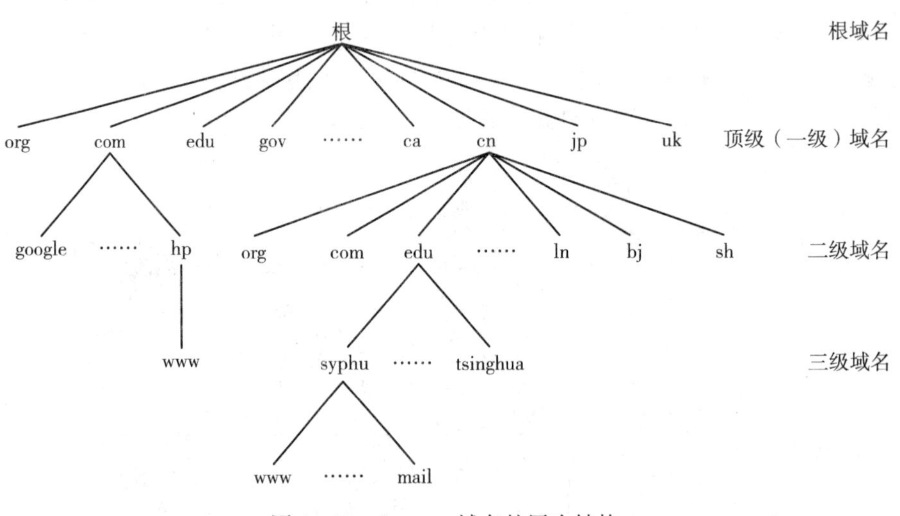

图 4－12 Internet 域名的层次结构

层次型命名机制将名字空间划分成一个树状结构，如图 4－12 所示，树中的每一个结点都有一个相应的名称。完整主机名就是从树叶到树根整条路径上所有结点名称的有序序列。其中，根结点的名称为“.”，在完整主机名中可以省略不写。

由于 Internet 上的主机数量非常庞大，因此为了便于管理将它们按照机构不同进行了分类。例如 org 表示非赢利性组织、com 表示商业组织、edu 表示教育机构、gov 表示政府部门等。这些就是顶级（一级）域名。随着世界各国接入 Internet，每种机构下的主机数量迅速增多，于是又为每个国家分配了一个顶级域名。例如 cn 表示中国、ca 表示加拿大、jp 表示日本、uk 表示英国等。

为了便于管理和查找，在顶级域名下又按照机构、企事业单位名称、行政区域（例如 ln 表示辽宁、bj 表示北京、sh 表示上海等）进行了二次划分，这就是二级域名。同理，按照机构的复杂程度不同有的又设置了三级域名、四级域名等。最底层（树叶

层）是具体每台计算机的名称。

在 Internet 域名系统的每个结点处都有一台专用的计算机负责记录下一级结点（或直接所辖的主机）的名称与其 IP 地址的对应信息。这些计算机就叫做 DNS 服务器

通过 DNS 服务器之间的相互查询，我们就可以知道任意完整主机名所对应的 IP 地址。因此，接入 Internet 的每一台计算机除了需要配置 IP 地址、子网掩码、默认网关外，还必须配置 DNS 服务器，以便于通过完整主机名访问 Internet 中的其他主机。如图 4－13 所示。

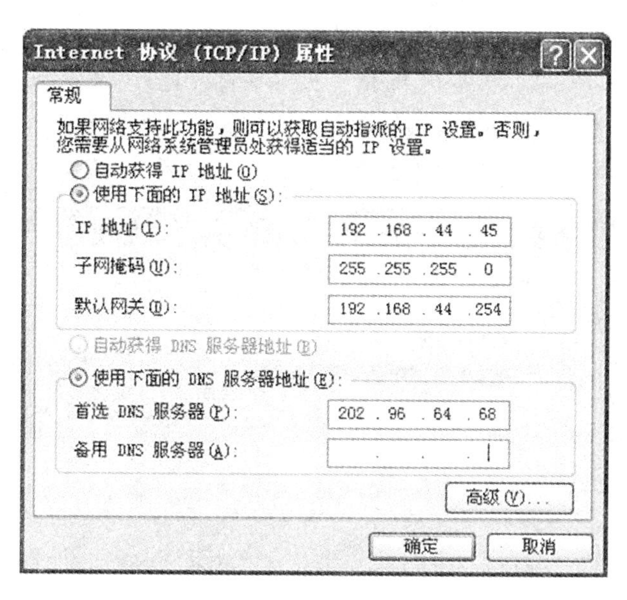

图 4－13　IP 地址设置对话框

2. WWW 服务　WWW 服务（Web 服务）采用客户机/服务器（Client/Server，C/S）工作模式。它以超文本标记语言（Hyper Text Markup Language，HTML）与超文本传输协议（Hyper Text Transfer Protocol，HTTP）为基础，为用户提供界面一致的信息浏览系统。

在 WWW 服务系统中，存储信息资源的 Web 页面（网页）以 HTML 格式书写，并存储在 Web 服务器（站点）中。这些页面采用超文本方式对信息进行组织，通过链接将一个 Web 页面链接到另一个 Web 页面。这些相互链接的页面信息既可以放置在同一台 Web 服务器上，也可以放置在不同的服务器上。

Internet 中存在着众多的 Web 服务器，而且每个服务器中都存储着大量的页面，为了能够标识每台服务器中的每一个页面，提出了统一资源定位符（Uniform Resource Locator，URL）。通过 URL 可以指定要访问什么协议类型的服务器、哪台服务器、该服务器中的哪个文件。Web 页面之间的链接信息就是由 URL 来维持的。一个 URL 由协议类型、主机名、路径和文件名三个部分构成。例如：

http：//www. syphu. edu. cn/curricula/network. html

协议类型　　主机名　　路径及文件名

其中，http 表示目标是 Web 服务器；“www. syphu. edu. cn”是目标服务器的完整主

机名，也可直接用 IP 地址，例如沈阳药科大学 Web 服务器的 IP 地址 202.199.80.80；最后的“curricula/network.html”指明要访问页面的路径和具体文件名。

当我们想访问某个 Web 站点时，通常我们只知道该服务器的完整主机名，并不知道其存储的页面名称和目录。此时我们只需要输入协议类型和主机名既可，该 Web 站点会自动向我们提供一个页面，这个页面就叫做该 Web 站点的主页。Web 站点的主页通常设计为一个站点的目录或索引，把最新、最重要的消息和主要栏目写在上面，然后再通过链接让用户快速找到对应的页面。

在公司的电脑上，如果每次打开 IE 时希望自动进入本公司的网站，那么这个自动进入的页面对应的 URL 就叫做本机 IE 的主页（又称首页）。设置方法为：打开 IE，选择“工具”菜单下的“Internet 选项（O）…”，在“Internet 选项”对话框中“常规”选项卡的对应位置输入即可。如图 4－14 所示。

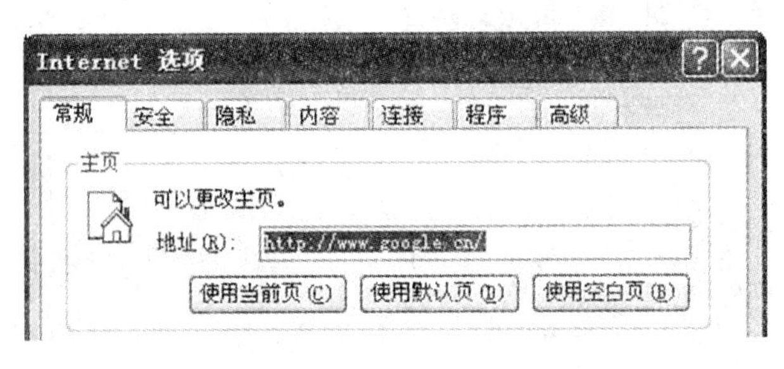

图 4－14　IE 主页的设定

用户使用客户端应用程序（Web 浏览器，例如 IE、Firefox、Netscape 等）通过 HTTP 协议向 Web 服务器发出请求，服务器根据客户端的请求内容将保存在服务器中的某个页面返回给客户端，浏览器接收到页面后对其进行解释，最终将图、文、声、像并茂的形式呈现给用户。

3. 搜索引擎服务　搜索引擎（Search Engines）是一个提供信息“检索”服务的网站，它使用某些程序把因特网上的所有信息进行归类以帮助人们从 Internet 中快速搜寻到所需要的信息。它具有搜索信息、整理信息、接受查询三个主要功能。

（1）搜集信息：目前搜索引擎的信息搜集功能基本都是自动实现的。搜索引擎利用称为网络蜘蛛的自动搜索机器人程序来跟踪每一个网页上的超链接。从一个网页中的超链接信息找到更多网页中的超链接，从而“一传十、十传百……”。从少数几个网页开始，机器人程序几乎可以遍历 Internet 中绝大部分的网页。

（2）整理信息：搜索引擎整理信息的过程称为“建立索引”。搜索引擎不仅要保存搜集来的信息，还要将它们按照一定的规则进行编排。这样，搜索引擎根本不用重新翻查它所有保存的信息就可以迅速找到所需的资料。

（3）接受查询：用户向搜索引擎发出查询，搜索引擎接受查询并向用户返回相应的信息。搜索引擎每时每刻都要接到来自大量用户的几乎是同时发出的查询，它按照每个用户的要求检查自己的索引，在极短时间内找到用户需要的资料，并返回给用户。目前，搜索引擎返回的主要是以网页链接形式提供的信息，通过这些链接，用户便能到达含有自己所需资料的网页。通常搜索引擎还会在这些链接下提供一小段来自这些网页的摘要信息以帮助用户判断此网页是否含有自己需要的内容。

目前比较有名的专业搜索引擎有谷歌（www. google. com. hk）、百度（www. baidu. com）、雅虎（www. yahoo. com）等，它们可以搜索任何方面的信息。另外还有一些搜索引擎在某些领域非常有名，例如搜索音乐下载非常出色的搜狗（www. sogou. com）等等。

4. 电子邮件服务 目前，电子邮件（E－Mail）服务已经成为了 Internet 上最重要的基本服务之一。它为互联网用户之间发送和接收消息提供了一种快捷、廉价的现代化通信手段。与其它通信方式相比，电子邮件服务具有以下特点：

· 电子邮件与传统邮件相比，迅速、可到达的范围广、安全可靠、可以从任意地点查阅自己的邮件。

· 电子邮件与电话和其它聊天工具相比，不要求双方同时在线，而且不需要知道对方的物理位置。

· 电子邮件可以实现一对多的邮件传送，从而使得向多人发送通知的过程变得容易。

· 电子邮件可以包含文字、图像、声音、视频等多种媒体信息。

（1）电子邮箱：发送电子邮件前，自己必须拥有一个电子邮箱（E－Mail Address，又称 E－Mail 帐号）。所谓向邮件服务器申请电子邮箱，实际上就是在邮件服务器中为新用户开辟一个专属的磁盘空间，并设置一个相应的密码，只有通过该密码才可以读取、删除其中的邮件。E－Mail 帐号的格式如下：

用户帐号@ 邮件服务器名称

例如：zhangfei@ 163. com。其中“zhangfei”就是该用户的名称，同一个邮件服务器中不允许有重复的用户帐号；@ 符号读作“at”，用于分割用户帐号和邮件服务器的名称；“163. com”指明该 E－Mail 帐号是在哪台邮件服务器中申请的。

（2）电子邮件工具：用户不仅要有电子邮箱地址，还要有一个负责收发电子邮件的客户端程序，称为用户代理。常见的客户端程序有 Outlook、Outlook Express、Foxmail 等。无论哪种客户端程序，其提供的基本功能都是相同的，都可以完成新建和发送电子邮件以及接收、阅读和管理电子邮件的操作。

此外，通常还具有通讯簿管理、帐号管理等附加功能。

需要说明的是，许多邮件服务器还支持通过 Web 浏览器直接进行邮件的收、发以及各种管理工作。使用注册过的邮箱帐号，通过任意一台连接 Internet 的 Web 浏览器登录邮件服务器即可。用户邮件存放于服务器上，不必把邮件下载到自己的计算机上。没有自己固定计算机的用户更喜欢使用这种方式。例如常用的 163、yahoo、sina、sohu 等邮件服务器都支持这种方式。

（3）电子邮件系统：电子邮件系统采用客户机/服务器工作模式。当用户 A（帐号为 liubei@ yahoo. com. cn）向用户 B（帐号为 zhangfei@ 163. com）发送电子邮件时，其操作流程如图 4－15 所示。

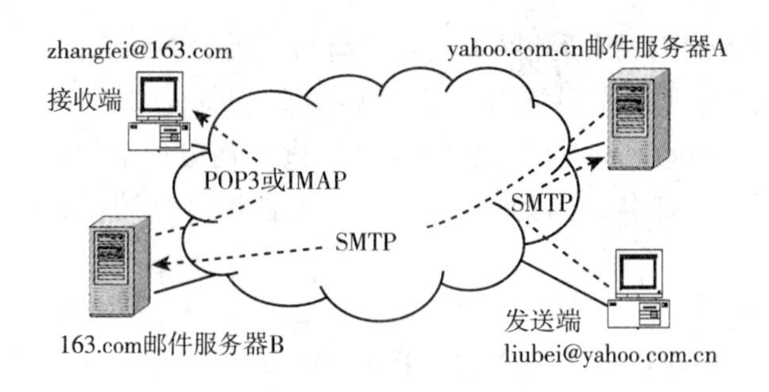

图4－15 电子邮件系统工作流程示意图

用户A从任意电子邮件客户端程序登录自己的邮件服务器A，并利用SMTP（Simple Mail Transfer Protocol，简单邮件传输协议）协议将新邮件发送至服务器A。服务器A收到该邮件后，根据邮件头中收件人的邮箱地址来判断目标服务器，然后利用SMTP协议将该邮件转发至目标服务器B。服务器B收到该邮件后，根据收件人的用户帐号名称来将之存放在对应的专属磁盘空间中。用户B可以在任意时间通过POP3（Post Office Protocol 3，邮局协议版本3）协议或IMAP（Interactive Mail Access Protocol，交互式电子邮件访问协议）协议从自己的邮件服务器B上读取邮件。

第八节 网络安全

计算机网络为我们带来便利的同时，也带来了诸多安全方面的困挠——帐号被攻击、私密数据被窃取、网络传输的数据被窃听、系统受到网络病毒的攻击而瘫痪等等。这些都是网络安全所研究的范畴。

概括地讲，计算机网络安全指的是通过采用各种技术和管理措施，使网络系统中的硬件、软件及其数据受到保护，不因偶然或恶意的原因而遭到破坏、更改和泄密，系统可以连续、可靠地运行，网络服务不被中断。目前网络系统的安全隐患主要来自于计算机病毒的破坏以及黑客的攻击，保护网络系统安全的技术对应地也主要包括病毒的防治技术、防火墙技术、数据的保密传输技术等。

一、计算机病毒

1. 计算机病毒的定义及其特点 1994年2月18日，我国正式颁布实施了《中华人民共和国计算机信息系统安全保护条例》，其中第二十八条明确指出："计算机病毒（Computer Virus），是指编制或者在计算机程序中插入的破坏计算机功能或者毁坏数据、影响计算机使用、并能自我复制的一组计算机指令或者程序代码。"简言之，计算机病毒就是人们有意编写的、具有破坏作用的一组计算机指令或程序。

作为程序，计算机病毒与一般计算机程序相比具有以下特点：

（1）破坏性：这是绝大多数病毒最主要的特征。破坏性主要有两个方面：一是占用系统资源，降低系统性能；二是干扰系统正常运行、破坏或恶性删除文件甚至格式化磁盘，造成硬件不可恢复性损坏等。少数的良性病毒只是病毒开发者为了搞恶作剧，而使计算机自动显示恐怖的画面、声音以及无聊的语句等。

（2）传染性：这是计算机病毒有别于其他程序的最重要特征。通过自我复制，计算机病毒不断将自身的复制品或变体传染到一切符合其传染条件的文件或程序中，达到不断扩散的目的。尤其是在网络时代，通过 Internet 中的网页浏览、电子邮件的群发，一日之内传遍全世界已经成为了可能。

（3）隐蔽性：计算机病毒一般很难直接发现，它们附加于其他可执行程序内、藏匿于磁盘的隐蔽处、甚至自我更改为系统文件名，只有通过专业杀毒软件才可以发现。

（4）潜伏性：大部分病毒感染后并不立即发作，而是在特定条件下才启动。例如，历史上 4 月 26 日发作的 CIH 病毒，在全球造成的损失超过了 10 亿美元。

（5）针对性：某种计算机病毒并不能感染所有的计算机系统或程序。通常感染 Unix、Linux 系统的较少，针对 Windows 的最多；有些只针对 EXE 文件等。

（6）不可预见性：不同病毒采用的技术千差万别，但大部分都有驻留内存、修改中断等共同操作，有人据此开发了声称可查杀所有病毒的杀毒软件。但是由于正常软件有时也需要进行同样的操作，因此会造成较多的误报和误杀。诺顿和卡巴斯基都曾经有过误杀系统文件的历史。而且相对于病毒来讲杀毒软件永远都是落后的。

2. 计算机病毒的触发机制 通常情况下，当计算机感染了病毒后，大多数病毒都要经过以下几个步骤才能达到目的。

（1）先隐藏于磁盘或文件中。可能是本机的文件也可能是 Web 页面文件。

（2）病毒代码被执行。启动计算机时，在引导正常操作系统之前引导型病毒代码首先被执行；大多数病毒则是通过修改注册表以达到开机自动运行的目的；另外当用户打开感染病毒的文件、安装感染有病毒的免费程序、浏览含有病毒的网页、打开包含病毒的邮件附件时都会使病毒被执行。注意，即使计算机上存在病毒，只要病毒代码不被执行，那么病毒就不会起作用。

（3）病毒处于活动状态。一般会驻留于内存中，但是有些不需要。

（4）病毒开始伺机传染与破坏。复制病毒代码至其它文件或磁盘引导区，或通过自动发送邮件进行传播；删除文件或格式化磁盘，篡改数据或修改注册表；占用 CPU、内存资源或带宽，降低系统性能；监视用户操作并盗取用户机密信息等。

3. 计算机病毒的防治 防治计算机病毒的关键是在思想上给予足够重视，采用“预防为主，防治结合”的方针。预防措施主要有：

（1）安装具有实时监控功能的正版杀毒软件、及时更新病毒库、定期运行全盘查毒。

（2）外来的软盘、U 盘使用前先杀毒，最好关闭自动运行功能。

（3）定期安装操作系统的补丁程序，减少系统漏洞。

（4）安装防火墙，设置相应的规则，过滤掉不安全的站点。谨防恶意网站中隐藏的木马病毒。

（5）不随意打开来历不明的邮件，尤其是附件。

（6）不随意安装来历不明的免费程序，尤其是带插件的程序。

（7）不使用盗版软件。

一旦发现计算机出现异常现象，例如某些软件莫名地突然不能正常使用、系统明显变慢、文件莫名丢失等等。应当进行病毒查杀。由于大部分病毒是内存驻留型病毒，即使硬盘上所有染毒文件都被清除，内存中的病毒仍然会将文件重新感染。因此杀毒前必须用干净的系统软盘或可引导光盘来启动计算机，完毕再用以下办法清除病毒。

（1）使用专门的杀毒软件。目前杀毒软件种类繁多，国内使用较多的有诺顿、卡巴斯基、瑞星、江民等。

（2）使用病毒专杀工具。对于目前比较流行的新病毒来讲，一些反病毒公司往往会提供免费的专杀工具。但是一定要确认这些专杀工具来源的可靠性。

（3）手动清除病毒。对于专业的计算机人士可以通过工具软件找到染毒文件，手动清除病毒代码。

无论如何，由于杀毒软件永远滞后于病毒的出现，因此总会有查杀不掉的病毒。此时必须格式化硬盘，然后重新安装操作系统。因此平时必须注意对重要数据的定期备份。

二、防火墙

网络上除了潜伏的病毒会对计算机造成破坏外，还存在着大量的网络黑客随时准备窃取我们的机密信息、入侵我们的系统进行肆意地破坏等。为了避免黑客的攻击，除了及时为系统安装补丁程序、设置更加安全的账号密码外，安装防火墙是阻止网络攻击非常有效的手段。

防火墙（Fire Wall）是在对安全等级要求不同的两个网络（例如局域网和 Internet）之间所设置的安全防护系统，可以是软件、硬件或者两者兼有。

防火墙根据设定的安全策略来对进出防火墙的所有数据进行检查，满足进出条件的数据才允许通过，否则予以丢弃。对防火墙的安全设定有两种方式：一种是允许任何数据进出除非明确禁止，适用于对安全要求不高的环境，设置简单、安全性差；另一种是禁止任何数据进出除非明确允许，适用于安全性要求较高的服务器或网络，设置复杂、安全性高。例如对于一台专用的 Web 服务器，在安装了最新的 IE 补丁程序后，可以只允许用户通过 80 端口（HTTP 协议）访问，禁止其他服务，从而降低被攻击的可能。

防火墙用来控制安全访问的四种常用技术包括：

1. 服务控制　防火墙可以根据 IP 地址（从哪里来到哪里去）和端口号（源主机上的什么程序访问目的主机上的什么服务）来决定可以使用什么服务。例如可以使用 Web 服务，但是不允许使用 FTP 服务等。

2. 方向控制　决定可以从哪个方向（进、出）上加以限制。

3. 用户限制　主要针对防火墙内侧的用户。同一种服务有些账号允许有些禁止。

4. 行为控制　控制怎样使用特定的服务。例如针对 Web 服务的启用家长保护等。

注意：防火墙只防攻击不防病毒。有人认为功能强大的防火墙可以替代杀毒软件，这是错误的认识。例如用户从自己的邮箱里查看邮件属于正常操作，防火墙是允许的，至于邮件是否包含恶意代码就是杀毒软件的职责了。不过防火墙可以过滤某些人发来的垃圾邮件，无论其是否包含病毒。

Office 办公软件

第一节　办公软件概述

Microsoft Office 是微软公司开发的一套基于 Windows 操作系统的办公软件套装。常用组件有：图文编辑工具 Word（用来创建和编辑具有专业外观的文档，如信函、论文、报告）、数据处理程序 Excel（用来进行数据的处理、统计分析和可视化电子表格中的数据）、幻灯片制作程序 PowerPoint（用来创建和编辑用于幻灯片播放、会议和网页的演示文稿）以及数据库管理系统 Access（用来创建和管理数据库）等。

Microsoft Office 2010 是微软推出的新一代办公软件，该软件共有 6 个版本，分别是初级版、家庭及学生版、家庭及商业版、标准版、专业版和专业高级版。Office 2010 可支持 32 位和 64 位 Vista 及 Windows7，仅支持 32 位 WindowsXP，不支持 64 位 XP。Office 2010 采用微软专门开发的 Ribbon 新界面主题，干净整洁，清晰明了。

在微软 Windows 系统在中国流行以前，磁盘操作系统盛行的年代，WPS 曾是中国最流行的文字处理软件。WPS（Word Processing System），中文意为文字编辑系统，是金山软件公司的一种办公软件。最初出现于 1989 年，WPS 是一款办公软件套装，可以实现办公软件最常用的文字、表格、演示等多种功能。内存占用低，运行速度快，体积小巧。具有强大插件平台支持，免费提供海量在线存储空间及文档模板，支持阅读和输出 . pdf 文件，全面兼容微软 Office97 –2010 格式（. doc/. docx/. xls/. xlsx/. ppt/. pptx 等）。

第二节　文字处理软件 Word 2010

一、Word 2010 概述

Word 2010 是 Microsoft 公司开发的 Office 2010 办公组件之一，主要用于文字处理工作。

1. Word 2010 的功能改进　Word 2010 较以前的版本进行了功能改进：

（1）搜索与导航：在 Word 2010 中，利用改进的新“搜索”功能，可以更加迅速、轻松地查找所需的信息。改进的导航窗格会提供文档的直观大纲，以便对所需的内容进行快速浏览、排序和查找。

（2）文本视觉效果添加：在 Word 2010 中，可以像应用粗体和下划线那样，将阴影、凹凸效果、发光、映像等格式效果应用到文档文本中。

（3）SmartArt 图形图片布局：在 Word 2010 中，新增了使文档增加视觉效果的 SmartArt 图形。使用 SmartArt 图形可将基本的要点句文本转换为图表，以便更有效地表达信息或阐述观点。

（4）图片编辑：在 Word 2010 中，利用新型图片编辑工具，可对图片添加特殊效果，调整图片色彩饱和度、亮度对比度，还可以对图像进行裁剪、更正以及消除图片背景等。

（5）插入屏幕截图：在 Word 2010 中，可方便快捷的捕获和插入屏幕截图。

（6）粘贴预览：在 Word 2010 中，提供了粘贴预览功能。在粘贴内容之前，可以将鼠标指针指向某个粘贴选项，以便在文档中预览粘贴后的效果。

2. Word 2010 的操作界面 启动 Word 2010 后，首先显示的是软件启动画面，接下来打开的窗口便是操作界面。该操作界面主要由标题栏、快速访问工具栏、“文件”选项卡、功能区、文档编辑区、导航窗口和状态栏等几部分组成，如图 5－1 所示。

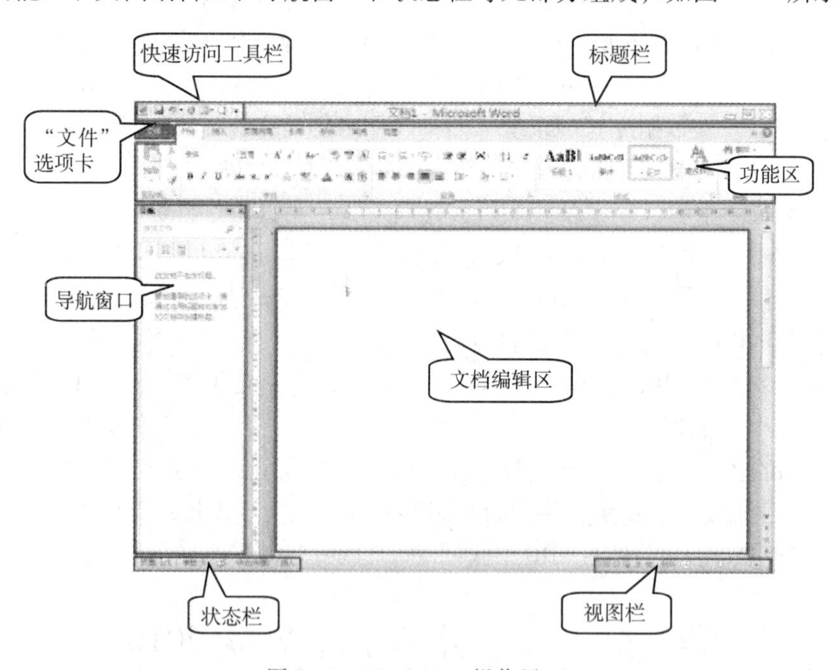

图 5－1 Word 2010 操作界面

（1）标题栏：显示正在操作的文档名称、程序名称和窗口控制按钮。从左到右依次为“最小化”按钮、“最大化/向下还原”按钮和“关闭”按钮，单击即可执行相应的操作。

（2）快速访问工具栏：显示常用的工具按钮，默认显示的有“保存”、“撤销”和“恢复”三个按钮，单击这些按钮可执行相应的操作。单击右边的“自定义快速访问工具栏”按钮，在弹出的下拉列表中可以选择快速访问工具栏中显示的工具按钮。如图 5 -2 所示为在快速访问工具栏添加新工具按钮。

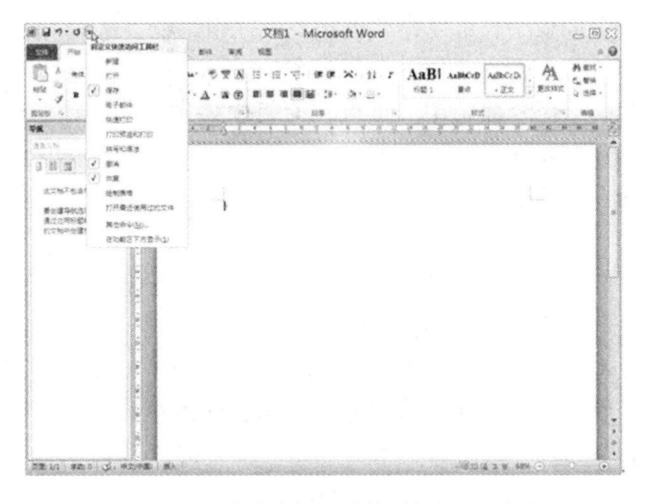

图 5 -2　在快速访问工具栏添加新工具按钮

（3）“文件”选项卡：“文件”选项卡是一个类似于菜单的按钮，位于 Word 2010 窗口左上角。单击“文件”选项卡可以打开如图 5 -3 所示“文件”面板，包含“信息”、“最近”、“新建”、“打印”、“共享”、“打开”、“关闭”、“保存”等常用命令。

图 5 -3　“文件”面板

在“信息”命令面板中，可以进行旧版本格式转换、保护文档（包含设置 Word 文档密码）、检查问题和管理自动保存的版本。

在“最近所用文件”命令面板中，可以查看最近使用的 Word 文档列表，可以通过该面板快速打开曾经使用的 Word 文档。在每个历史 Word 文档名称的右侧含有一个固定按钮，单击该按钮可以将该记录固定在当前位置，而不会被后续历史 Word 文档替换。

在“新建”命令面板中，可以看到丰富的 Word2010 文档类型，包括“空白文档”、

“博客文章”、“书法字帖”等内置的文档类型。用户还可以通过 Office. com 提供的模板新建如“会议日程”、“证书”、“奖状”、“小册子”等实用 Word 文档。

在“打印”命令面板中，可以详细设置多种打印参数，从而有效控制 Word2010 文档的打印结果。

在“保存并发送”命令面板中，可以在面板中将 Word2010 文档发送到博客文章、发送电子邮件或创建 PDF 文档。

在“选项”命令面板中，可以打开“Word 选项”对话框。在“Word 选项”对话框中可以开启或关闭 Word 2010 中的许多功能或设置参数。

（4）功能区：功能区位于标题栏的下方，默认情况下包含“开始”、“插入”、“页面布局”、“引用”、“邮件”、“审阅”和“视图”7 个选项卡，此外，当在文档中选中图片、艺术字或文本框等对象时，功能区中会显示与所选对象设置相关的选项卡。单击某个选项卡，可以将其功能区面板展开，显示其包含的功能组，组内列出了相关的按钮或命令。例如：如图 5－4 所示的“开始”功能区由“剪贴板”、“字体”、“段落”、“样式”和“编辑”5 个组组成。有些组的右下角有一个小图标，我们称之为“功能扩展”按钮，将鼠标指针指向该按钮时，可预览对应的对话框或窗格，单击该按钮，可以弹出对应的对话框或窗格。

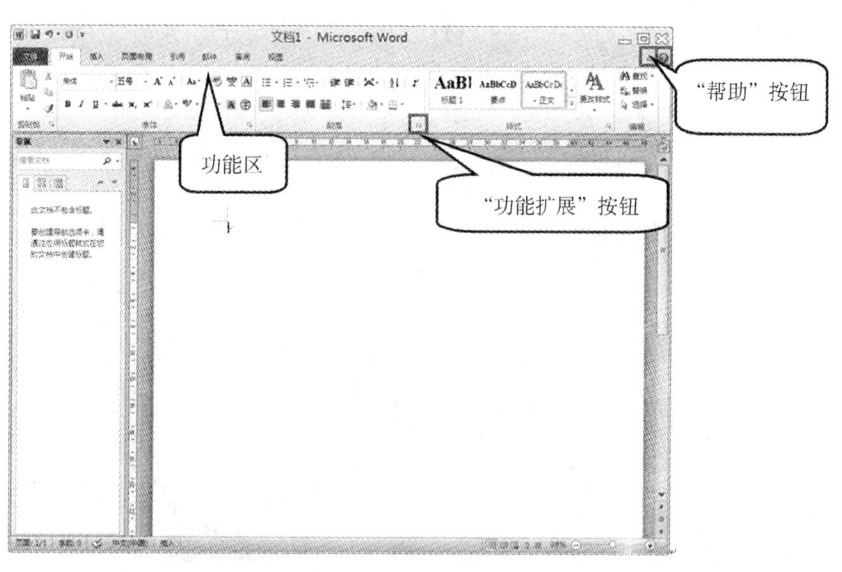

图 5－4 “开始”功能区面板

此外，在功能区的右侧有一个“MicrosoftWord 帮助”按钮，单击可打开 Word2010 的帮助窗口，用户可在其中查找需要的帮助信息。单击“帮助”按钮左侧的“功能区最小化”按钮或按【Ctrl＋F1】组合键可以将功能区隐藏或显示。

“开始”功能区包括剪贴板、字体、段落、样式和编辑五个组，主要用于对文档进行文字编辑和格式设置，是用户最常用的功能区。

“插入”功能区包括页、表格、插图、链接、页眉和页脚、文本和符号七个组，主要用于在文档中插入各种元素。

“页面布局”功能区包括主题、页面设置、稿纸、页面背景、段落、排列五个组，主要用于设置文档页面样式。

“引用”功能区包括目录、脚注、引文与书目、题注、索引和引文目录六个组，主要用于实现在文档中插入目录等比较高级的功能。

“邮件”功能区包括创建、开始邮件合并、编写和插入域、预览结果和完成五个组，该功能区的作用比较专一，专门用于在文档中进行邮件合并方面的操作。

“审阅”功能区包括校对、语言、中文简繁转换、批注、修订、更改、比较和保护八个组，主要用于对文档进行校对和修订等操作，适用于多人协作处理长文档。

“视图”功能区包括文档视图、显示、显示比例、窗口和宏五个组，主要用于设置Word 2010操作窗口的视图类型，以方便操作。

（5）文档编辑区：文档编辑区位于窗口中央，以白色显示，是输入文字、编辑文本和处理图片的工作区域，在该区域可以显示文档的内容。

当文档内容超出窗口的显示范围时，编辑区域的右侧和底端会分别显示垂直与水平滚动条，拖动滚动条中的滚动块或单击滚动条两端的小三角按钮，编辑区中显示的区域也会随之滚动，从而可以查看其他内容。

（6）导航窗口：导航窗口的上方是搜索框，用于搜索文档中的内容，下方主要显示文档标题级文字，以方便用户快速查看文档。

（7）状态栏：状态栏位于窗口底端，用于显示当前文档的页数/总页数、字数、输入语言以及状态等信息。

（8）视图栏：视图栏提供5种显示文档的方式，包括页面视图、阅读版式视图、Web版式视图、大纲视图、草稿，还可以调整文档的显示比例。

3. 导航窗口　导航功能是Word 2010的新增功能，切换到“视图”功能区，勾选“显示”栏中的“导航窗格”，即可在Word 2010编辑窗口的左侧打开“导航窗格”。Word2010新增的文档导航功能的导航方式有四种：标题导航、页面导航、关键字（词）导航和特定对象导航，可查找、定位到想查阅的段落或特定的对象。

（1）文档标题导航：文档标题导航是最简单的导航方式，使用方法也最简单。打开“导航”窗格后，单击“浏览您的文档中的标题”按钮，将文档导航方式切换到“文档标题导航”，Word 2010会对文档进行智能分析，并将文档标题在“导航”窗格中列出，只要单击标题，就会自动定位到相关段落。

（2）文档页面导航：用Word编辑文档会自动分页，文档页面导航就是根据Word文档的默认分页进行导航的，单击“导航”窗格上的“浏览您的文档中的页面”按钮，将文档导航方式切换到“文档页面导航”，Word 2010会在“导航”窗格上以缩略图形式列出文档分页，只要单击分页缩略图，就可以定位到相关页面查阅。

（3）关键字（词）导航：除了通过文档标题和页面进行导航，Word 2010还可以通过关键字（词）导航，单击“导航”窗格上的“浏览您当前搜索的结果”按钮，然后在文本框中输入关键字（词），“导航”窗格上就会列出包含关键字（词）的导航链接，单击这些导航链接，就可以快速定位到文档的相关位置。

（4）特定对象导航：一篇完整的文档，往往包含有图形、表格、公式、批注等对象，Word 2010 的导航功能可以快速查找文档中的这些特定对象。单击搜索框右侧放大镜后面的“▼”，选择“查找”栏中的相关选项，就可以快速查找文档中的图形、表格、公式和批注。

Word 2010 提供的四种导航方式各有优缺点，标题导航很实用，但是事先必须设置好文档的各级标题才能使用；页面导航很便捷，但是精确度不高，只能定位到相关页面，要查找特定内容还是不方便；关键字（词）导航和特定对象导航比较精确，但如果文档中同一关键字（词）很多，或者同一对象很多，就要进行“二次查找”。如果能根据自己的实际需要，将几种导航方式结合起来使用，导航效果会更佳。

4. 视图模式 Word 2010 中提供了多种视图模式供用户选择，这些视图模式包括“页面视图”、“阅读版式视图”、“Web 版式视图”、“大纲视图”和“草稿”等五种视图模式。用户可以在“视图”功能区中选择需要的文档视图模式，也可以在 Word 2010 文档窗口的右下方单击视图按钮选择相应的视图模式。

（1）页面视图：“页面视图”可以按照文档的打印效果显示文档，主要包括页眉、页脚、图形对象、分栏设置、页面边距等元素，是最接近打印结果的视图方式，便于用户对页面中各种元素进行编辑。

（2）阅读版式视图：“阅读版式视图”以图书的分栏样式显示 Word 2010 文档，“文件”按钮、功能区等窗口元素被隐藏起来。在阅读版式视图中，用户还可以单击“工具”按钮选择各种阅读工具。

（3）Web 版式视图：“Web 版式视图”以网页的形式显示 Word 2010 文档，Web 版式视图适用于发送电子邮件和创建网页。

（4）大纲视图：“大纲视图”主要用于设置 Word 2010 文档的设置和显示标题的层级结构，并可以方便地折叠和展开各种层级的文档，突出文档的框架结构，以便对文档的层次进行调整。

（5）草稿：“草稿视图”取消了页面边距、分栏、页眉页脚和图片等元素，仅显示标题和正文，便于快速编辑文本。

二、文档的基本操作和文本内容编辑

Word 文档的基本操作和文本内容编辑主要包括文档的创建、保存、打开与关闭，在文档中输入文本以及对输入的内容进行删除、改写、插入，以确保输入内容正确性。

1. 新建文档 Word 2010 可以创建空白文档，也可根据需求使用模板创建较为专业的文档。

（1）创建空白文档：默认情况下，Word 2010 程序在打开的同时会自动新建一个空白文档。用户在使用该空白文档完成文字输入和编辑后，如果需要再次新建一个空白文档，则可以按照如下步骤进行操作：

打开 Word 2010 文档窗口，依次单击“文件”→“新建”按钮。在打开的“新建”面板中，选中“空白文档”文档类型，完成选择后单击“创建”按钮，即可创建如图 5－5 所示空白文档。

图 5－5　创建空白文档

（2）使用模板创建文档：除了通用型的空白文档模板之外，Word 2010 中还内置了多种文档模板，如博客文章模板、书法字帖模板等。另外，Office. com 网站还提供了证书、奖状、名片、简历等特定功能模板。借助这些模板，用户可以创建比较专业的 Word 2010 文档。在 Word 2010 中使用模板创建文档的步骤如下：

打开 Word 2010 文档窗口，依次单击“文件”→“新建”按钮。在打开的“新建”面板中，单击“博客文章”、“书法字帖”等 Word 2010 自带的模板创建文档，还可以单击 Office. com 提供的“名片”、“日历”等在线模板，如图 5－6 所示。打开如图 5－7 所示样本模板列表页，选择合适的模板后，在“新建”面板右侧选中“文档”或“模板”选框，然后单击“创建”按钮，即可使用选中的模板创建的文档进行编辑。

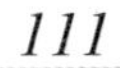

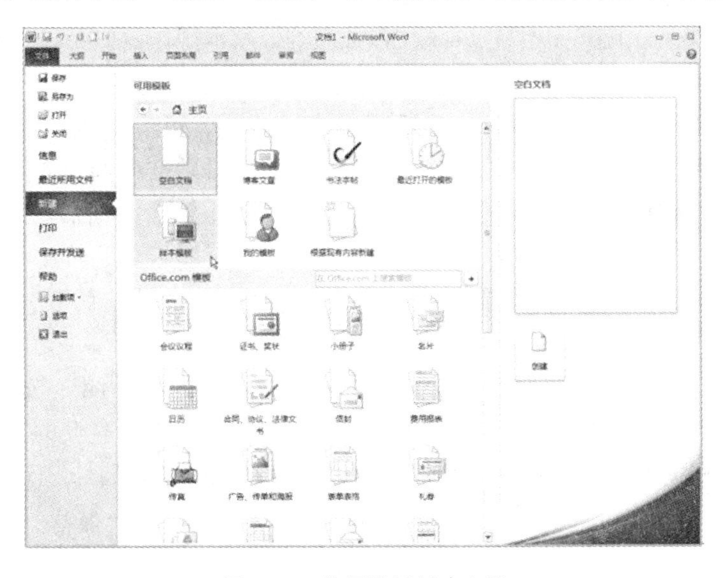

图 5－6　使用模板创建文档

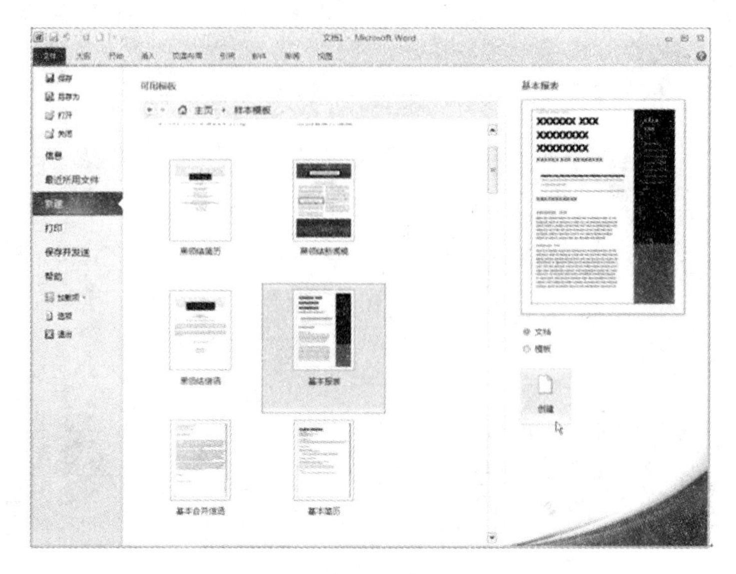

图 5－7　样本模板列表

2. 保存与另存为　用户在对文档编辑过程中，为避免由于误操作或计算机故障造成数据丢失，应养成随时保存文档的习惯。

（1）保存：如要对新建的文档进行保存，可单击“文件”选项卡，在打开的菜单中选择“保存”命令。也可点击快速访问工具栏上的“保存”按钮，都会弹出“另存为”对话框，在弹出对话框中选择保存的路径、修改文件名后单击“保存”按钮即可。

（2）另存为：用户需要重命名当前文档、更换保存位置或更改文档类型时，可使用“另存为”命令。可单击“文件”选项卡，在打开的菜单中选择“另存为”命令，在弹出的“另存为”对话框中选择保存的路径、修改文件名后单击“保存”按钮即可。

3. 打开与关闭　打开文档是 Word 文档处理的最基本操作，如要对一个文档进行编辑要先将其打开，然后进行编辑，编辑完成后将文档关闭。

（1）打开文档：在 Word 2010 应用程序中打开文档，可单击“文件”选项卡，在打开的菜单中选择“打开”命令，在弹出的“打开”对话框中选择需要打开的文件，后单击“打开”按钮即可。当然，对于已经存在的 Word 文档，只需双击该文档图标即可打开文档。

此外，单击“打开”按钮右侧的下三角按钮，在弹出的下拉菜单中可选择文档的打开方式，如“以只读方式打开”、“以副本方式打开”等。

（2）关闭文档：要关闭文档时，可单击窗口右上角的“关闭”按钮，也可单击“文件”选项卡中的“关闭”命令。在关闭文档时，如果没有对打开的文档进行编辑、修改操作，可直接关闭；如果对打开的文档做了修改，还没有保存，Word 程序会弹出提示对话框，双击此处进行输入询问是否需要保存修改过的文档，单击“保存”按钮即可保存并关闭文档。

4. 输入文本　文字是 Word 文档的基本构成元素，对文档编辑时，首先要在文档中输入文字或字符，输入方式可以有多种，其中用键盘输入是最为普遍的一种方式。在输入过程中，当文本输入到达一行的最右侧边界时，会自动跳转到下一行的左侧边界处。如果在未输入完一行时就要换行输入，可按【Enter】键结束一个段落，会产生一个段落标记“↵”。如果按【Shift + Enter】组合键来结束一个段落，会产生一个段落标记“↓”，虽然此时也能达到换行的目的，但并不会结束段落，只是换行输入。

（1）“即点即输”功能：在Word 2010文档中，用户可以使用“即点即输”功能将插入点光标移动到Word 2010文档页面可编辑区域的任意位置。即在Word 2010文档页面可编辑区域内任意位置双击左键，即可将插入点光标移动到当前位置。要想使用“即点即输”功能，需要首先开启该功能，操作步骤如下所述：

打开Word 2010文档窗口，依次单击“文件”→“选项”按钮。在打开的“Word选项”对话框中切换到“高级”选项卡，在“编辑选项”区域选中“启用‘即点即输’”复选框，并单击“确定”按钮。返回Word 2010文档窗口，在页面内任意位置双击鼠标左键，即可如图5-8所示将插入点光标移动到当前位置进行输入。

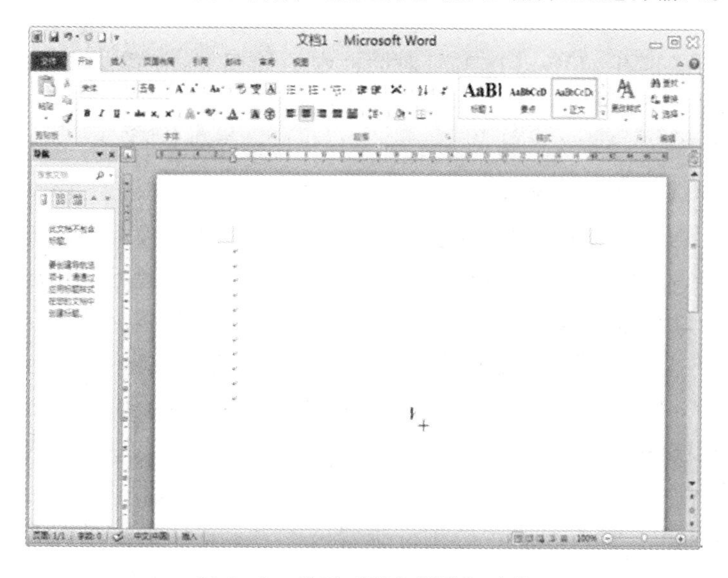

图5-8 使用“即点即输”功能

（2）“插入”或“改写”状态：打开Word 2010文档窗口后，默认的文本输入状态为“插入”状态，即在原有文本的左边输入新文本时原有文本将右移。另外还有一种文本输入状态为“改写”状态，即在原有文本的左边输入新文本时，原有文本将被替换。用户可以根据需要在Word 2010文档窗口中切换“插入”和“改写”两种状态，操作步骤如下所述：

打开Word 2010文档窗口，依次单击“文件”→“选项”按钮。在打开的“Word选项”对话框中切换到“高级”选项卡，然后在“编辑选项”区域选中如图5-9所示“使用改写模式”复选框，并单击“确定”按钮即切换为“改写”模式。如果取消“使用改写模式”复选框并单击“确定”按钮即切换为“插入”模式。

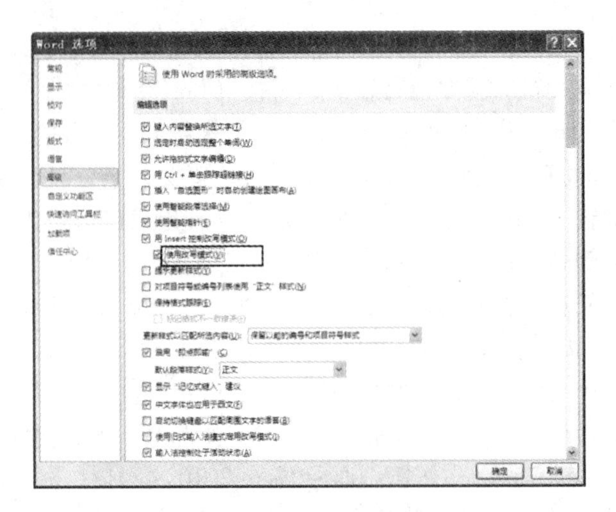

图 5－9 选中“使用改写模式”复选框

默认情况下，选中“Word 选项”对话框中的“用 Insert 控制改写模式”复选框，则可以按键盘上的 Insert 键来切换“插入”和“改写”状态，还可以单击 Word 2010 文档窗口状态栏中的“插入”或“改写”按钮切换输入状态。

（3）插入符号：编辑 Word 时为了美化版面或使层次清晰，会使用到符号，包括常用符号和特殊符号等。符号可以直接通过键盘输入，如果键盘上没有，可以通过如图 5－10 所示的“符号”对话框插入任意字体的任意字符和特殊符号，操作步骤如下所述：

打开 Word 2010 文档窗口，将插入点光标定位到目标位置，切换到“插入”功能区。在“符号”功能组中单击“符号”按钮。在打开的如图 5－10 所示的符号面板中可以看到一些最常用的符号，单击所需要的符号即可将其插入到 Word 2010 文档中。如果符号面板中没有所需要的符号，可以单击“特殊字符”按钮。然后打开“符号”对话框，在“符号”选项卡中单击“子集”右侧的“▼”按钮，在打开的下拉列表中选中合适的子集（如“箭头”）。然后在符号表格中单击选中需要的符号，并单击“插入”按钮即可。

图 5－10 “符号”对话框

（4）插入日期和时间：在编辑文档的时候，有时需要在文档中插入日期和时间。在 Word 2010 中我们不需要手动输入日期和时间，可以自动插入当前的日期和时间。操作步骤如下所述：

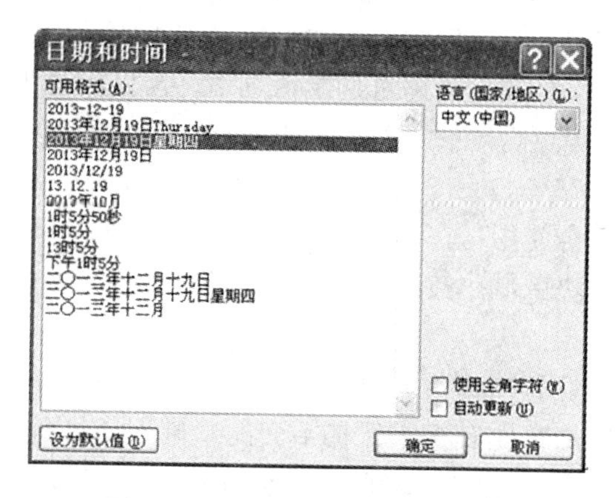

图5－11　“日期和时间”对话框

打开Word 2010文档窗口，将插入点光标定位到目标位置，切换到“插入”功能区，在“文本”分组中单击“日期和时间”按钮。在打开的如图5－11所示“日期和时间”对话框的“可用格式”列表中选择合适的日期或时间格式。如选中“自动更新”选项，可实现每次打开Word文档自动更新日期和时间，单击“确定”按钮即可。

（5）插入公式：在科学计算中，有大量的数学公式、数学符号要表示，可以通过“公式工具”设计器方便地实现。Word 2010本身也内置了一些公式便于编辑。插入公式的操作步骤如下所述：

打开word 2010文档窗口，将插入点光标定位到目标位置，切换到“插入”功能区。在“符号”分组中单击“公式”按钮，在下拉列表中，选择“插入新公式”命令。（也可选择Word 2010内置的公式样式进行编辑）。在打开的“公式工具－设计”器面板中可以看到一些最常用的符号和结构，可利用“符号”分组和“结构”分组编辑数学公式。

（6）插入Word文件：在当前编辑的文档中可以插入其他Word文档，利用这个功能可以将多个文档合并成一个文档。操作步骤如下：

打开Word 2010文档窗口，将插入点光标定位到目标位置，切换到“插入”功能区。在“文本”分组中单击“对象”旁边的“▼”按钮。在弹出的下拉菜单中单击“文件中的文字”在插入文件窗口浏览到要插入的文件位置，单击“插入”按钮即可插入文档。

5. 文本选定　对文本进行复制或剪切以及其他设置操作前，必须先选定要操作的内容，文本的选定既可以用键盘也可以用鼠标。

（1）用键盘选取文字：用键盘选取文字的快捷键有以下几种：

【Shift＋方向键】：Shift与4个方向键组合后，可以选取不同的文字区。与Right键组合每移动一次向右选择一个字符；与Left键组合每移动一次向左选择一个字符；与Up键组合每移动一次向上选择一行；与Down键组合每移动一次向下选择一行。另外，Shift与Home，End，Page Up，Page Down各键组合均有不同的选择范围。

【Ctrl＋A】快捷键：这个快捷键常用做选择整篇文档。

（2）用鼠标方式选择文档：用鼠标选择文本时，将光标移动至要选择文本内容的开头位置，按住鼠标左键并同时拖动，拖动至选定文本的最后，即是所选的文本。在文档中某个词语处双击鼠标左键，即可选定该词语。当鼠标处于文档左边界外侧的选定区域时，单击鼠标左键可选定一整行，双击鼠标左键可选定一个自然段，三击鼠标左键可选定全部文本。

（3）键盘与鼠标结合使用：在 Word 2010 中，按住 Ctrl 键，同时用光标进行文本选择，则可同时选定多块区域。按 Alt 键，同时用光标进行纵向选择，可以纵向选择文本。

6. 文本的复制、剪切和粘贴 复制、剪切和粘贴操作是 Word 2010 中最常见的文本操作，其中复制操作是在原有文本保持不变的基础上，将所选中文本放入剪贴板；而剪切操作则是在删除原有文本的基础上将所选中文本放入剪贴板；粘贴操作则是将剪贴板的内容放到目标位置。在 Word 2010 文档中进行复制、剪切和粘贴操作的步骤如下所述：

打开 Word 2010 文档窗口，选中需要剪切或复制的文本。然后在“开始”功能区的“剪贴板”分组单击“剪切”或“复制”按钮。在 Word 2010 文档中，将插入点光标定位到目标位置，然后单击“剪贴板”分组中的“粘贴”按钮即可。

在 Word 2010 文档中，粘贴时会出现“粘贴选项”命令，包括“保留源格式”、“合并格式”或“仅保留文本”三个命令按钮。

（1）“保留源格式”命令：被粘贴内容保留原始内容的格式；

（2）“合并格式”命令：被粘贴内容保留原始内容的格式，并且合并应用目标位置的格式；

（3）“仅保留文本”命令：被粘贴内容清除原始内容和目标位置的所有格式，仅仅保留文本。

7. Office 剪贴板 通过 Office 剪贴板，用户可以有选择地粘贴暂存于 Office 剪贴板中的内容，使粘贴操作更加灵活，Office 剪贴板最多可以保存 24 项复制或剪切的内容。在 Word 2010 文档中使用 Office 剪贴板的步骤如下所述：

打开 Word 2010 文档窗口，选中需要复制或剪切的内容，并执行“复制”或“剪切”命令。然后在“开始”功能区单击“剪贴板”分组右下角的“功能扩展”按钮。在打开的 Word 2010“剪贴板”任务窗格中可以看到暂存在 Office 剪贴板中的项目列表，如果需要粘贴其中一项，只需单击该选项即可。

如果需要删除 Office 剪贴板中的其中一项内容或几项内容，可以单击该项目右侧的“▼”按钮，在打开的下拉菜单中执行“删除”命令即可。如果需要删除 Office 剪贴板中的所有内容，可以单击 Office 剪贴板内容窗格顶部的“全部清空”按钮即可。

8. 查找与替换 在文档中经常要查找某个特定的内容。如果找到这些内容之后还需将其替换成另外的内容，就可以使用 Word 2010 的查找和替换功能。查找和替换是紧密相关的。根据输入要查找或替换的内容，系统可自动地在规定的范围或全文内查找或替换。查找或替换不但可以作用于具体的文字、也可以作用于格式、特殊字符、通配符等。在 Word 2010 文档中进行查找和替换的步骤如下所述：

打开 Word 2010 文档窗口，在“开始”功能区的“编辑”分组中单击“替换”按钮。打开如图 5－12 所示“查找和替换”对话框，并切换到“替换”选项卡。在“查找内容”编辑框中输入准备替换的内容，在“替换为”编辑框中输入替换后的内容。如果希望找到查找内容，则单击“查找下一处”按钮；如果希望逐个替换，则单击“替换”按钮；如果希望全部替换查找到的内容，则单击“全部替换”按钮。完成替换单击“关闭”按钮关闭“查找和替换”对话框。用户还可以单击“更多”按钮进行更高级的自定义替换操作。

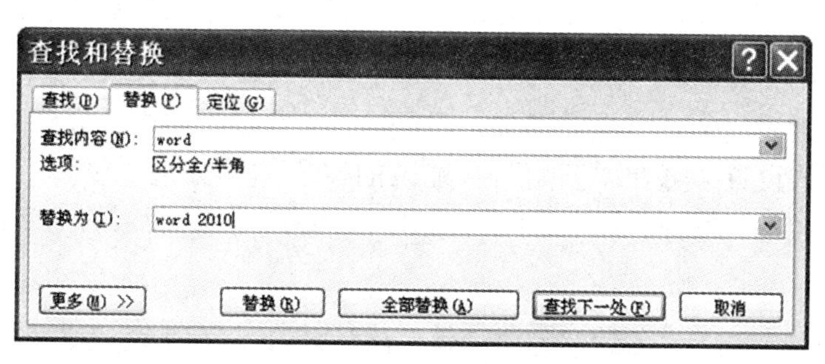

图 5－12　“查找和替换”对话框

9. 操作的撤销、恢复与重复　在编辑 Word 2010 文档的时候，如果所做的操作不合适，而想返回到当前结果前面的状态，则可以通过“撤销键入”或“恢复键入”功能实现。“撤销”功能可以保留最近执行的操作记录，用户可以按照从后到前的顺序撤销若干步骤，但不能有选择地撤销不连续的操作。用户可以按下【Ctrl＋Z】组合键执行撤销操作，也可以单击“快速访问工具栏”中的“撤销键入”按钮。

执行撤销操作后，用户可以按下【Ctrl＋Y】组合键执行恢复操作，也可以单击“快速访问工具栏”中已经变成可用状态的“恢复键入”按钮，来恢复刚被撤销的操作。“重复键入”是在没有撤销的情况下重复最后做的一次操作。

三、文档的格式化和排版

为了使文档具有漂亮的外观，便于阅读，必须对文档进行必要的排版。Word 2010 的排版工作是指字符格式化、段落格式化及页面设计。

1. 字符格式化　字符格式均是以文字为对象进行格式化。常见的格式化有：字体、字号、字形、文字的修饰、字间距和字符宽度以及中文版式等。

（1）字体是指文字在屏幕或打印机上呈现的书写形式。

（2）字号是文字的大小，汉字大小习惯以字号表示，英文的大小以磅值表示。在 Word 中字号从最大的初号到最小的八号字，磅值最大为 72 到最小为 5；在默认（标准）状态下，字体为宋体，字号为五号字。表 5－1 为部分字号与磅值的对应关系。

表 5－1　部分“字号”与“磅值”的对应关系

字号	初号	一号	二号	三号	四号	五号	六号	七号	八号
磅值	42	26	22	16	14	10.5	7.5	4.5	5

（3）字形的设置是指常规、倾斜、加粗、加粗倾斜等形式。

（4）字符间距的设置是指两个字符之间的间隔距离，标准的字间距为 0 磅。

（5）字符位置的设置是指字符在垂直方向上的位置。

（6）特殊效果的设置是指根据需要进行多种设置，包括上标、下标、删除线、下划线、空心字等。

（7）OpenType 功能是一种字体格式的设置，可通过连字、数字间距、数字形式选项、样式集选项等设置。

（8）文本效果对所选文字进行外观设置，如阴影、凹凸效果、发光、映像等格式效果应用到文档文本中。

字符除了上述字体、字号设置外，还可进行加拼音、加圈、边框和底纹等设置，要进行以上格式设置，可在“开始”功能区的“字体”分组中设置，也可单击“字体”分组右下角的“功能扩展”按钮，在弹出的如图 5－13 所示的“字体”对话框中设置。

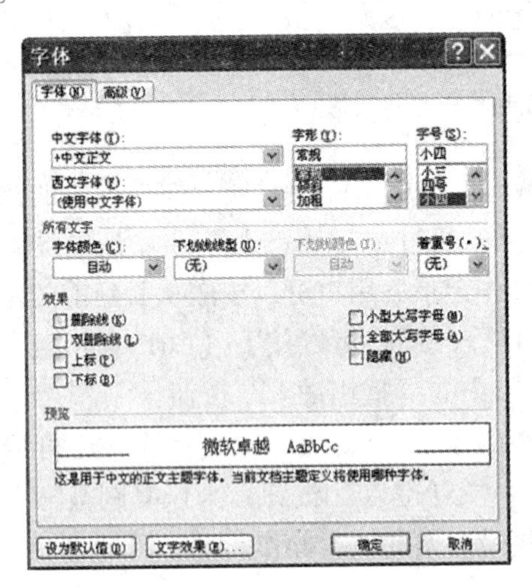

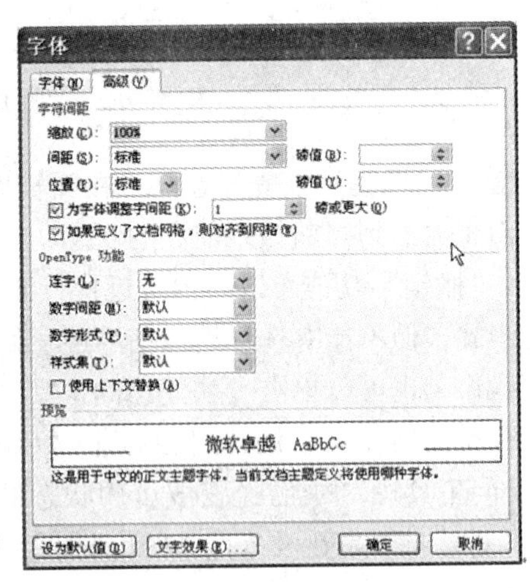

图 5－13 “字体”对话框

2. 段落格式化 段落是文本、图形、对象或其他项目等的集合，后面跟有一个段落标记，一般为一个硬回车符（Enter 键）。段落的格式化是指整个段落的外观，包括对齐、段缩进、行间距和段间距等进行设置。

（1）对齐方式：在文档中对齐文本可以使得文本更清晰容易阅读。对齐方式一般有五种方式：左对齐、居中、右对齐、两端对齐和分散对齐。两端对齐是通过词与词间自动增加空格的宽度，使正文沿页的左右页边对齐，对英文文本有效，防止出现一个单词跨两行的情况；对于中文效果同左对齐；分散对齐以字符为单位，均匀地分布在一行上，对中、英文均有效。

（2）文本的缩进：对于一般的文档段落都规定首行缩进两个字符；为了强调某些段落，有时候适当进行缩进。一般缩进方式有：

首行缩进：控制段落中第一行第一个字的起始位。

悬挂缩进：控制段落中首行以外的其他行的起始位。

左缩进：控制段落左边界（包括首行和悬挂缩进）缩进的位置。

右缩进：控制段落右边界缩进的位置。

（3）行间距与段落间距：行距用于控制每行之间的间距，在 Word 中有“最小值”、“固定值”、“X 倍行距（X 为单、1.5、2、多倍等）”等选项。用的最多的是“最小值”选项，其默认值为 12 磅，当文本高度超出该值，Word 自动调整高度以容纳较大字体。“固定值”选项，可指定一个行距值，当文本高度超出该值，则该行的文本不能完全显示出来。段间距用于段落之间加大间距，有“段前”和“段后”的磅值设置，使得文档显示更清晰。

要进行以上格式设置，可在“开始”功能区的“段落”分组中设置，也可单击“段落”分组右下角的“功能扩展”按钮，在弹出的如图 5 - 14 所示“段落”对话框中设置。段落的缩进和段前后间距还可在“页面布局”功能区“段落”分组中设置。

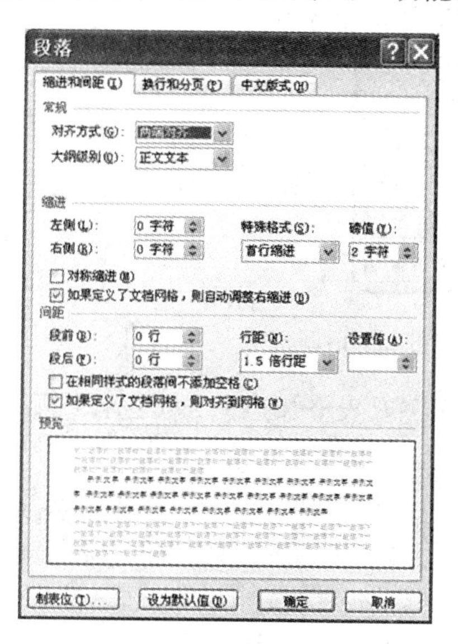

图 5 - 14 “段落”对话框

（4）项目符号、编号和多级列表：在 Word 中，提纲性质的文档称为列表，列表中的每一项称为项目。为了让文本内容有条理性和层次感，可对文本内容添加项目符号和编号，项目符号是一组相同的特殊符号，编号是一组连续的数字或字母，当增加或删除项目时，系统会对编号自动进行相应的增减。可在“开始”功能区的“段落”分组中单击对应按钮进行设置。

项目符号是相同的符号，可以是字符，也可以是图片。通过如图 5 - 15 所示的“定义新项目符号”对话框，选择“字符”、“图片”或“字体”按钮可改变符号的样式。

编号为连续的数字、字母，根据层次的不同，有相应的编号。通过如图 5 - 16 所示的“定义新编号格式”对话框，可改变编号的样式、编号的格式、编号的起始值、字体等。

多级列表可以清晰地表明各层次之间的关系。创建多级列表必需先确定多级格式，然后可输入项目内容，通过“减少缩进量”和“增加缩进量”来确定层次关系。

（5）边框和底纹：在 Word 中，添加边框和底纹的目的是为使内容更加醒目。边框的设置对象可以是文字、段落、页面和表格，底纹的设置对象可以是文字、段落和表格。可在“开始”功能区的“段落”分组中点击“边框和底纹”按钮，在弹出的如图 5－17 所示的“边框和底纹”对话框中进行设置。也可在“页面布局”功能区的“页面背景”分组中，点击“页面边框”按钮，在弹出的“边框和底纹”对话框中设置。

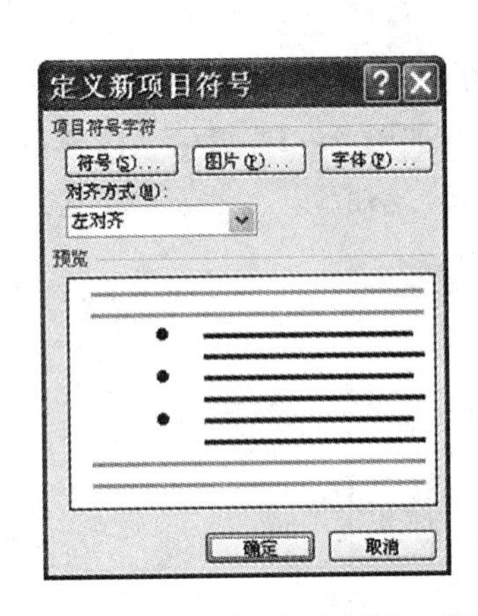

图 5－15 “定义新项目符号”对话框

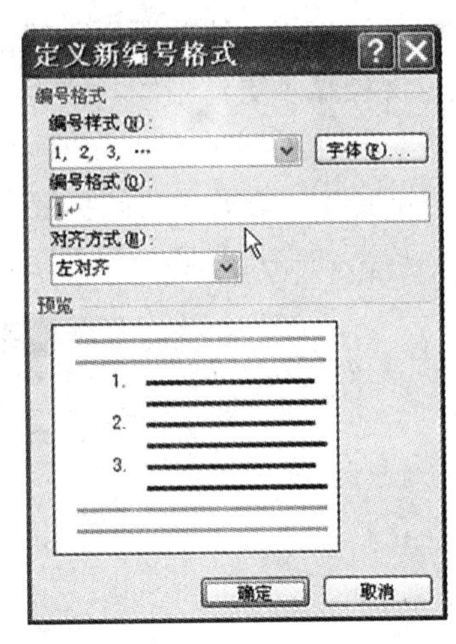

图 5－16 “定义新编号格式”对话框

边框对选定的段落、文字或表格加边框，可选择线型、颜色、宽度等框线的外观效果。

底纹对选定的段落、文字或表格加底纹，“填充”底纹填充背景色；“样式”底纹内填充点的密度等；“颜色”底纹内填充点的颜色，即前景色。

页面边框对页面设置边框，各项设置同“边框”选项卡，仅增加了“艺术型”下拉式列表框。其应用范围针对整篇文档或节。

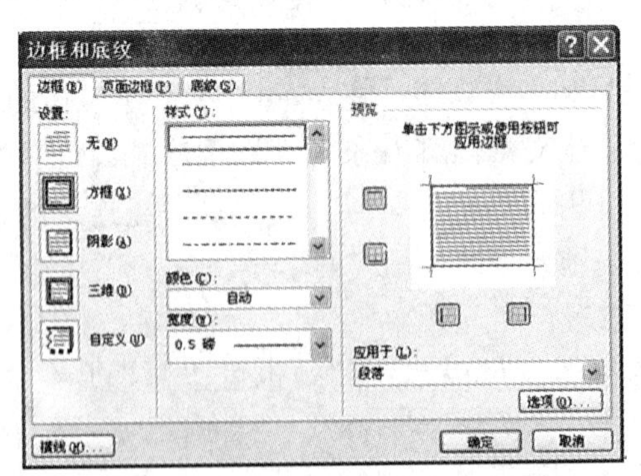

图 5－17 “边框和底纹”对话框

（6）分栏：编辑报纸、杂志时，经常需要对文章作各种复杂的分栏排版，使得版面更生动、更具可读性。可在“页面布局”功能区的“页面设置”分组中，点击“分栏”按钮，在弹出下拉菜单中选择“更多分栏”命令，在弹出的如图 5－18 所示的

“分栏”对话框中设置。分栏的栏数、每栏的宽度都可由用户设置。

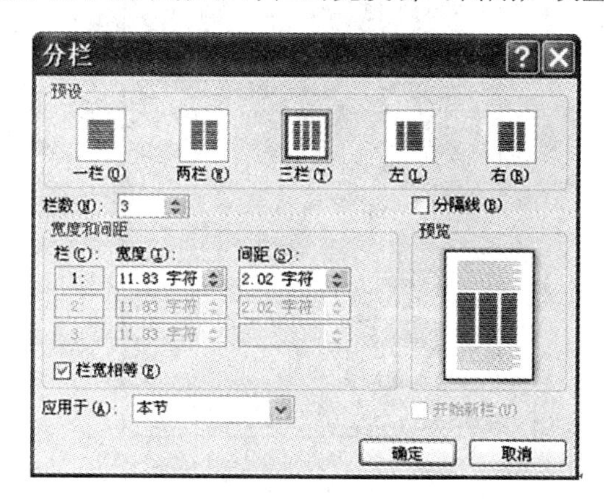

图5-18 “分栏”对话框

要对文档进行多种分栏，可分别选择需要分栏的段落，进行上述分栏的操作即可。若要取消分栏，只要选择已分栏的段落，进行分一栏的操作即可。

(7) 格式的复制与清除：在Word中，若想把以设置好的文字格式，应用到其他文字，可使用“格式刷”按钮进行格式复制，如果设置格式越复杂，使用格式复制的方法效率越高。使用格式刷的操作步骤如下：

打开Word 2010文档窗口，选定已设置好格式的文本，在“开始”功能区的“剪贴板”分组中，点击“格式刷”按钮，鼠标变成刷子形。然后将光标移动到待复制格式的文本开始处，拖拽鼠标到待复制格式文本的结尾，释放鼠标完成一次格式复制。如要进行多次格式复制，可双击“格式刷”，格式复制完成后，再次单击“格式刷”按钮结束格式复制。

格式的清除是将用户设置的格式恢复到默认的状态，操作步骤如下所述：

打开Word 2010文档窗口，选定要清除格式的文本。在“开始”功能区的“字体”分组中，单击“清除格式”按钮即可。需要注意的是，“清除格式”命令不会清除文本的突出显示。若要清除突出显示，请选择突出显示的文本，然后单击“以不同颜色突出显示文本”按钮旁的“▼”按钮，再单击“无颜色”即可。

3. 页面排版 页面排版反映了文档的整体外观和输出效果，页面排版包括页面设置、页眉和页脚、脚注和尾注等。

(1) 页面设置：页面设置的内容包括，设置输出纸张的大小、页边距、页眉页脚的位置，决定是否设装订线，设置每页容纳的行数及每行容纳的字数等。在新建一个文档时，Word提供了预定义的Normal模板，其页面设置适用于大部分文档。当然，用户也可根据需要进行所需的设置，建议页面设置在字符和段落格式化之前做，以便在编辑排版过程中随时根据页面视图调整版面。页面设置可在“页面布局”功能区的“页面设置”分组中设置，也可点击“页面设置”分组右下角的“功能扩展”按钮，在弹出的如图5-19所示的“页面设置”对话框中设置。

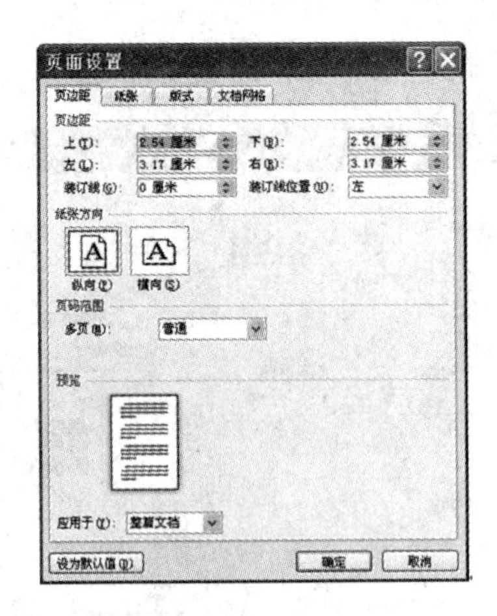

图 5－19　“页面设置”对话框

（2）页眉和页脚：页眉和页脚是指在文档页面的顶部和底部加入的信息。这些信息可以是文字或图形形式，内容可以是文件名、标题名、日期、页码、文章的标题或书籍的章节标题、单位名、单位徽标等。页眉和页脚的内容还可以是用来生成各种文本的域代码（如页码、日期等）。域代码与普通文本不同的是，它在打印时将被当前的最新内容所代替。例如，页码是根据文档的实际页数打印其页码。

创建页眉和页脚的方法如下：

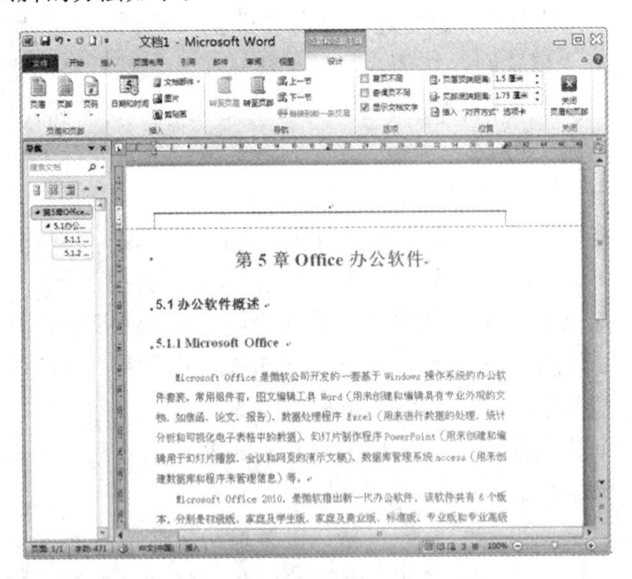

图 5－20　“页眉和页脚工具—设计”界面

在“插入”功能区的“页眉页脚”分组中，单击“页眉”（页脚）按钮。在弹出的下拉菜单中选择内置的页眉（页脚）样式来编辑页眉（页脚），也可在弹出的下拉菜单中，选择“编辑页眉”（编辑页脚）命令，进入如图 5－20 所示的“页眉和页脚工具—设计”界面。这时，正文以暗淡色显示，表示不可操作，虚线表示页眉（页脚）的输入区域。页眉和页脚设计结束后可点击“关闭”按钮退出页眉页脚编辑状态。

（3）脚注和尾注：脚注和尾注用于给文档中的文本加注释。注释位于页面底端的称为脚注，注释位于文档结尾的称为尾注。脚注或尾注各自由两个互相链接的部分组成：注释引用标记和与其对应的注释文本。

添加脚注和尾注的方法如下：

打开 Word 2010 文档，将光标移动到目标位置。在“引用”功能区的“脚注”分组中，单击“插入脚注”（插入尾注）按钮，即可插入脚注或尾注。也可点击“脚注”分组右下角的“功能扩展”按钮，进入如图 5－21 所示的“脚注和尾注”对话框进行设置。

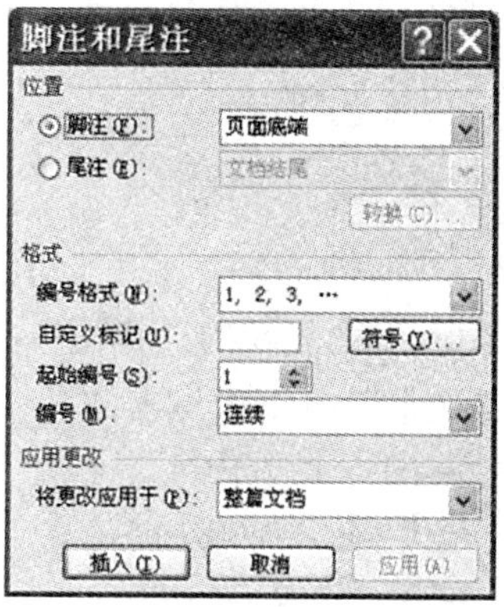

图 5－21　“脚注和尾注”对话框

（4）分页与分节：在 Word 中输入文本，当文档内容到达页面底部时，Word 会自动分页，但在页面未输入完成，需要在页面中插入分页符进行分页。

插入分页符的方法如下：

打开 Word 2010 文档，将光标移动到目标位置。在“页面布局”功能区的“页面设置”功能组中，单击“分隔符”按钮，在“分隔符”列表中选择“分页符”选项。也可在“插入”功能区的“页”功能组中，单击“分页”按钮即可在光标位置插入分页符标记。

节是文档的一部分，通过在 Word 2010 文档中插入分节符，可以将 Word 文档分成多个部分，每个部分可以有不同的页边距、页眉页脚、纸张大小等不同的页面设置。

插入分节符的方法如下：

打开 Word 2010 文档窗口，将光标定位到准备插入分节符的位置。在“页面布局”功能区的“页面设置”分组中，单击“分隔符”按钮，在打开的分隔符列表中选择合适的分节符即可。

“分节符”区域列出 4 中不同类型的分节符：

下一页：插入分节符并在下一页上开始新节。

连续：插入分节符并在同一页上开始新节。

偶数页：插入分节符并在下一偶数页上开始新节。

奇数页：插入分节符并在下一奇数页上开始新节。

四、图文混排和表格

1. 图文混排　Word 图文混排使用的基本对象是图片、艺术字、文本框等，基本的方法是对这些图形、图像编辑后，对其环绕方式及上下层叠加的关系进行设置。下面对字处理软件的图形、图像编辑功能做一些介绍。

（1）图形、图像的插入：Word 2010 能处理的图形、图像文件有：

① 来自文件的各种图片文件，扩展名可为 . bmp、. wmf、. gif、. tif、. jpg 等。

② 在剪辑库中包含的剪贴画。

③“形状”下拉列表中可选择的各种图形对象。

④ SmartArt 图形。

⑤ Excel 中的图表。

⑥ 截取的屏幕图像或界面图标。

⑦ 特殊视觉效果的艺术字。

可在如图 5－22 所示的“插入”功能区的“插图”分组中实现前 6 种图形的插入，艺术字可在“插入”功能区，“文本”分组中点击“艺术字”按钮插入。

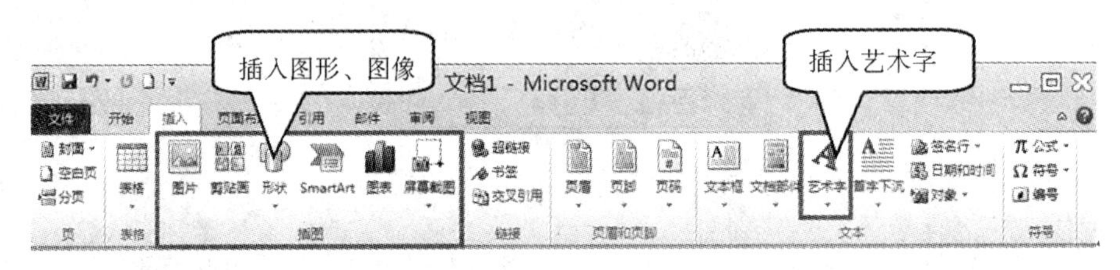

图 5－22　“插入”功能区

（2）图形、图像的编辑：插入的各种形状对象和艺术字，可以利用如图 5－23 所示的“绘图工具—格式”功能区进行设置。“绘图工具—格式”功能区包括“插入形状”、“形状样式”、“艺术样式”、“文本”、“排列”和大小 6 个功能组。

“插入形状”功能组可以插入各种形状、横排或竖排文本框及编辑形状。

“形状样式”功能组可以设置形状填充、形状轮廓和形状效果。

“艺术样式”功能组可以设置文本填充、文本轮廓和文本效果等样式。

“文本”功能组可以设置插入文本的文字方向、对齐方式和创建连接。

“排列”功能组中的“位置”和“自动换行”按钮可以设置图形或艺术字在页面中的位置、文字环绕方式；“上移一层”和“下移一层”按钮可以设置多个图形或艺术字的叠放次序；“对齐”、“组合”和“旋转”3 个按钮可以设置图形或艺术字的对齐方式、多个图形或艺术字的组合及图形或艺术字旋转。

“大小”功能组可以设置图形或艺术字的大小。

图 5－23　“绘图工具—格式”功能区

插入的图片、剪贴画、屏幕截图可以利用如图 5－24 所示的“图片工具—格式”功能区，对其进行设置。“图片工具—格式”功能区包括“调整”、“图片样式”、“排列”、“大小”4 个功能组。

“调整”分组可对图片的颜色饱和度、亮度和对比度、艺术效果等进行调整。

“图片样式”功能组可设置图片边框颜色、图片效果、图片版式等图片样式。

“排列”功能组可以进行图片位置、文字环绕方式、组合与取消组合、叠放次序等图文排列操作。

“大小”功能组可对图片进行裁剪、大小等编辑操作。

图 5－24　“图片工具—格式”功能区

插入的 SmartArt 图形可以利用如图 5－25 所示的“SmartArt 工具—设计”和“SmartArt 工具—格式”功能区进行设置。

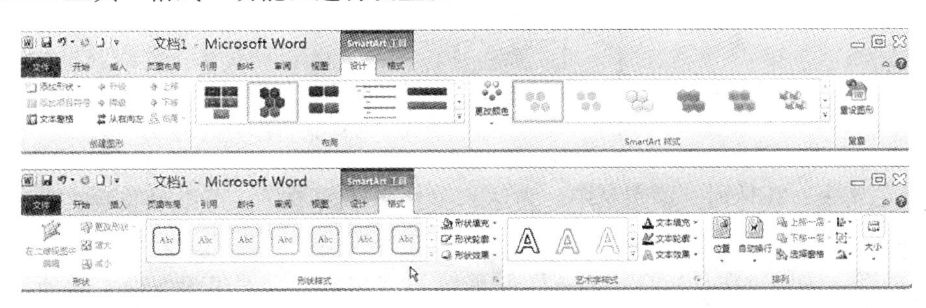

图 5－25　“SmartArt 工具”功能区

插入的 Excel 图表可以利用如图 5－26 所示的“图表工具—设计”、“图表工具—布局”和“图表工具—格式”功能区进行设置。

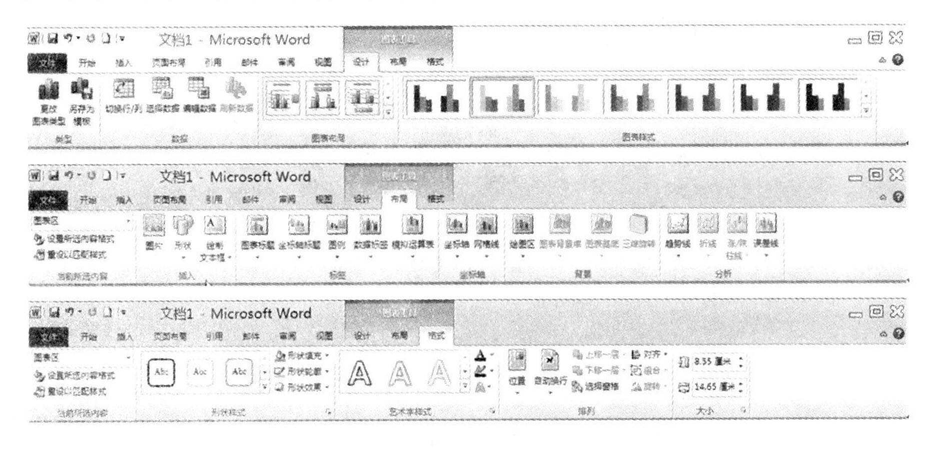

图 5－26　“图表工具”功能区

（3）文字图形效果的实现：文字图形效果就是输入的是文字，以图形方式进行编辑处理。

① 首字下沉：在报刊文章中，经常看到文章的第一个段落的第一个字比较大，其目的就是希望引起读者的注意，并由该字开始阅读。首字下沉包括下沉和悬挂 2 种。

首字下沉的设置方法是：在“插入”功能区的“字体”功能组中单击“首字下沉”按钮，在下拉列表中选择“下沉”或“悬挂”，可将插入点所在段落的首字变成图形效果；还可单击“首字下沉”命令，在弹出的如图 5－27 所示对话框内进行字体、位置布局等格式设置。

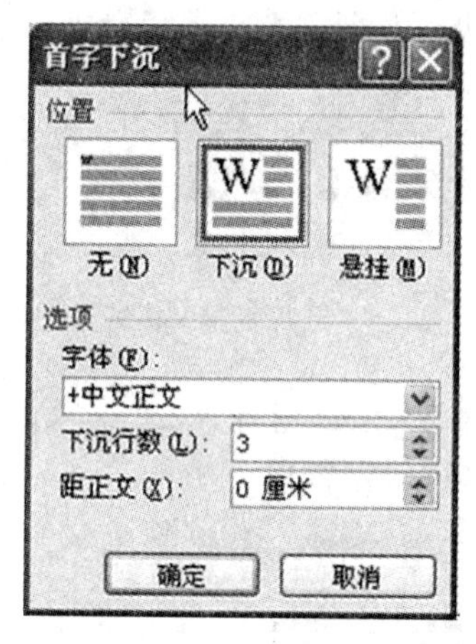

图 5－27　“首字下沉”对话框

② 艺术字：在任何一篇文章中，为达到美化文字的效果，可以对某些文字进行艺术化处理，将这些文字设置为艺术字。

插入艺术字的方法是：在“插入”功能区的“文本”功能组中点击“艺术字”按钮可实现艺术字的插入。选中艺术字可以利用“绘图工具—格式”功能区，对艺术字可以进行编辑形状、艺术字样式、形状样式、环绕方式等一系列设置，以达到如图 5－28 所示艺术字的效果。

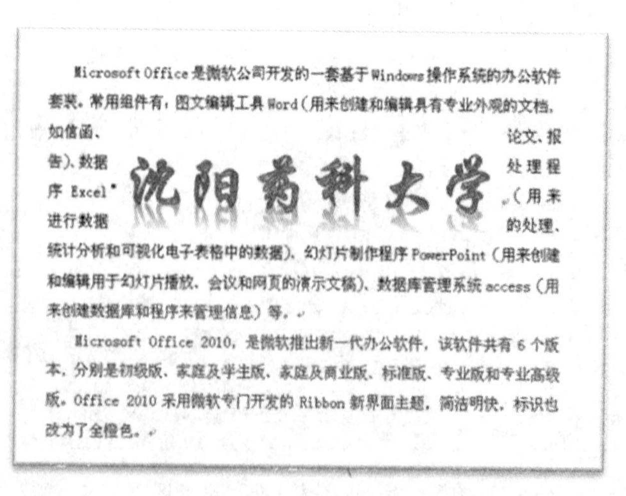

Microsoft Office 是微软公司开发的一套基于 Windows 操作系统的办公软件套装。常用组件有，图文编辑工具 Word（用来创建和编辑具有专业外观的文档，如信函、论文、报告）、数据处理程序 Excel（用来进行数据的处理、统计分析和可视化电子表格中的数据）、幻灯片制作程序 PowerPoint（用来创建和编辑用于幻灯片播放、会议和网页的演示文稿）、数据库管理系统 access（用来创建数据库和程序来管理信息）等。

沈阳药科大学

Microsoft Office 2010，是微软推出新一代办公软件，该软件共有 6 个版本，分别是初级版、家庭及学生版、家庭及商业版、标准版、专业版和专业高级版。Office 2010 采用微软专门开发的 Ribbon 新界面主题，简洁明快，标识也改为了全橙色。

图 5－28　“艺术字”效果

③ 文本框：通过使用文本框，用户可以将 Word 文本很方便地放置到文档页面的指定位置，而不必受到段落格式、页面设置等因素的影响。Word2010 内置有多种样式的文本框供用户选择使用。

插入文本框的方法是：在“插入”功能区的“文本”功能组中单击“文本框”按钮，在打开下拉列表中选择合适的内置文本框类型，返回 Word 2010 文档窗口，所插入的文本框处于编辑状态，直接输入用户的文本内容即可；也可单击“绘制文本框”或“绘制竖排文本框”命令，鼠标变为十字形状，自行点击页面添加文本框。选中文本框，可以利用“绘图工具—格式”功能区对文本框进行设置，从而实现如图 5－29 所示“文本框”效果。

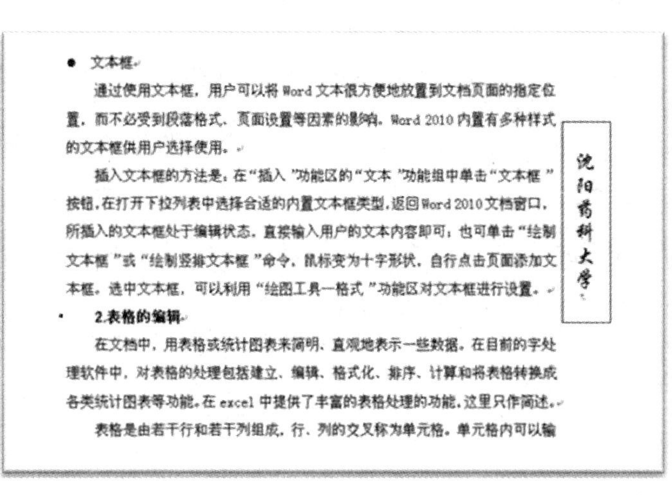

● 文本框

通过使用文本框，用户可以将 Word 文本很方便地放置到文档页面的指定位置，而不必受到段落格式、页面设置等因素的影响。Word 2010 内置有多种样式的文本框供用户选择使用。

插入文本框的方法是：在“插入”功能区的“文本”功能组中单击“文本框”按钮，在打开下拉列表中选择合适的内置文本框类型，返回 Word 2010 文档窗口，所插入的文本框处于编辑状态，直接输入用户的文本内容即可；也可单击“绘制文本框”或“绘制竖排文本框”命令，鼠标变为十字形状，自行点击页面添加文本框。选中文本框，可以利用“绘图工具—格式”功能区对文本框进行设置。

沈阳药科大学

2.表格的编辑

在文档中，用表格或统计图表来简明、直观地表示一些数据。在目前的字处理软件中，对表格的处理包括建立、编辑、格式化、排序、计算和将表格转换成各类统计图表等功能。在 excel 中提供了丰富的表格处理的功能，这里只作简述。

表格是由若干行和若干列组成，行、列的交叉称为单元格。单元格内可以输

图 5－29　“文本框”效果

2. 表格的编辑　在文档中，我们常用表格或统计图表来简明、直观地表示一些数据。在目前的字处理软件中，对表格的处理包括建立、编辑、格式化、排序、计算和将表格转换成各类统计图表等功能。微软公司的 Excel 为我们提供了丰富的表格处理的功能，因此在这里只作简述。

表格是由若干行和若干列组成，行、列的交叉称为单元格。单元格内可以输入字符、图形，甚至还可以插入另一个表格。

(1) 表格的建立：表格的建立可在“插入”功能区的“表格”功能组中单击“表格”按钮，在打开的如图 5－30 所示下拉列表中，选择“插入表格”命令新建有规律的表格；选择“绘制表格”命令直接绘制自由表格；选择“文本转换成表格”将文本转换成表格；还可选择“快速表格”命令按照内置样式建立表格。

图 5－30　插入表格

(2) 表格的编辑：在对表格进行编辑过程中必须

按照先选中，后操作的规则来进行操作，选中要编辑的行、列或单元格，然后选择对应的命令进行相应的操作。

在表格中，每一列的上边界（列上边界实线附近）、每个表格的左边沿（行或单元格）有一个看不见的选择区域。选定表格的有关操作见表 5－2 所示选定表格编辑对象。

表 5－2　选定表格编辑对象

选定区域	"表格工具—布局"丨"表"丨"选择"中的命令	鼠标操作
一个单元格	"选择单元格"	鼠标指向单元格左边界的选择区域时，指针变成实心斜向上箭头，单击即可
整行	"选择行"	鼠标指向表格左边界的该行选择区域时，指针变成空心斜向上箭头，单击即可
整列	"选择列"	鼠标指向该列上边界的选择区域时，鼠标指针变成实心垂直向下箭头时，单击即可
整个表格	"选择表格"	鼠标定位在单元格中，单击表格左上角出现的移动控制点
多个单元格	无	从左上角单元格到右下角单元格拖拽鼠标

选择连续的行或列或单元格可按【Shift】键同时进行选择，选择不连续的行或列或单元格可按【Ctrl】键同时进行选择。

对表格的编辑操作可通过如图 5－31 所示的"表格工具—设计"功能区或如图 5－32 所示的"表格工具—布局"功能区来实现。

"表格工具—设计"功能区，包含"表格样式选项"、"表格样式"和"绘图边框"3 个功能组。

"表格样式选项"功能组可以设置表格第一行，第一列，相邻行是否采用不同的格式，进一步控制应用表格样式后 Word 表格的风格。

"表格样式"功能组可以设置表格边框和底纹，绘制斜线表头。

"绘图边框"功能组可以快速绘制表格。

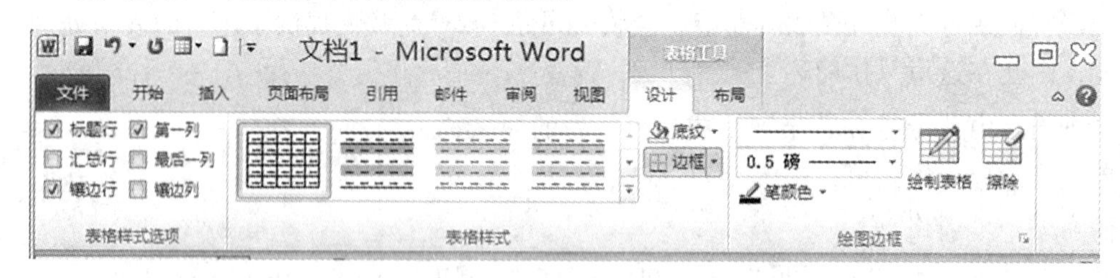

图 5－31　"表格工具—设计"功能区

"表格工具—布局"功能区，包含"表"、"行和列"、"合并"、"单元格大小"、"对齐方式"和"数据"6 个功能组。

"表"功能组可以选择行、列、单元格，设置表格属性等。

"行和列"功能组可以插入或删除行、列、单元格。

"合并"功能组可进行单元格的合并拆分，制作不规则表格。

"单元格大小"功能组可以调整行高和列宽。

“对齐方式”功能组可设置单元格内容的对齐方式、文字方向等。

“数据”功能组可对表格中数据排序、计算、将表格转换为文本等。

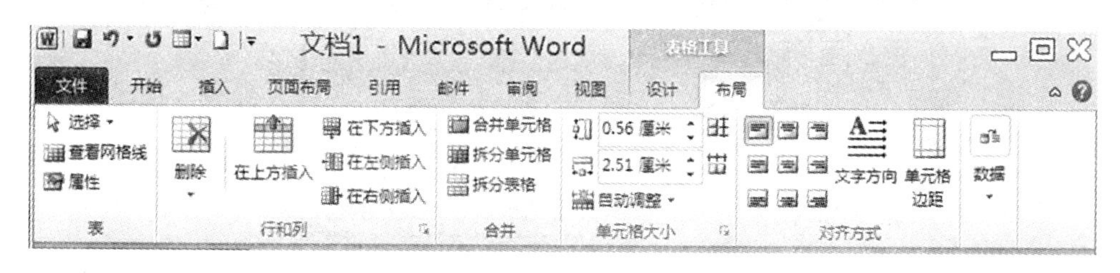

如图 5－32　“表格工具—布局”功能区

（3）表格的格式化：表格的格式化有两种：对表格外观的格式化和对表格内容的格式化。

表格外观的格式化包括表格相对页面水平方向的对齐方式、行高、列宽、表格边框和底纹设置等。可在“表格工具—布局”功能区或“表格工具—设计”功能区中操作。也可右键单击表格，在快捷菜单中，选择“表格属性”命令，在弹出的如图 5－33 所示对话框中进行设置。

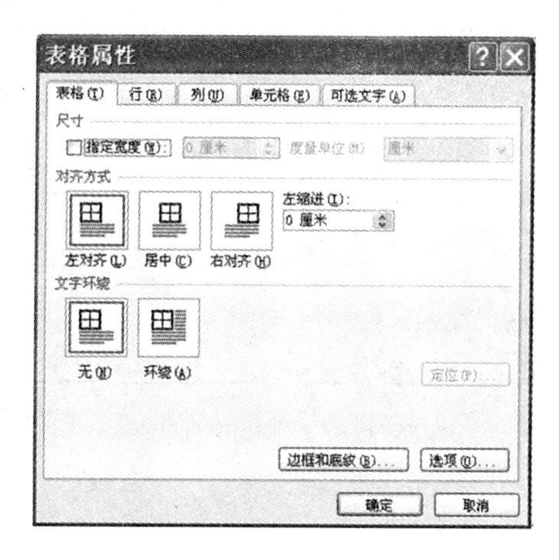

图 5－33　“表格属性”对话框

表格内容的格式化，包括字体、对齐方式（水平与垂直）、缩进、设置制表位等，这与文本的格式化操作相同。

（4）表格的统计和排序：在 Word 2010 中，可在表格中快速地进行加、减、乘、除及平均值等计算；Word 2010 还提供了常用的统计函数供用户调用，常用统计函数包括求和（Sum）、平均值（Average）、最大值（Max）、最小值（Min）、条件统计（If）等。

Word 2010 中，在“表格工具—布局”功能区的“数据”功能组中，单击“公式”按钮，显示如图 5－34 所示“公式”对话框。在“公式”对话框内可调用函数或直接输入计算公式进行计算。当然这些统计功能有局限性，与 Excel 电子表格相比，自动化能力差，编辑效率低。因此，复杂的表格统计工作应该使用 Excel 软件。

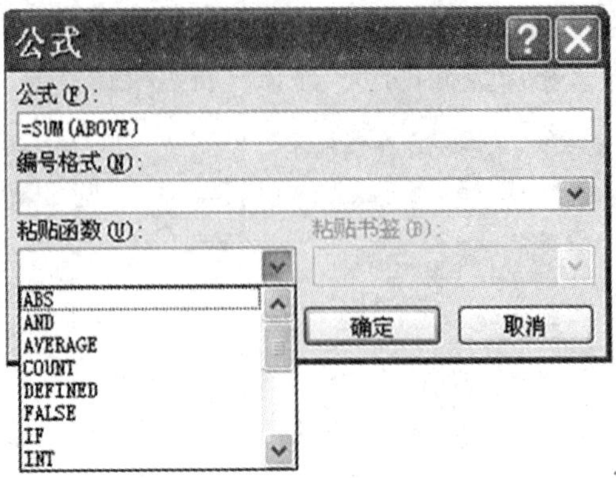

图 5－34 “公式”对话框

除了统计外，在 Word 中还可对表格按数值、笔画、拼音、日期等方式以升序或降序进行排序。在 Word 2010 中，如图 5－35 所示可选择多列排序，即当该列（主关键字）内容有多个相同的值时，可根据另一列（次关键字）排序，依此类推，最多可选择 3 个关键字排序的次序。

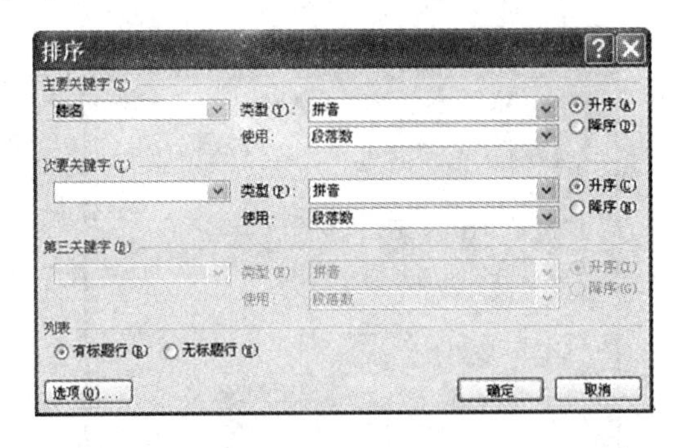

图 5－35 “排序”对话框

五、文档打印

完成文档的编辑和排版操作之后，如想进行打印，可使用打印预览功能查看文档的实际打印效果，如果预览效果不满意可及时进行调整，调整满意后再对文档进行打印设置进行打印。

1. 打印预览 在打印文档之前，通过“打印预览”来预先查看文档的打印效果。点击“文件”选项卡，在打开的菜单中选择“打印”命令，在显示界面右侧窗格中可预览打印效果。在预览窗格左下方可查看文档总页数及当前预览文档的页码，点击如图 5－36 所示预览窗格右下方的“显示比例”按钮，在弹出的对话框中可设置适当缩放比例进行查看，拖动“显示比例”工具中的滑块，可实现文档以单页，双页或多页方式进行预览。

2. 打印文档 打印预览效果满意后，可对文档进行打印，点击“文件”选项卡，在打开的菜单中选择“打印”命令，在显示界面中间窗格中可设置打印份数、打印范围，纸张方向等，设置完成后，点击“打印”按钮即可打印。

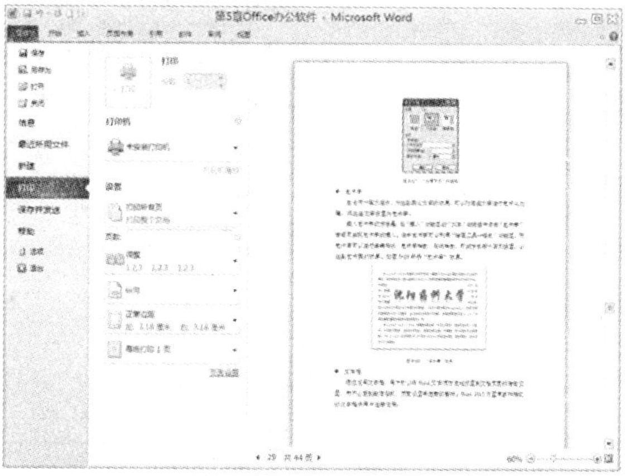

图5－36 打印预览界面

六、Word 2010中的常用工具

1. 样式 样式是一组自己命名的字符和段落格式的组合。例如，一篇文档有各级标题、正文、页眉和页脚等，它们都有各自的字体大小和段落间距等，每组样式各以其样式名存储以便使用。

样式有两种：字符样式和段落样式。字符样式是保存了对字符的格式化，如文本的字体和大小、粗体和斜体、大小写以及其他效果等；段落样式是保存了字符和段落的格式，如字体和大小、对齐方式、行间距和段间距以及边框等。

使用样式有两个好处：若文档中有多个段落使用了某个样式，当修改了该样式后，即可改变文档中带有此样式的文本格式；另一好处对长文档有利于构造大纲和目录等。

（1）使用已有样式：要使用已有的样式，可将插入点定位在要使用样式的段落，在“开始”功能区的“样式”功能组中选择已有的样式；更丰富的样式使用可点击“样式”功能组右下角的“功能扩展”按钮，在弹出的如图5－37所示“样式”任务窗格中，根据需要选择对应的样式。

（2）新建样式：Word允许用户创建自己特定的样式，单击“样式”任务窗格的“新建样式”按钮，在如图5－38所示的“根据格式设置创建新建样式”对话框中输入样式名，选择“样式类型”、“样式基准”、“该样式的格式”等即可创建一个新样式。新样式建立好后，用户可以和系统提供的样式一样使用。

（3）修改和删除样式：要改变文本的外观，只要修改应用于该文本的样式即可使应用该样式的全部文本都随着样式的更新而更新。修改样式只要在“样式”列表中选择所要修改的样式，在其下拉列表框中选择“修改”菜单项，在“修改样式”对话框设置所需的格式即可。

要删除已有的样式，方法同上，选择“删除”菜单项即可。这时，带有此样式的段落自动应用“正文”样式。

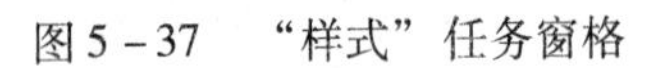

图5-37 “样式”任务窗格

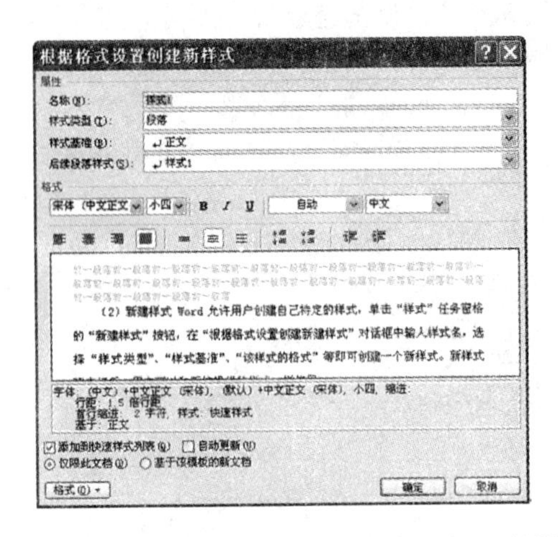

图5-38 “根据格式设置创建新建样式”对话框

2. 目录 当编写书籍、论文时，一般都应该有目录，以便读者了解文章的内容和层次结构，便于阅读。要自动生成目录，必须对文档的各级标题进行格式化，通常利用样式栏中的“标题”样式进行统一格式化。一般情况下，目录分为3级，使用相应的3级“标题1”、“标题2”、“标题3”等样式来格式化，也可以使用其他几级标题样式甚至还可以是自己创建的样式。在“引用”功能区的“目录”分组中，点击“目录”按钮，在下拉列表中，可选择内置目录样式，也可单击“插入目录”命令，在如图5-39所示的“目录”对话框中设置；若3级目录不是依次的标题1、标题2、标题3，可单击“选项”按钮，在其对话框进行不同级标题的选择。设置完成后，按“确定”即可生成目录。

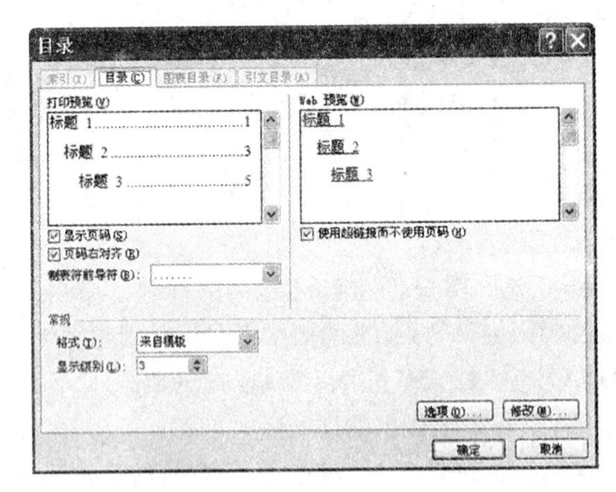

如图5-39 “目录”对话框

第三节 电子表格 Excel 2010

Excel 2010 是 Microsoft Office 中的重要成员，它功能强大，作为当前流行的电子表格处理软件，可以使用公式和函数对表格进行数据处理，使用图表功能建立图表，使用统计功能进行数据分析。由于电子表格具有直观、操作简单、数据即时更新、丰富的数据分析函数等特点，因此在财务、税务、统计、计划、经济分析等许多领域都得到了广泛的应用。

本节以 Excel 2010 版为蓝本，简要介绍电子表格的创建、编辑工作簿（工作表）、格式化工作表、数据的管理和分析等方面功能。

一、Excel 2010 的启动

用户在使用软件之前，首先要启动 Excel 2010 程序，常用的启动软件的方法一般有以下三种。

1. 从开始菜单启动　单击任务栏中的“开始”按钮，在弹出的“开始”菜单中选择“所有程序”，然后选择“Microsoft Office 2010”的“Microsoft Excel 2010”选项，启动 Excel 2010。

2. 从桌面快捷方式启动　双击桌面上的 Excel 2010 快捷方式图标，即可启动 Excel 2010。

3. 通过打开 Excel 文档启动　双击某个在计算机中已建好的 Excel 文档（扩展名为 . xls 或 . xlsx），也可启动 Excel 2010。

采用前两种方法启动，系统将自动创建一个空白的 Excel 工作簿，其缺省的名称为“工作簿 1”，扩展名为“. xlsx”。

二、Excel 2010 的窗口组成

启动 Excel 2010 后，即可打开 Excel 2010 的窗口，窗口的组成部分及名称如图 5－40 所示。

图 5－40　Excel2010 工作窗口

与 Word 2010 相近，Excel 2010 的窗口也是由标题栏、选项卡和选项卡中的组及工作区域构成的。以下进行简要介绍。

1. 标题栏 位于 Excel 窗口顶部，显示当前程序名和当前工作簿名称。左侧为快速访问工具栏，最右边是窗口控制的图标按钮。

2. 名称框 用于定义或显示单元格或单元格区域的名称与地址。一般显示当前单元格（又称活动单元格）的名称，它通常由单元格对应的列标和行号组成。

3. 编辑栏 用于显示或编辑活动单元格中的内容，特别是输入或编辑较长的文本和公式时，使用它更为方便。

4. 行号 用数字标识，单击行号可以选择整行。每个工作表中最多有 1048576（2^{20}）行。

5. 列标 用字母标识，单击列标可以选择整列。每个工作表中最多有 16384（2^{14}）列（A ~ XFD）。

6. 工作表标签 用于显示当前工作簿中的工作表名称与数量，单击工作表标签可以切换工作表。

7. 翻页按钮 当工作表较多时，单击按钮可以查看前面或后面的工作表。

8. 视图方式 用于切换工作表的视图模式，包括普通、页面布局与分页预览三种模式。

为了方便用户对 Excel 2010 的学习和使用，以下介绍 Excel 2010 的一些常用术语。

工作簿（Book）：在 Excel 2010 中用来存储并处理数据的文件，以 . xls 或 . xlsx 为扩展名保存。它由若干张工作表组成，默认为三张，以 Sheet1、Sheet1 与 Sheet3 来命名，用户可以更改工作表名称，工作表可根据需要增加或删除。

工作表（Sheet）：Excel 窗口的主体，Excel 2010 的所有操作基本都在工作表中进行。在 Excel 2010 中取消了每个工作薄中工作表个数的限制。

单元格（Cell）：工作表中的最小单位，行和列的交叉为单元格，用户可以在单元格中输入数据、公式和对象等内容。在 Excel 2010 中描述一个单元格用列标和行号表示，也称为该单元格的地址。在工作表中有一个单元格被加黑框标志，此单元格被称为当前单元格（或活动单元格），单击某单元格即使其成为当前单元格。当前输入的数据或公式保存在该单元格内，在活动单元格的右下角有一个小黑方块，被称为填充柄，利用填充柄可以填充某个单元格区域的内容。实现快速复制或计算。

三、工作簿的创建、保存、打开和关闭

Excel 2010 所处理的文档称为工作簿，下面介绍一下工作簿的操作方法。

1. 工作簿的创建 在打开 Excel 2010 的同时（非通过打开 Excel 文档启动），Excel 2010 一般会自动创建一个 Excel 工作簿，名称为“工作簿 1. xlsx”。也可用以下方法创建工作簿。

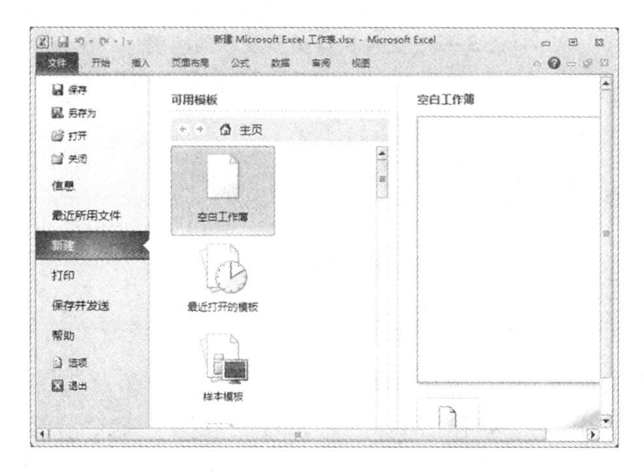

图 5－41　新建工作簿

（1）文件选项卡创建：选择“文件”选项卡，单击“新建”命令，在弹出的“可用模板”列表中选择“空白工作簿”选项，单击“创建”按钮即可，如图 5－41 所示。

（2）快速访问工具栏创建：通过快速访问工具栏中的“新建”按钮，即可创建一个新的工作簿。另外，用户也可以使用 Ctrl + N 组合键，创建新的工作簿。

2. 工作簿的保存　用户在创建并编辑完工作簿后，应及时对其进行保存。与 Word 2010 相类似，保存工作簿主要有以下方法。

（1）手动保存：用户可单击“文件”选项卡，执行“保存”或“另存为”命令。如果是第一次执行“保存”命令或执行“另存为”命令，则会弹出另存为对话框，如图 5－42 所示。

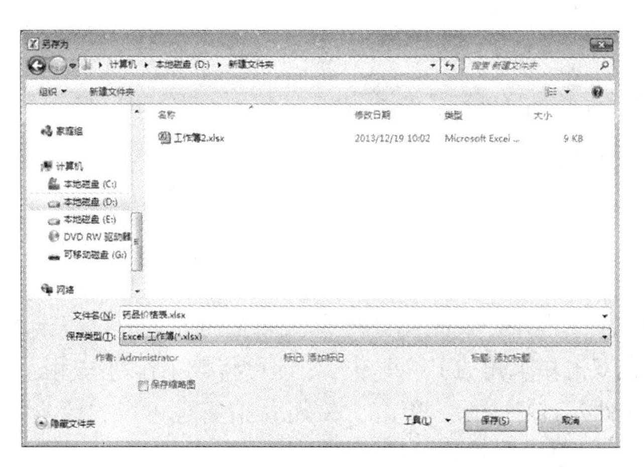

图 5－42　保存工作簿

在其中设置文件要保存的位置并输入保存的文件名称，单击“保存类型”下拉按钮，选择一种文件类型。Excel 2010 常用的文件保存类型及其功能如表 5－3 所示。

表 5-3 文件保存类型及其功能表

类型	功能
Excel 工作簿	将工作簿保存为默认的文件格式
Excel 启用宏的工作簿	将工作簿保存为基于 XML 且启用宏的文件格式
Excel97-2003 工作簿	保存为一个与 Excel97-2003 完全兼容的工作簿副本
Excel 模板	将工作簿保存为 Excel 模板类型
Excel97-2003 模板	将工作簿保存为 Excel97-2003 模板类型

另外，用户也可以用 Ctrl+S 组合键或 F12 键，打开“另存为”对话框。

（2）自动保存：单击“文件”选项卡，执行“选项”命令，在弹出的对话框中选择“保存”选项卡，在其右侧的“保存工作簿”选项组中设置保存格式、自动恢复信息时间间隔等即可。

3. 工作簿的打开 当用户要打开已保存的工作簿，可以双击要打开的 Excel 工作簿的图标或者在图标上右击并执行“打开”命令均可打开工作簿。

另外，用户也可在 Excel 2010 窗口中单击“文件”选项卡，选择“打开”命令，在弹出的的“打开”对话框中选择要打开的工作簿，单击“打开”按钮。如图 5-43 所示。

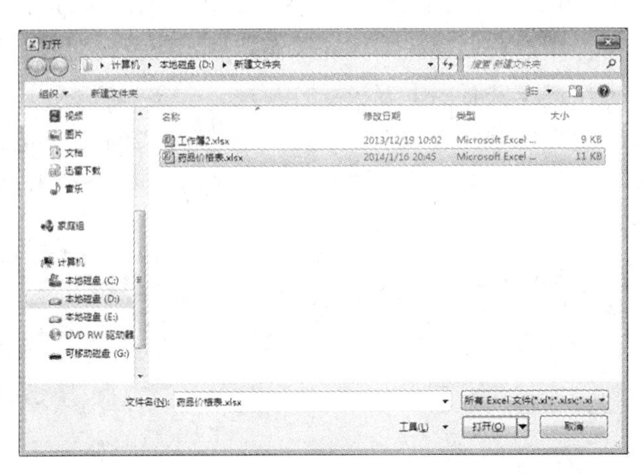

图 5-43 工作簿的打开

4. 工作簿的关闭 当用户要关闭已编辑完的工作簿，可以单击工作簿窗口右上角的“关闭”按钮或双击左上角的 Excel 图标，即可将该工作簿关闭。

另外，在“文件”选项卡中，单击“关闭”按钮也可以关闭当前文档。如果单击“文件”选项卡中的“退出”按钮，则关闭当前文档并退出 Excel 2010。

四、数据输入

创建了工作簿之后，用户便可以在工作表中输入文本、数值、日期、时间等数据了，还可以通过设置规则来限制输入数据的有效性。

1. 文本型数据的输入 文本可以是汉字、英文字母、数字、特殊符号、空格或是他们的组合。用户可以在工作中直接在单元格内输入文本，也可以通过“编辑栏”输入文本。

在一个单元格中输入文本时，先要选取该单元格，使其成为活动单元格，然后输入文本，最后按下 Enter 键。如果利用“编辑栏”输入文本，则首先要选择单元格，然后将光标置于“编辑栏”中并输入文本，按 Enter 键或“输入”按钮 ✓ 即可，如图 5－44 所示。

文本数据输入时一律左对齐。对于数字形式的文本型数据，如学号、身份证号等，数字前加单引号输入，例如：’040001，否则被识别为数字数据，英文标点单引号仅在编辑栏中出现，是一个对齐前缀，且在单元格中显示为左对齐。输入的文字长度超出单元格宽度时，若右边单元格无内容，则扩展到右边列，否则将截断显示。

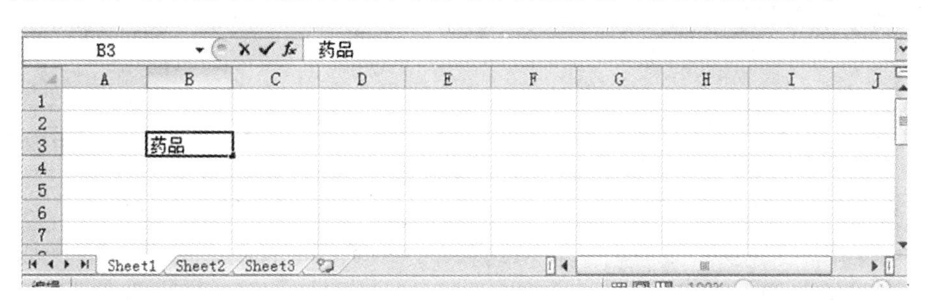

图 5－44 通过编辑栏输入数据

2. 数值型数据的输入 数值除了数字（0～9）组成的字符串外，还包括＋、－、E、e、$、/、% 以及小数点（.）和千分位符号（,）等特殊字符（如 $50，000）。

输入到单元格中的数值，Excel 2010 将自动将数据进行右对齐。当输入数据的长度超过单元格的宽度时，Excel 2010 将自动使用科学计数法来表示输入的数值，例如：输入 123451234512，则以 1.23E＋11 科学计数法显示。

在输入分数时应注意，要在输入的分数前加 0 及空格后再输入分数，例如要输入 2/5，正确的输入是：0□2/5，否则 Excel 2010 会将分数当成日期，如图 5－45 所示。

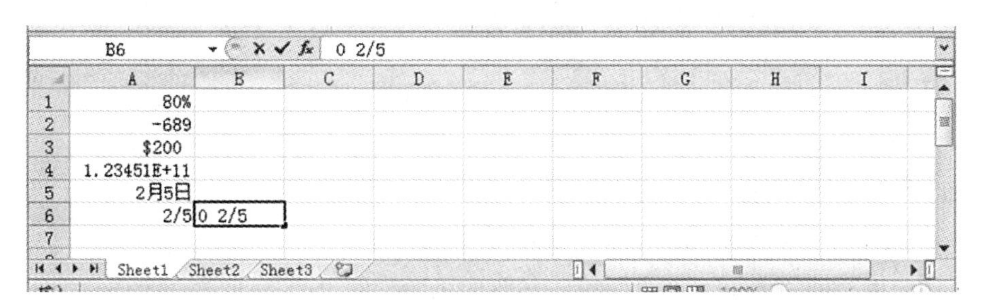

图 5－45 数值型数据的输入

3. 日期和时间型数据的输入 有时需要将日期或时间当做参数，例如年龄、利息、进药时间等等。Excel 2010 具有对日期和时间的运算能力。

在单元格内输入日期时，要用反斜杠“/”、连字符“－”号或汉字隔开，例如：2013/12/25、2013－12－25 或 2013 年 12 月 25 日。在单元格中直接输入 2/5，系统默认输入的是 2 月 5 日。

在单元格内输入时间时，要用“：”号或汉字隔开时、分、秒，例如：10：28：50 am 或上午 10 时 28 分 50 秒。

在输入 12 小时制的日期和时间时，要在时间后加一个空格并输入 AM（上午）或者 PM（下午），否则 Excel 2010 将自动以 24 小时制来显示输入的时间。当在某个单元格中同时输入日期和时间，需要在日期和时间之间用空格隔开，如图 5－46 所示。

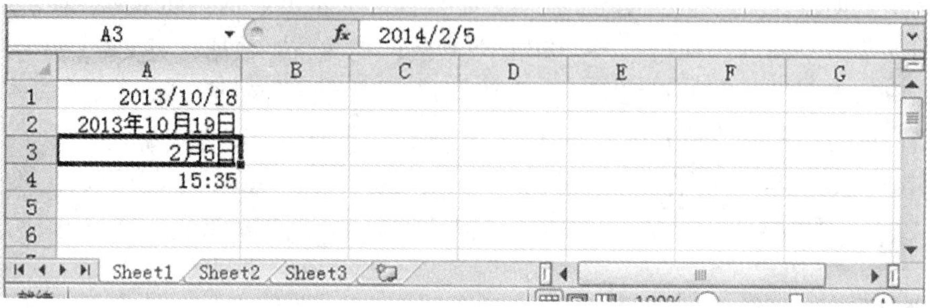

A3 fx 2014/2/5

	A	B	C	D	E	F	G
1	2013/10/18						
2	2013年10月19日						
3	2月5日						
4	15:35						
5							
6							

Sheet1 Sheet2 Sheet3

图 5－46 日期和时间型数据的输入

另外，用户可以用“Ctrl + ；”组合键输入系统当前日期；用“Ctrl + Shift + ；”组合键输入系统当前时间。

4. 序列的填充 为了提高数据输入的速度和准确性，用户可以利用 Excel 2010 提供的自动填充功能实现数据的快速录入。Excel 2010 对有某种规则的数据，如相同的数据、等差（比）数列、月份等，Excel 2010 系统提供了自动填充功能，只要输入最初的基础数据，再用填充的方法就可以进行快速输入，如图 5－47 所示。

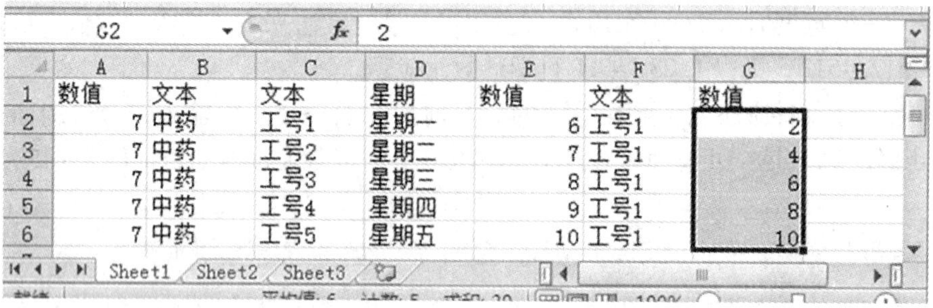

G2 fx 2

	A	B	C	D	E	F	G	H
1	数值	文本	文本	星期	数值	文本	数值	
2	7	中药	工号1	星期一	6	工号1	2	
3	7	中药	工号2	星期二	7	工号1	4	
4	7	中药	工号3	星期三	8	工号1	6	
5	7	中药	工号4	星期四	9	工号1	8	
6	7	中药	工号5	星期五	10	工号1	10	

Sheet1 Sheet2 Sheet3

图 5－47 序列的填充

（1）鼠标直接拖曳填充柄填充：填充柄是指位于选定区域右下角的黑点。填充的内容由初始值的内容决定。填充时用鼠标拖曳填充柄到下一行或下一列。

初始值为纯字符或纯数字，直接填充时相当于数据复制。如图 5－47 中 A 列、B 列；初始值为字符数字混合体，填充时文字不变，最右边的数字递增。如图 5－47 中 C 列。初始值为自定义序列中已有的序列，则按已定义的序列填充。如图 5－47 中 D 列。

（2）按住 Ctrl 键的同时拖曳填充柄填充：初始值为为纯数字，填充为增量为 1（步长 1）的等差数列。如图 5－47 中 E 列；初始值为文本或混合型文本，填充时相当于数据复制。如图 5－47 图 F 列。

（3）输出等差数列：输入数列的前两项作为基础数据，同时选中这两个单元格后，拖曳填充柄。如图 5－47 中 G 列，应同时选中前两个单元格，即“2”和“4”所在单元格，向下拖拽右下角填充柄。

（4）“填充”命令填充：选择要填充的单元格或单元格区域，选择“开始”选项卡→“编辑”→“填充”命令。在下拉列表中选择相应的选项即可，如图 5－48 所示。

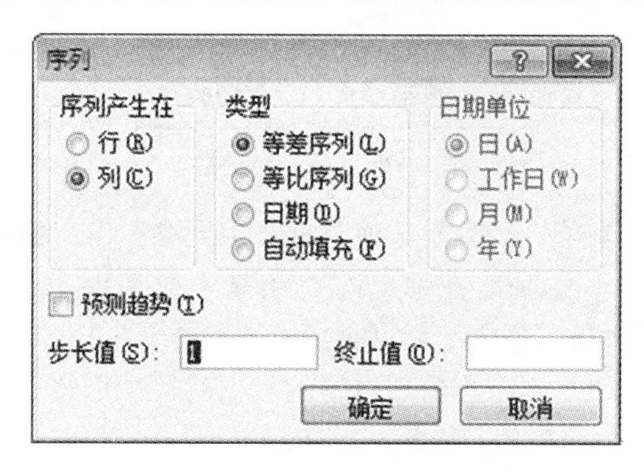

图 5－48　序列对话框

（5）快速填充相同数据到多个单元格：选中各单元格（很多情况下按住 Ctrl 键选择不相邻的单元格），而后输入数据内容，再按住 Ctrl 键，同时按回车键，即可达到在这些单元格中快速填入相同数据的效果，此方法可以提高数据录入速度。

五、单元格和工作表的操作

当工作簿的数据录入完毕，就需要对他们进行编辑。

1. 单元格的编辑

（1）单元格的选择：在对单元格编辑之前，首先要选择单元格。选择单元格可以分为选择单元格和单元格区域，Excel 2010 常用的选择单元格和单元格区域的方法如表 5－4 所示。

表 5－4　选取单元格或单元格区域

选取内容	操作方法
一个单元格	单击此单元格
整行（列）	单击工作表相应的行（列）号
整张工作表	单击工作表左上角行列交叉按钮
相邻单元格区域	单击区域左上角单元格，拖至右下角（或按住 <shift> 键再单击右下角单元格）
不相邻单元格区域	选定第一个区域后，按住 <ctrl> 键，再选择其他区域

（2）单元格的插入和删除：选择“开始”选项卡→“单元格”→“插入”命令，在其列表框中选择“插入单元格”选项，在弹出的“插入”对话框中选择相应的选项即可，如图 5－49 所示。

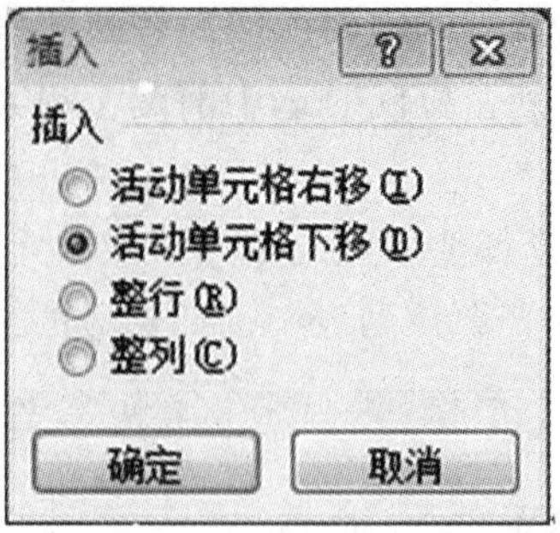

图 5－49 插入对话框

若删除单元格，则选择“开始”选项卡→“单元格”→“删除”命令，在其列表框中选择“删除单元格”选项，在弹出的“删除”对话框中选择相应的选项即可，“删除”对话框中的选项与“插入”对话框的选项一样。

（3）单元格的移动与复制：当出现重复的数据时，可以将已经输入到单元格中的数据移动或复制到其他单元格中，以提高效率。

移动不保留原来的数据信息，而复制保留原来的数据信息。移动或复制单元格时，单元格的格式也将一起被移动或复制。用户在移动或复制单元格数据时，可以通过鼠标拖动或剪切板来完成。

鼠标拖动法：要移动单元格数据时，首先要选择要移动的区域，将鼠标移动到区域边缘上，当光标变为四向箭头时，按住鼠标左键拖动到指定位置即可。如果是复制单元格数据时，要同时按住 Ctrl 键和鼠标左键进行拖动。

剪贴板法：首先要选择要移动或复制的区域，然后选择“开始”选项卡→“剪切板”中的“剪切”或“复制”按钮来移动或复制单元格。

再选择目标单元格，单击“粘贴”下拉按钮，选择相应命令即可。如图 5－50 所示。

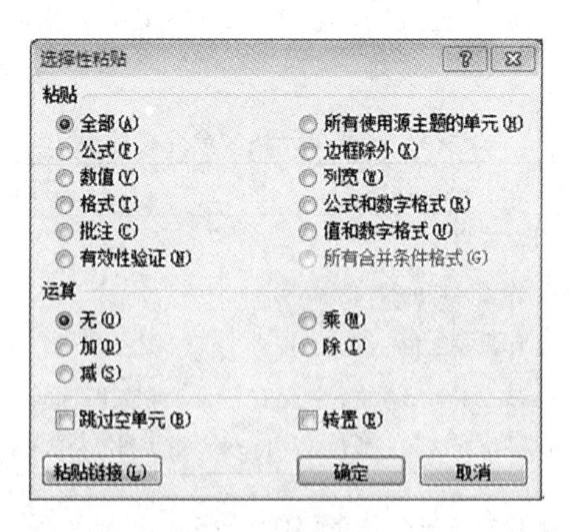

图 5－50 选择性粘贴对话框

粘贴列表中的常用项及其功能如表 5－5 所示。

表5-5 粘贴列表中的常用项及其功能

选项	功能
粘贴	将源单元格所有属性都粘贴到目标区域中
公式	只粘贴单元格公式
值	只粘贴单元格中的值
公式和数字格式	只粘贴单元格中的公式和所有数字格式选项
保留源格式	保留源数据单元格的格式设置
无边框	只粘贴单元格的值和格式等，但不粘贴边框
保留源列宽	将某一列的宽度粘贴到另一列中
转置	将所选单元格区域的数据进行行列转置
格式	只粘贴单元格中的格式
值和数字格式	只粘贴单元格中的值，并使用目标单元格的格式选项
值和源格式	只粘贴单元格中的值和格式设置

另外，用户还可以进行选择性粘贴，单击“粘贴”下拉菜单，执行“选择性粘贴”命令，则弹出“选择性粘贴”对话框，可以选择需要的选项。选择性粘贴列表中的常用项及其功能如表5-6所示。

表5-6 选择性粘贴列表中的常用项及其功能

类型	名称	功能
粘贴	全部	默认设置，将源单元格所有属性都粘贴到目标区域中
	公式	只粘贴单元格公式而不粘贴格式、批注等
	数值	只粘贴单元格中显示的内容，而不粘贴其他属性
	格式	只粘贴单元格的格式，而不粘贴单元格内的实际内容
	批注	只粘贴单元格的批注而不粘贴单元格内的实际内容
	有效性	只粘贴源区域中的有效数据规则
	边框除外	只粘贴单元格的值和格式等，但不粘贴边框
	列宽	将某一列的宽度粘贴到另一列中
运算	无	默认设置，不运算，用源单元格数据完全取代目标区域中数据
	加	源单元格中数据加上目标单元格数据再存入目标单元格
	减	源单元格中数据减去目标单元格数据再存入目标单元格
	乘	源单元格中数据乘以目标单元格数据再存入目标单元格
	除	源单元格中数据除以目标单元格数据再存入目标单元格
	跳过空单元格	避免源区域的空白单元格取代目标区域的数值，即源区域中空白单元格不被粘贴
	转置	将源区域的数据行列交换后粘贴到目标区域

2. 工作表的编辑

（1）列宽和行高的调整：用户建立工作表时，所有单元格具有相同的宽度和高度。在默认情况下，当单元格中输入的字符串超过列宽时，超长的文字被截去，数字则用“####”表示。这时，完整的数据还在单元格中，只是没有显示。可以调整行高和列宽，以便于数据的完整显示。

列宽和行高的调整用鼠标来完成比较方便。鼠标指向要调整列宽（或行高）的列标（或行标）的分隔线上，这时鼠标指针会变成一个双向箭头的形状，拖曳分隔线至适当的位置即可。也可以进行双击，调整该列（行）的列宽（行高）至合适大小。

若要对列宽和行高进行精确调整，则选择需要更改行高或列宽的单元格或单元格区域，然后选择“开始”选项卡→“单元格”→“格式”→“列宽”（或“行高”）命令，在弹出的“列宽”（或“行高”）对话框中输入要设置的列宽（或行高）值即可，如图 5－51 所示。

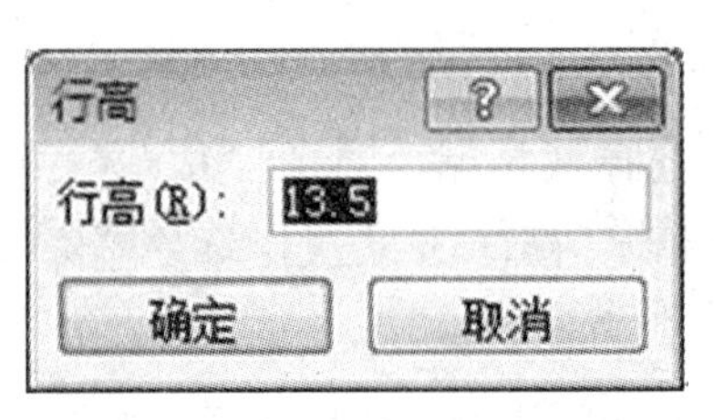

图 5－51 行高

另外，用户可以设置根据单元格内容自动调节列宽（行高），选择“开始”选项卡→“单元格”→“格式”命令，选择“自动调节列宽”（自动调节行高）

选项即可。

（2）工作表的移动和复制：用户可以将工作表移动或复制到工作簿的其他位置或者其他工作簿中。

右击要移动的工作表标签，执行“移动或复制工作表”命令，在弹出的“移动或复制工作表”对话框中选择相应的选项即可，如图 5－52 所示。

图 5－52 移动或复制工作表对话框

另外，用鼠标单击要移动（复制）的工作表标签，将该工作表标签拖动（复制工作表要同时按住 Ctrl 键）至需要放置的位置即可。

（3）工作表的插入和删除：在 Excel 2010 中，系统默认每个工作簿包含 3 个工作表，用户可以根据需要插入或删除工作表来改变工作表的数量。

用户可以通过以下的方法插入新工作表。

① 用户可以右击工作表标签执行“插入”命令，在弹出的“插入”对话框中的“常用”选项卡中选择“工作表”选项即可，如图 5－53 所示。

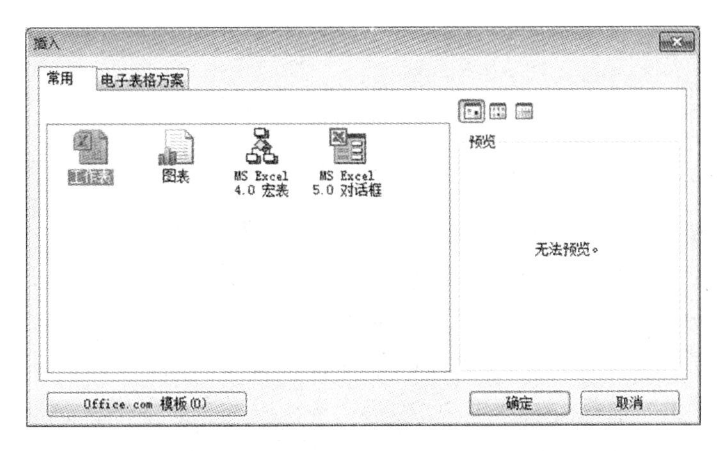

图 5－53　插入对话框

② 用户也可以单击工作表标签后的“插入工作表”按钮插入新工作表。

③ 用户可以选择“开始”选项卡→“单元格”→“插入工作表”也可插入新的工作表。

用户可以选择要删除的工作表，通过以下方法删除不需要的工作表。

① 执行“开始”选项卡→“单元格”→“删除”→“删除工作表”即可。

② 还可以在需要删除的工作表标签上右击，然后执行“删除”命令，即可将该工作表删除。

（4）单元格格式：Excel 2010 为用户提供了文本、数字、日期等多种数据格式，默认的数据显示格式是常规格式。用户可以根据需要设置数据的显示格式。

用户首先选择要设置格式的单元格或单元格区域，选择“开始”选项卡→“单元格”→“格式”按钮，在下拉列表中选择“设置单元格格式”选项，如图 5－54 所示。或者右击设置格式的单元格或单元格区域，在弹出的对话框中选择“设置单元格格式”选项，亦可以弹出“设置单元格格式”对话框。

选择“分类”列表中所需的选项，设置各类数据的显示格式。

用户也可以使用 Excel 2010 提供的“自定义”选项，来创建自己所需的特殊格式。用户还可以像在 Word 2010 中一样对单元格内容设置对齐方式、字体的格式化、边框线、单元格颜色等格式。

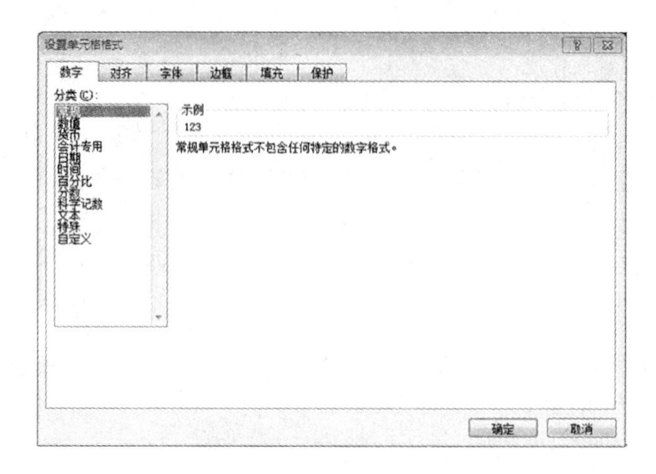

图 5－54　设置单元格格式对话框

(5) 使用条件格式：条件格式就是满足条件的单元格应用所设格式，不符合条件者则不被应用所设置的格式。一次最多可设置三个条件格式。这项功能十分有用，可以用不同格式区分数据，使数据更直观，突出显示满足条件的记录。

用户先选择需要筛选数据的单元格区域，然后执行“开始”选项卡→“样式”→“条件格式”命令，选择相应的选项即可，如图 5－55 所示。

当用户希望取消已经对单元格设置的条件格式时，执行“条件格式”→“清除规则”即可清除所有的条件格式。

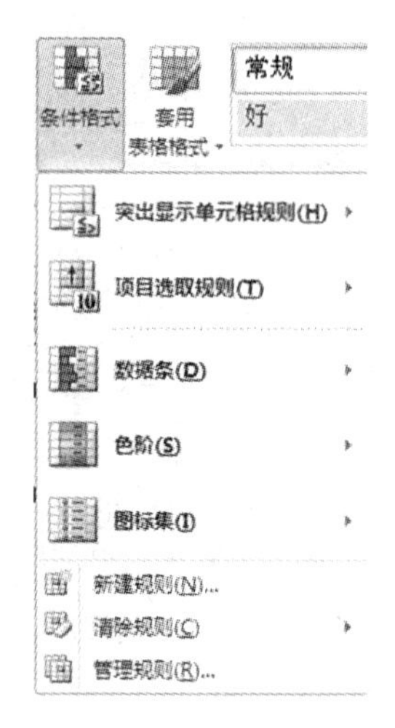

图 5－55　条件格式

六、公式与函数

在大型数据表中，计算统计工作是不可避免的，Excel 2010 的强大功能正是体现在计算上，通过在单元格中输入公式和函数，可以对表中数据进行总计、平均、汇总以及其他更为复杂的运算。从而避免用户手工计算的繁杂和错误，数据修改后公式的计算结果也自动更新则更是手工计算无法企及的。

1. 使用公式　运用公式可方便地对工作表、工作簿的数据进行统计和分析。公式是由运算符和参与计算的运算数组成的表达式。运算数可以是常量、单元格、数据区域及函数等，其中单元格、数据区域既可以是同一工作表、工作簿的，也可以是不同工作表、工作簿的。

(1) 运算符：Excel 中的公式最常用的是数学运算公式，此外它也可以进行一些关系运算、文字连接运算。它的特征是以“＝”开头，由常量、单元格引用、函数和运算符组成。一般在编辑栏输入。常用的运算符如表 5－7 所示。

表 5－7　常用运算符

运算符名称	表示形式
算术运算符	加（+）、减（-）、乘（*）、除（/）、百分号（%）和乘方（^）
关系运算符	= 、 > 、 < 、 > = 、 < =`< >
文字连接符	&（字符串连接）

引用运算符的功能是产生一个引用，主要用于合并或选择单元格区域。如表 5－8 所示。

表 5－8　引用运算符

运算符	含义	说明	示例
:（冒号）	区域引用	引用冒号前后两个单元格式之间的区域	B2：E4 B2 与 E4 之间的矩形单元格区域
,（逗号）	联合引用	多个单元格或单元格区域的联合引用	AVERAGE（B2：C4，E5） 括号中表示 B2 与 C4 之间单元格区域及 D5 单元格

（2）优先级：当多个运算符同时出现在公式中时，Excel 对运算符的优先级作了严格规定，算术运算符中从高到低分 3 个级别：百分号和乘方、乘除、加减。关系运算符优先级相同。在各类运算符中，在引用运算符之后以数学运算符优先级最高，文字运算符次之，最后是关系运算符。优先级相同时，按从左到右的顺序计算，如表 5－9 所示。

表 5－9　运算符优先级

运算符（优先级从高到低）	说明
:（冒号）	区域运算符
,（逗号）	联合运算符
（空格）	交叉运算符
—（负号）	负数
%（百分号）	百分比
^（幂运算符）	乘幂
*（乘）和 /（除）	乘和除
+（加）和 —（减）	加和减
&（文本连接符）	链接两个字符串
= 、 > 、 < 、 > = 、 < = 、 < >	比较运算符

（3）公式的出错提示：如果公式不能正确算出结果，系统将在公式单元格显示一个错误值。错误值的含义如表 5－10 所示。

表 5－10　公式错误值含义

错误值	含义
#####	输入或计算结果的数值太长，单元格容纳不下，需调整列宽

续表

错误值	含义
#VALUE!	使用了错误的参数或错误的数据类型
#DIV/0!	公式中除数为 0 或空单元格
#NAME?	公式中使用了不能识别的单元格名称
#N/A!	公式或函数中无法返回合法值，一般是函数参数使用不当
#REF!	单元格引用无效，如引用单元格被删除或引用不存在单元格
#NUM!	公式或函数中，某一数值有问题，一般是使用非法的函数参数
#NULL!	使用了不正确的单元格引用

2. 单元格的引用 单元格引用是指用一个引用位置可代表工作表中的一个单元格或一组单元格。引用位置用单元格的地址表示。

如公式“=D3*2+E3*0.18”中，D3 和 E3 就分别引用了工作表第 3 行中 D、E 列上的 2 个单元格数据。通过引用，可在一个公式中使用工作表中不同区域的数据，也可在不同公式中使用同一个单元格数据，甚至是相同或不同工作簿中不同工作表中的单元格数据及其他应用程序中的数据。

公式中常用单元格的引用来代替单元格的具体数据，好处是当公式中被引用单元格数据变化时，公式的计算结果会随之变化。同样，若修改了公式，与公式有关的单元格内容也随着变化。引用有 3 种：相对引用、绝对引用和混合引用。

（1）相对引用：引用单元格的相对地址，即用字母表示列，用数字表示行，例如“D3*2+E3*0.18”。它仅指出引用数据的相对位置。当把一个含有相对引用的公式复制到其他单元格位置时，公式中的单元格地址也随之改变．例如，计算“汤绍”的奖金 F5 时，采用将单元格 F3 复制后，粘贴到 F5 上，我们会看到有公式“=D5*2+E5*0.18”的计算结果显示在 F5 中，如图 5-56 所示。

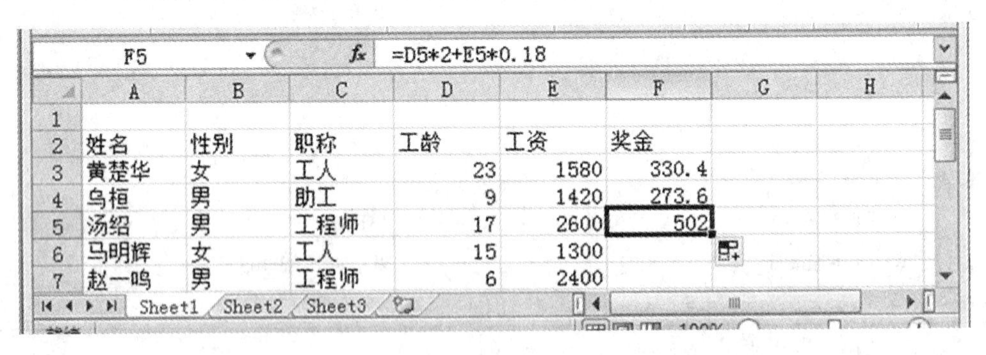

图 5-56 相对引用

（2）绝对引用：引用单元格的绝对地址，即在列标和行号前分别加上“$”（如：$B$4），这样在公式的复制、移动或填充时，绝对地址不会随着公式位置的变化而改变。例如，计算“汤绍”的奖 F5 时，采用将单元格 F3 复制后，粘贴到 F5 上，我们会看到有公式“=$D$3*2+$E$3*0.18”的计算结果显示在 F5 中，公式保持不变，如图 5-57 所示。

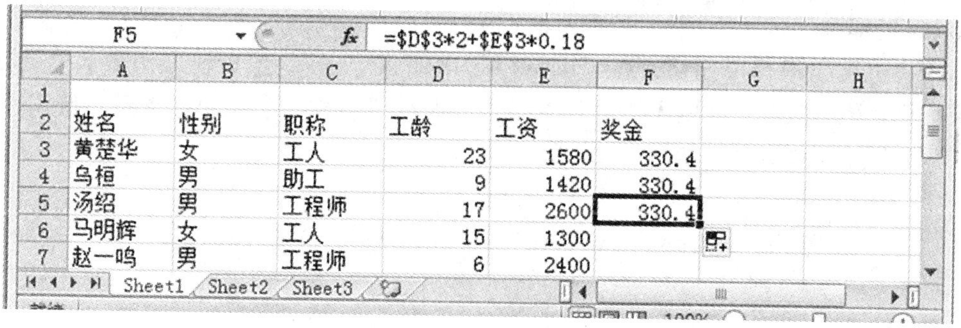

F5 =$D$3*2+$E$3*0.18

	A	B	C	D	E	F	G	H
1								
2	姓名	性别	职称	工龄	工资	奖金		
3	黄楚华	女	工人	23	1580	330.4		
4	乌桓	男	助工	9	1420	330.4		
5	汤绍	男	工程师	17	2600	330.4		
6	马明辉	女	工人	15	1300			
7	赵一鸣	男	工程师	6	2400			

Sheet1 Sheet2 Sheet3

图 5－57 绝对引用

（3）混合引用：在行列的引用中，一个用相对引用，另一个用绝对引用，例如，“$E10（绝对引用列，相对引用行）或 B$6（相对引用列，绝对引用行）”。公式中相对引用部分随公式复制到其他的单元格而变化，绝对引用部分不随公式复制到其他的单元格而变化。例如，计算“汤绍”的奖 F5 时，采用将单元格 F3 复制后，粘贴到 F5 上，我们会看到有公式“=D$3*2+E5*0.18”的计算结果显示在 F5 中，其中 D$3 为混合引用，如图 5－58 所示。

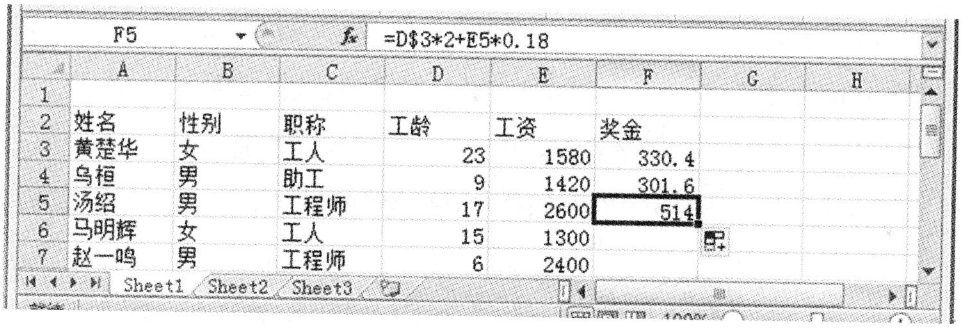

F5 =D$3*2+E5*0.18

	A	B	C	D	E	F	G	H
1								
2	姓名	性别	职称	工龄	工资	奖金		
3	黄楚华	女	工人	23	1580	330.4		
4	乌桓	男	助工	9	1420	301.6		
5	汤绍	男	工程师	17	2600	514		
6	马明辉	女	工人	15	1300			
7	赵一鸣	男	工程师	6	2400			

Sheet1 Sheet2 Sheet3

图 5－58 混合引用

3. 函数简介 一些复杂的运算如果由用户自己来设计公式计算将会很麻烦，有些甚至无法做到（如开平方）。Excel 2010 提供了许多内置函数，为用户对数据进行运算和分析带来极大方便。这些函数涵盖范围包括：财务、日期与时间、数学与三角函数、统计、查找与引用、数据库、文本、逻辑、信息等。

函数由函数名和参数组成，具体格式为：

函数名（参数 1，参数 2，……）

其中，函数的参数可以是具体的数值、字符、逻辑值，也可以是表达式、单元格地址。

（1）函数的输入：函数名后必需有括号，参数在括号内，对于无参数函数要保留括号，例如：随机函数 RAND（）是一个无参数函数，但括号需要保留不可省略。

函数的输入可以通过直接输入、使用“插入函数”对话框和使用“函数库”选项组三种方式输入。

① 直接输入：双击需输入函数的单元格，然后输入“=”，再输入函数名与参数，

按 Enter 键即可。

用户也可先选择单元格，在“编辑栏”中输入“=”，然后输入函数名与参数。在编辑栏输入函数时，在输入“=”以后，可以在“名称框”处单击下三角按钮，在下拉列表框中选择函数，如图 5－59 所示。

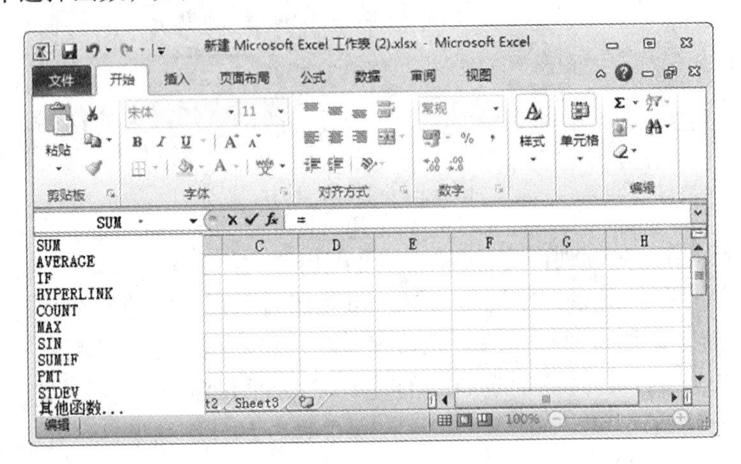

图 5－59　选择函数

② 使用“插入函数”对话框：用户可执行“公式”→“函数库”→“插入函数”命令，在弹出的如图 5－60 所示的“插入函数”对话框中选择函数。

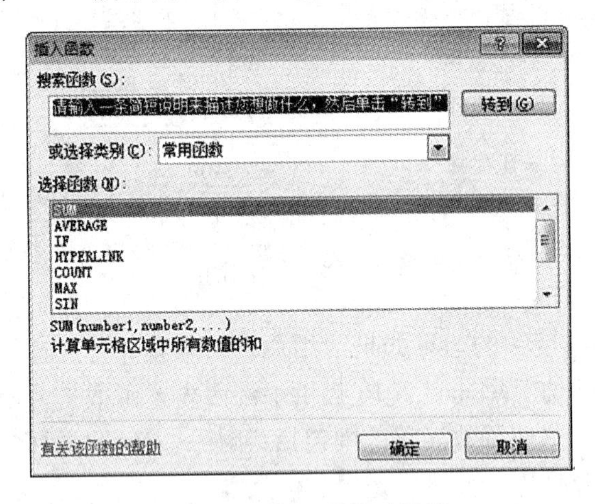

图 5－60　插入函数对话框

在“插入函数”对话框中的“选择函数”列表中选择相应的函数，单击“确定”按钮，在弹出的如图 5－61 所示的“函数参数”对话框中输入参数或单击“选择数据”按钮选择参数即可。

③ 使用“函数库”选项组：用户可以直接执行“公式”选项卡→“函数库”选项组中的各类命令，选择相应的函数，在弹出的“函数参数”对话框中输入参数即可，如图 5－62 所示。

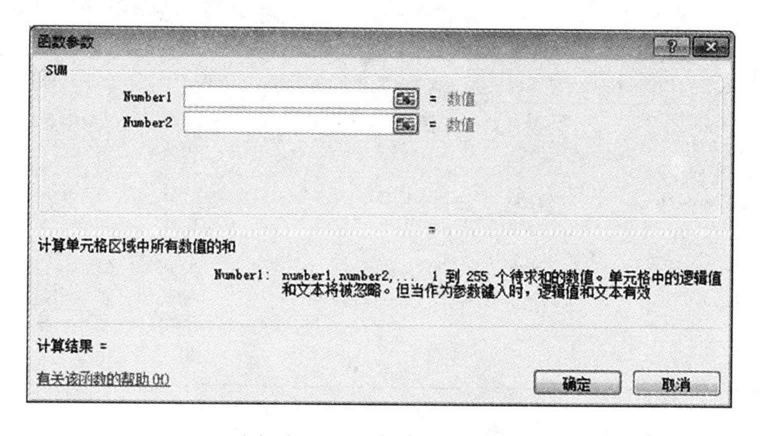

图 5－61　函数参数对话框

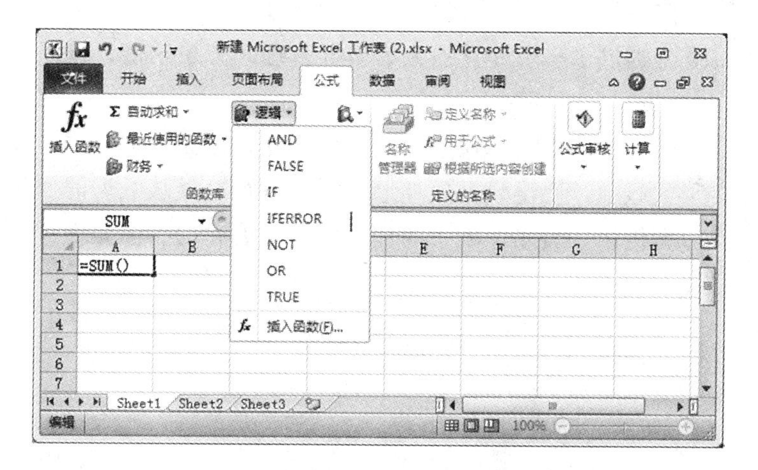

图 5－62　函数库

（2）常用函数：用户在处理数据时经常会使用一些函数进行计算，例如，求和函数 SUM、求平均值函数 AVERAGE、求最大值函数 MAX、求最小值函数 MIN 等。在工作中经常使用的函数如表 5－11 所示。

表 5－11　常用函数

Excel 函数名	意义	举例	功能
SUM（Number1，Number2，…）	求和	＝SUM（B2：E5）	计算 B2：E5 中数据的和
AVERAGE（Number1，Number2，…）	求平均数	＝AVERAGE（B2：E5）	计算 B2：E5 中数据的平均值
MAX（Number1，Number2，…）	求最大值	＝MAX（B2：E5）	计算 B2：E5 中数据的最大值
MIN（Number1，Number2，…）	求最小值	＝MIN（B2：E5）	计算 B2：E5 中数据的最小值
RANK（Number，ref，order）	排序	＝RANK（G3，$G$3：$G$7，0）注意中间一项须绝对引用	G3 中数据在区域 G3：G7 中的排序位置，相同值排序结果相同；order＝0 排降序，order＝1 排升序。

续表

Excel 函数名	意义	举例	功能
COUNT（value1，value2，…）	计数	=COUNT（B2：E5）	计算 B2：E5 中包含数据单元格的个数
COUNTIF（range，criteria）	条件计数	= COUNTIF（B2：E5，"<60"）	计算 B2：E5 中小于 60 的单元格个数
IF（logical_ test，value_ if_ true，value_ if false）	条件判断	= IF（G3 > = 60，"合格"，"不合格"）	判断 G3 单元格的值是否满足≥60 的条件，如果满足在当前单元格中输出"合格"，否则如果不满足输出"不合格"

七、数据管理与分析

在 Excel 2010 中提供了实用并且强大的数据管理和分析功能，可以完成很多复杂的工作。

1. 数据图表 Excel 2010 除了强大的计算功能外，也提供了将数据或统计结果以各种统计图表的形式显示，使得数据更加形象，更直观地反映数据的变化规律和发展趋势，作为决策分析使用。当工作表中的数据源发生变化时，图表中对应项的数据也自动更新，如图 5－63 所示。

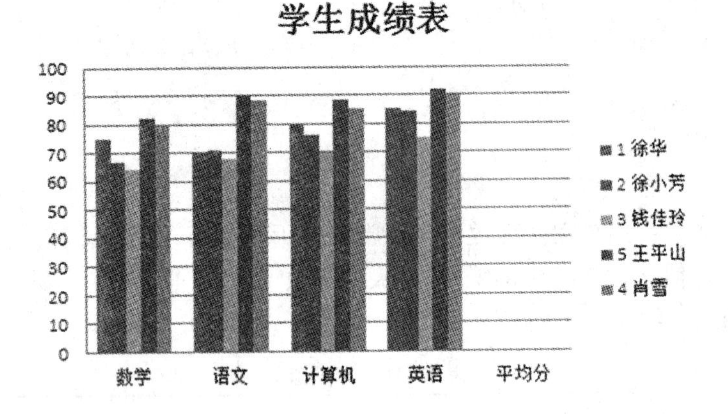

图 5－63 图表

（1）图表的创建：Excel 2010 中的图表类型有 11 种，有二维图表和三维图表，每一类又有若干种子类型。用户可以通过以下 3 种方法在工作表中创建新图表。

① 使用"图表"选项组：用户先选择要创建图表的单元格区域，选择"插入"选项卡→"图表"选项组中单击相应的图表类型下拉按钮，选择需要的图表样式即可。如图 5－64 所示。

② 使用"插入图表"对话框：用户先选择要创建图表的单元格区域，选择"插入"选项卡→"图表"→"对话框启动器"命令，在弹出的"插入图表"对话框中选择相应的图表类型即可，如图 5－65 所示。

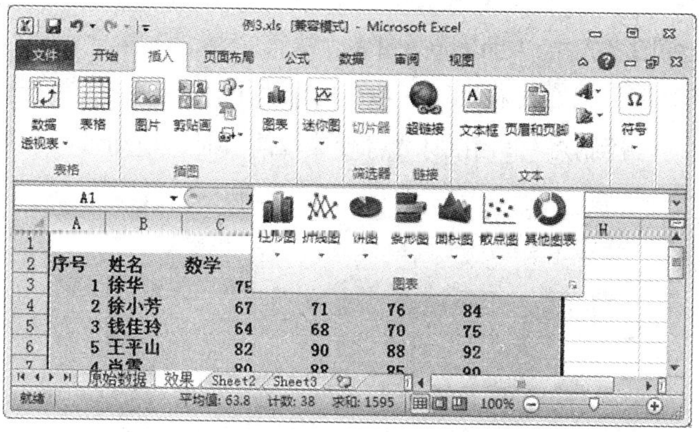

图 5－64　使用“图表”选项组

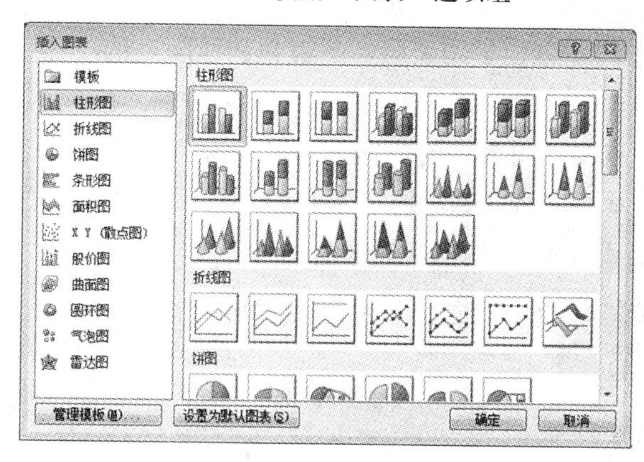

图 5－65　插入图表对话框

③ 使用组合键：如果用户想建立一个基于默认图表类型的图表，可以使用 Alt + F1 组合键来建立嵌入式图表，或使用 F11 键来建立图表工作表。

（2）图表的编辑：图表编辑是指更改图表类型以及对图表中各个对象的编辑，包括数据的增加、删除等。

当用户创建或选择图表后，在功能区会多出“图表工具”选项，包括“设计”、“布局”、“格式”三个选项卡。

① 调整图表：Excel 2010 中的图表默认为嵌入式图表，用户可以执行“图表工具”→“设计”→“位置”→“移动图表”命令，在弹出的如图 5－66 所示的“移动图表”对话框中重新选择图表所放位置。

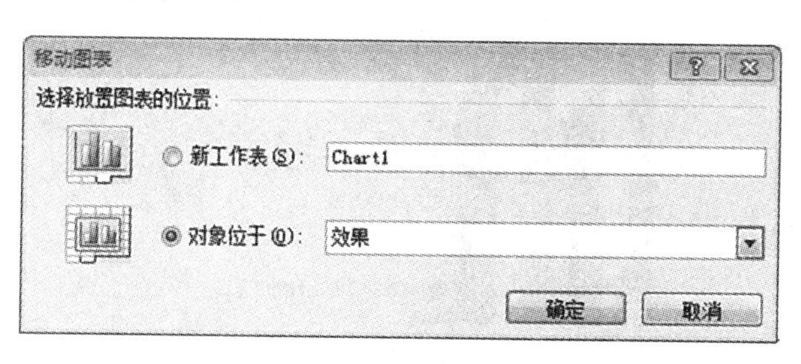

图 5－66　移动图表”对话框

用户如果想改变图表大小，可以选择图表，执行“格式”→“大小”选项组中的“形状高度”与“形状宽度”命令，在如图 5-67 所示的文本框中输入数值即可。也可以将鼠标置于图表边界上的“控制点”，当鼠标光标变成双箭头时，拖动鼠标来调节图表大小。

图 5-67　改变图表大小

② 图表数据的编辑：创建了图表后，图表和创建图表的工作表的数据源之间就建立了联系，如果工作表中的数据源发生变化，则图表中的对应数据会自动更新。

用户如果想添加或删除图表中的数据，可以右击图表执行“选择数据”命令，在弹出的如图 5-68 所示的“选择数据源”对话框中，单击“图表数据区域”文本框后面的“折叠”按钮，重新选择数据区域即可。

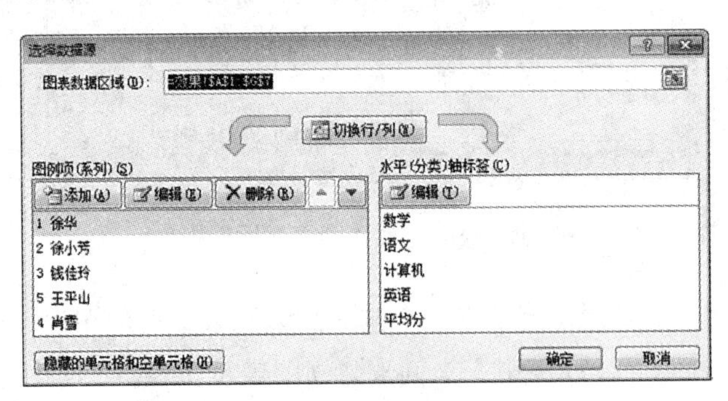

图 5-68　选择数据源”对话框

③图表文字的编辑：用户如果想更改图表标题的文字，可以将光标定位于标题文字，按 Delete 键删除原有标题再输入新标题即可。也可以右击标题执行“编辑文本”命令，按 Delete 键删除原有标题再输入新标题，如图 5-69 所示。

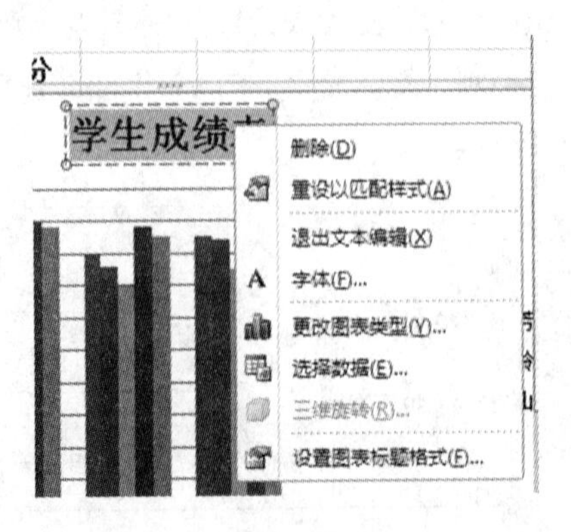

图 5-69　更改标题的文字

用户如果想切换水平轴与图例文字，可以执行“设计”→“数据”→“切换行列”命令即可将水平轴与图例文字进行切换，如图5－70所示。

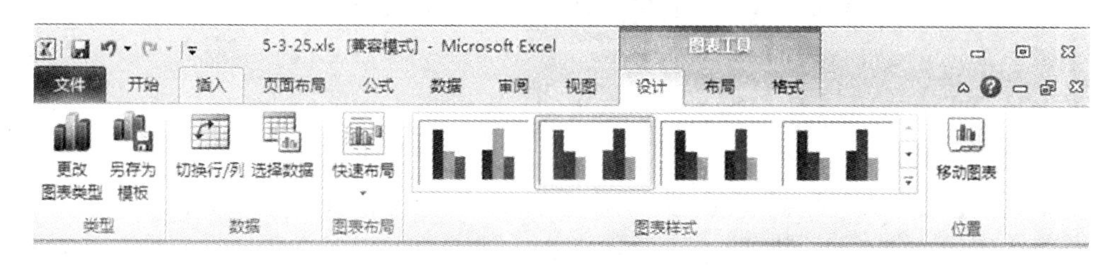

图5－70　切换水平轴与图例文字

④ 图表类型的设置：用户可以根据需要更改图表类型。选择图表，执行“插入”选项卡“图表”选项组中的图标类型命令即可。也可以执行“图表工具”→“设计”→“类型”→“更改图表类型”命令，在弹出的如图5－71所示的“更改图表类型”对话框中选择相应的图表类型。

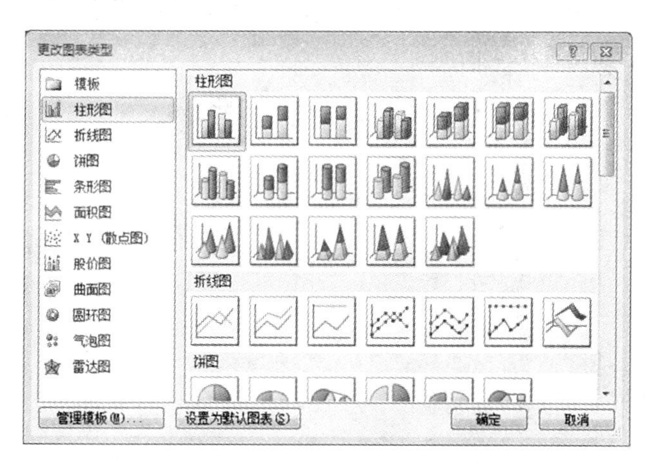

图5－71　更改图表类型”对话框

⑤ 图表区格式的设置：用户可以右击图表区域，执行“设置图表区格式”命令，在弹出的如图5－72所示的“设置图表区格式”对话框中设置各项选项即可。

⑥ 标题格式的设置：用户可以对图表标题的边框、底纹等进行格式设置。选择图表，右击执行“设置图表标题格式”命令，或执行“布局”→“标签”→“图表标题”命令，选择“其他标题选项”，在弹出的如图5－73所示的“设置图表标题格式”对话框中设置标题格式。

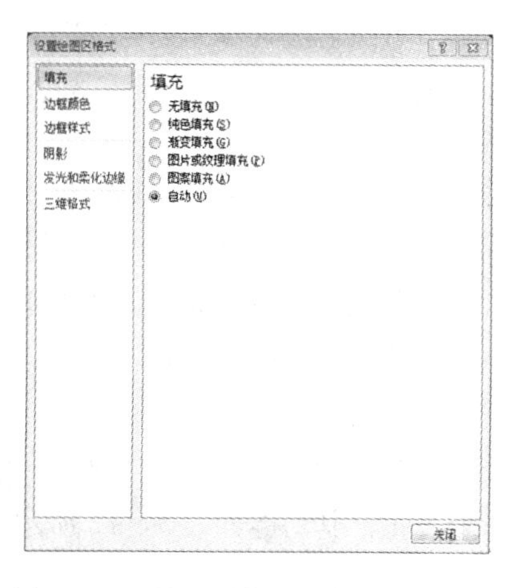

图5－72　设置图表区格式”对话框

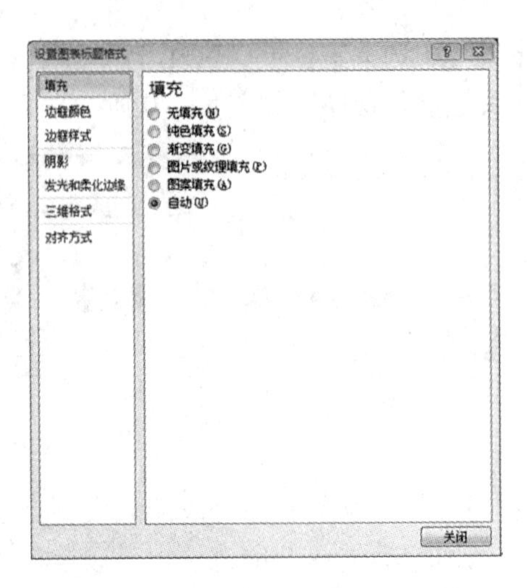

图 5－73　设置图表标题格式对话框

⑦ 图例格式的设置：用户可以选择图例，在“设置图例格式”对话框中选择“图例”选项卡即可，如图 5－74 所示。

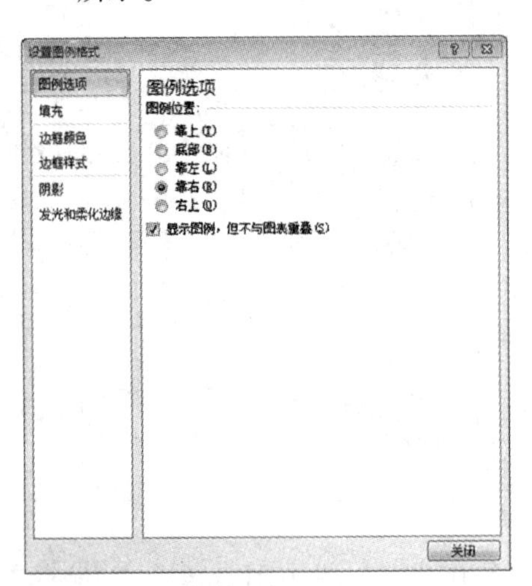

图 5－74　设置图例格式”对话框

2. 数据分析　Excel 2010 不仅具有简单数据计算处理的能力，还具有数据库管理的一些功能，它可对数据进行排序、筛选、分类汇总等操作，充分发挥了 Excel 2010 在表格处理方面的优势，可以很方便地管理和分析数据。

（1）数据排序：Excel 2010 可以根据一列或多列的数据按升序或降序对文本、数值、时间等数据进行排序。

在“数据”选项卡“排序和筛选”中，提供了“升序”、“降序”和“排序”三个按钮，其功能如表 5－12 所示。

表 5－12　排序按钮名称及功能

名称	功能
升序	按字母表顺序、数据由大到小、日期由前到后
降序	按反向字母表顺序、数据由小到大、日期由后向前
排序	根据多个条件对数据排序

另外，在“开始”选项卡→“编辑”→“排序和筛选”下拉列表中提供了“升序”、“降序”和“自定义排序”，如图 5－75 所示。

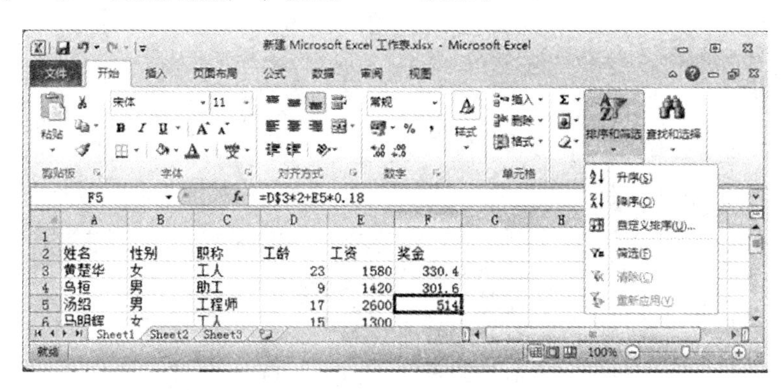

图 5－75　排序

在 Excel 2010 中我们可以对数据进行简单排序或者自定义排序。

简单排序是指对单一字段按升序或降序排列，运用“排序和筛选”选项组中的“升序”与“降序”命令，对数据进行升序或降序排列。对英文字母按字母次序（默认大小写不区分）、汉字可按笔画或拼音排序等排列次序。

用户还可以根据需要进行自定义排序。选择数据区域，执行“数据”→“排序和筛选”→“排序”命令，在弹出的如图 5－76 所示“排序”对话框中设置排序关键字即可。

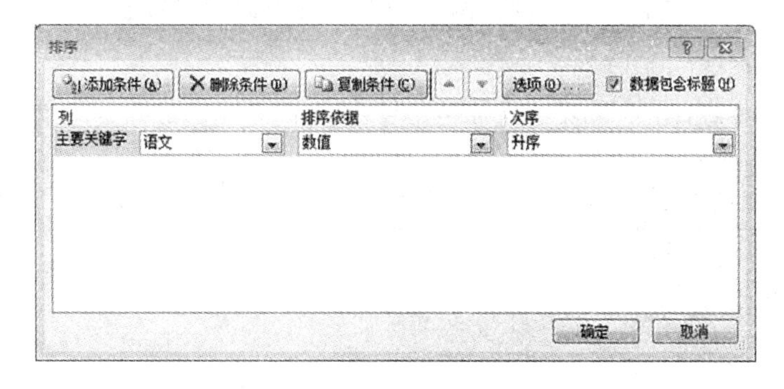

图 5－76　排序对话框

（2）数据筛选：数据筛选就是根据指定的条件对数据进行检索，是对数据记录进行快速查找的常用方法。经过筛选，将满足条件的数据显示出来，不满足条件的数据隐藏起来（注意数据没有被删除），当筛选条件被删除，隐藏的数据又恢复显示。

筛选有两种方式：自动筛选和高级筛选。自动筛选对单个字段建立筛选，多字段之间的筛选是逻辑与的关系，操作简便，能满足大部分人的要求；高级筛选对复杂条件建立筛选，要建立条件区域。

① 自动筛选：自动筛选是一种简单快速的条件筛选。用户在数据区域的任意单元格单击，选择“数据”选项卡→“排序和筛选”→“ 筛选”命令，即可启动筛选。此时在每个列标题的右侧出现一个下拉按钮，单击这个按钮选择筛选条件就可实现筛选，如图 5 – 77 所示。

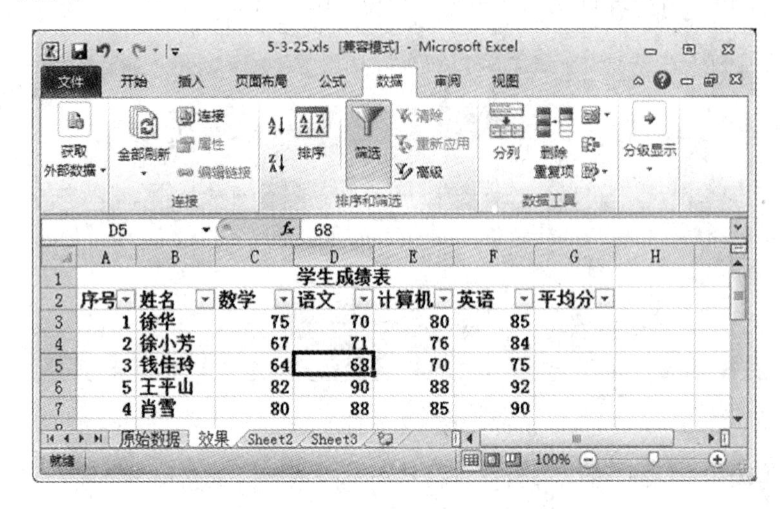

图 5 – 77　自动筛选

② 自定义筛选：在启动筛选后，可以启用“自定义自动筛选方式”对话框，设置筛选条件，进行特殊要求的筛选操作。大致分为文本筛选、数值筛选和日期筛选三类。如果用户在文本字段下拉列表中启用“文本筛选”级联菜单中的七种文本筛选条件。当用户执行“自定义筛选”命令时，弹出“自定义自动筛选方式”对话框，如图 5 – 78 所示。在该对话框中最多可以设置两个筛选条件，以后可以自定义等于、大于、小于等十二种筛选条件。

图 5 – 78　自定义自动筛选方式对话框

③ 高级筛选：利用自动筛选对各字段的筛选是逻辑与的关系，即同时满足各个条件。但若要实现逻辑或的关系，则必须借助于高级筛选。

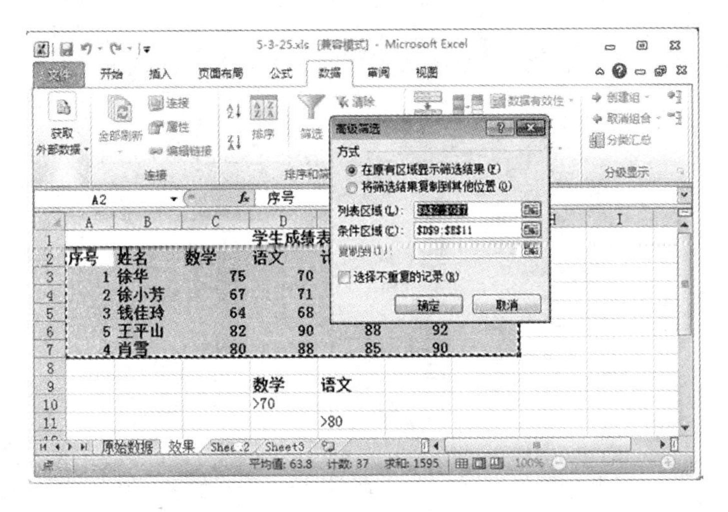

图5－79 高级筛选

使用高级筛选除了数据区域外，还可以在数据清单以外的任何位置建立条件区域，条件区域至少是两行，第一行必须是与数据相应字段精确匹配的字段。进行判断的具体条件放在字段名下方的单元格，同一行上的条件关系为逻辑与，不同行之间为逻辑或。筛选的结果可以在原数据位置显示，也可以在原数据以外的位置。

用户执行“排序和筛选”→“ 高级”命令，在弹出的如图5－79所示的“高级筛选”对话框中可以设置筛选参数，单击确定按钮可以获得筛选结果。

如果用户要清除筛选操作，可以执行“排序和筛选”→“ 清除”命令来完成。

（3）分类汇总：分类汇总就是对数据按某个字段进行分类，将字段值相同的连续记录作为一类，进行求和、平均、计数等汇总运算；针对同一个分类字段，可进行多种汇总。分类汇总的前提是，必须对要分类的字段进行排序，即先排序后分类。在分类汇总时要区分清楚对哪个字段分类、对哪些字段汇总以及汇总的方式。

① 简单分类汇总：对数据的一个字段仅做一种方式的汇总，称为简单分类汇总。在创建分类汇总之前，首先要对数据进行排序，使数据中关键字相同的数据集中在一起。然后选择数据区域中的任意单元格，执行“数据”→“分级显示”→“分类汇总”命令，在弹出的如图5－80所示的“分类汇总”对话框中设置各项选项即可。

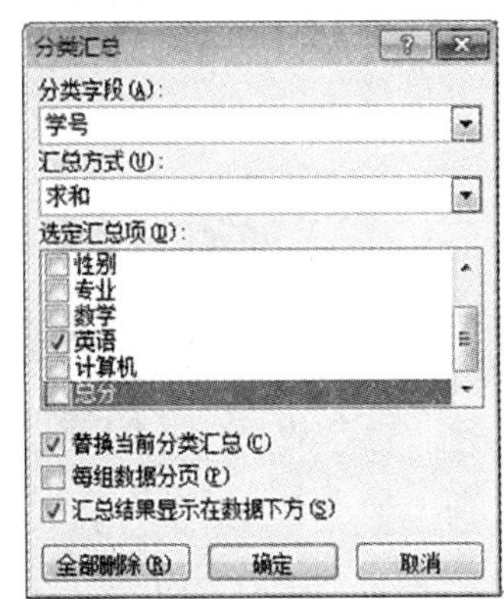

图5－80 分类汇总”对话框

例如，求各专业学生的各门课程的平均成绩。根据分类汇总要求，是对专业分类，对各门课程进行汇总，汇总方式是求平均值。操作如下：

首先对专业字段进行排序，然后选择“数据”菜单“分类汇总”命令，在对话框进行相应的选择，分类汇总后的结果如图5－81所示。

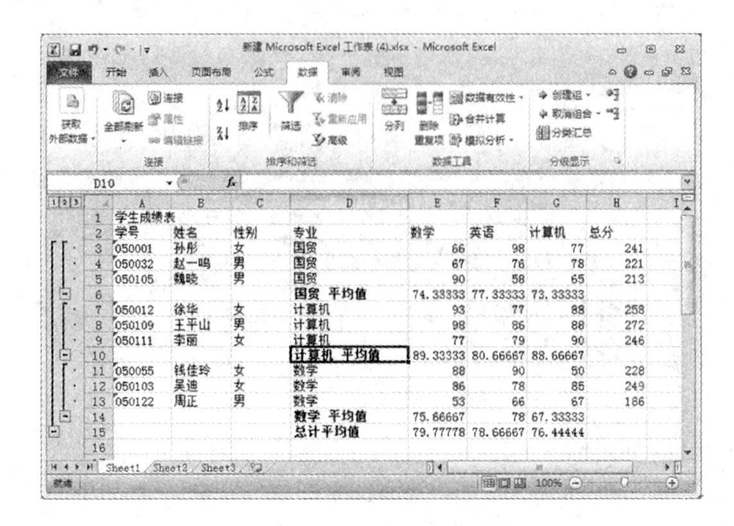

学生成绩表							
学号	姓名	性别	专业	数学	英语	计算机	总分
050001	孙彤	女	国贸	66	98	77	241
050032	赵一鸣	男	国贸	67	76	78	221
050105	魏晓	男	国贸	90	58	65	213
			国贸 平均值	74.33333	77.33333	73.33333	
050012	徐华	女	计算机	93	77	88	258
050109	王平山	男	计算机	98	86	88	272
050111	李丽	女	计算机	77	79	90	246
			计算机 平均值	89.33333	80.66667	88.66667	
050055	钱佳玲	女	数学	88	90	50	228
050103	吴迪	女	数学	86	78	85	249
050122	周正	男	数学	53	66	67	186
			数学 平均值	75.66667	78	67.33333	
			总计平均值	79.77778	78.66667	76.44444	

图 5－81 分类汇总结果

② 嵌套分类汇总：对同一字段进行多种方式的汇总，称为嵌套分类汇总。首先要对数据进行排序，执行“数据”→“分级显示”→“分类汇总”命令，在弹出的“分类汇总”对话框中设置各项选项，单击“确定”按钮即可。

然后再次执行“分类汇总”命令，在弹出的“分类汇总”对话框中取消上次分类汇总的“选定汇总项”选项组中的选项，重新设置“分类字段”、“汇总方式”与“选定汇总”选项，并取消选中“替换当前分类汇总”选项，单击“确定”按钮即可。

例如上例在求各专业学生的各门课程的平均成绩基础上，还要统计各专业的人数，则可分两次进行分类汇总，本例先求平均分，再统计人数，这时在“分类汇总”对话框内对“替换当前分类汇总”的复选框不能选中，结果如图 5－82 所示。

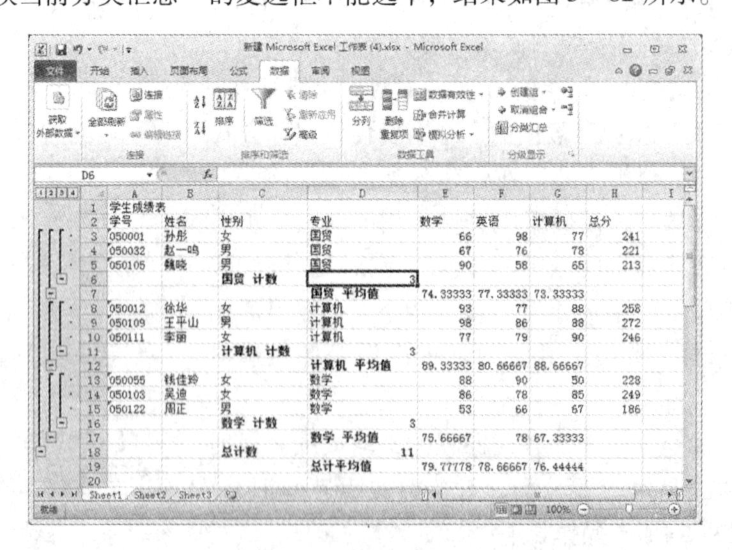

学生成绩表							
学号	姓名	性别	专业	数学	英语	计算机	总分
050001	孙彤	女	国贸	66	98	77	241
050032	赵一鸣	男	国贸	67	76	78	221
050105	魏晓	男	国贸	90	58	65	213
		国贸 计数	3				
			国贸 平均值	74.33333	77.33333	73.33333	
050012	徐华	女	计算机	93	77	88	258
050109	王平山	男	计算机	98	86	88	272
050111	李丽	女	计算机	77	79	90	246
		计算机 计数	3				
			计算机 平均值	89.33333	80.66667	88.66667	
050055	钱佳玲	女	数学	88	90	50	228
050103	吴迪	女	数学	86	78	85	249
050122	周正	男	数学	53	66	67	186
		数学 计数	3				
			数学 平均值	75.66667	78	67.33333	
		总计数	11				
			总计平均值	79.77778	78.66667	76.44444	

图 5－82 嵌套分类汇总

如果用户要清除分类汇总操作，可以执行“分组显示”→“ 分类汇总”按钮，在弹出的“分类汇总”对话框下方选择“全部删除”即可清除分类汇总。

第四节 演示文稿 PowerPoint 2010

PowerPoint 2010 是微软公司最新发布的 Office 2010 办公软件的重要组件，可以用于设计制作多媒体课件、学生答辩、学术交流、产品展示、各种会议报告等演示文稿，使用 PowerPoint 可以方便、灵活地创建包含文字、图形、图像、动画、声音、视频等多媒体组成的演示文稿，并通过计算机屏幕或投影仪等设备进行演示，使信息的传播过程变得丰富多彩。

一、PowerPoint 2010 概述

1. PowerPoint 2010 界面介绍 单击“开始”按钮，选择“所有程序”→Microsoft Office→Microsoft Office PowerPoint 2010。

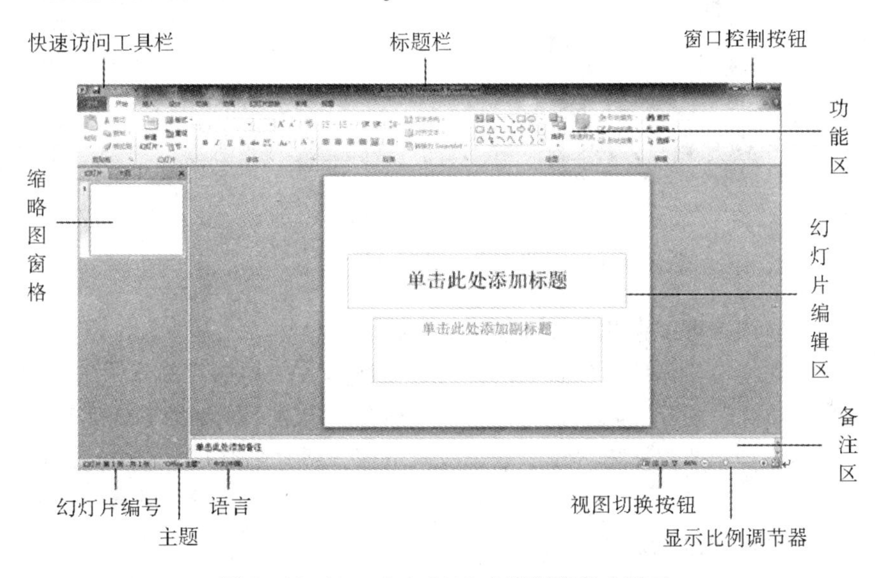

图 5 - 83 PowerPoint2010 应用程序启动界面

PowerPoint 2010 的工作界面如图 5 - 83 所示，它与 Word、Excel 有一些相似之处，其组成部分及功能如下所述。

（1）标题栏：标题栏位于窗口最上方正中间，用于显示文档的名称和软件名。

（2）窗口控制按钮：与普通文件窗口类似，最右端有“最小化”、“最大化/还原”和“关闭”3 个按钮。

（3）快速访问工具栏：与 Word、Excel 类似，快速访问工具栏一般位于窗口的左上角，通常有“保存”、“撤销”，单击右边的下三角按钮，在下拉列表中可以根据需求添加或删除常用命令按钮。最左边红色图标为窗口控制按钮。

（4）功能区与选项卡：与 Word、Excel 类似，功能区上方是“文件”、“开始”、“插入”等选项卡，单击不同选项卡功能区将展示不同功能按钮。有时为了扩大幻灯片的编辑区域，可使用功能区右上方的上/下箭头标志的按钮，展开或关闭功能区。

（5）幻灯片编辑区：幻灯片编辑区又称“工作区”，是 PowerPoint 主要的工作区域，在此区域可以对幻灯片进行各种编辑，如添加文字、图形、声音、影片等等。

（6）缩略图窗格：缩略图窗格显示了幻灯片的排列结构，每张幻灯片前会显示对应编号，常在此区域编排幻灯片顺序。

该窗格有两个选项卡，“大纲”和“幻灯片”。单击“幻灯片”选项卡，显示幻灯片缩略图，如图 5－84 所示；单击“大纲”选项卡，仅显示各张幻灯片的文本内容，如图 5－85 所示，可以在此区域对文本进行编辑。

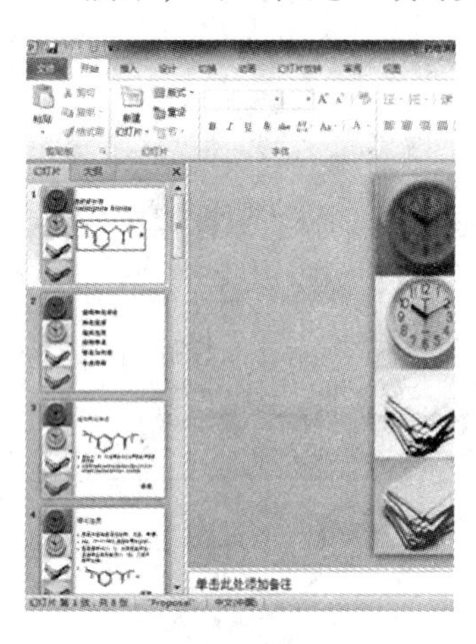

图 5－84 缩略图窗格

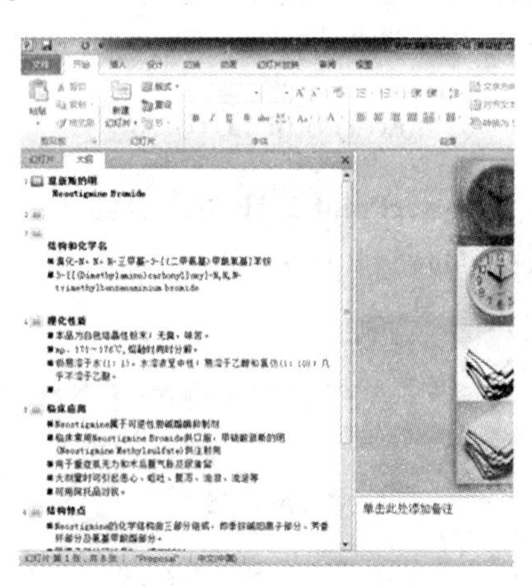

图 5－85 大纲窗格

（7）备注窗格：可以在此区域添加幻灯片备注信息。

（8）视图切换按钮：从左到右依次是“普通视图”、“幻灯片浏览视图”、“阅读视图”、“幻灯片放映”按钮，可以通过单击不同的按钮实现不同视图方式的切换。

（9）显示比例调节器：通过拉动滑块或单击加、减按钮来调节编辑区幻灯片大小。还可通过单击右边“使幻灯片适应当前窗口”按钮来自动设置幻灯片的最佳比例。

2. PowerPoint 2010 的视图方式

PowerPoint 2010 视图包括普通视图、幻灯片浏览视图、阅读视图、幻灯片放映视图及备注页视图 5 种主要方式，用户可以在操作界面下方状态栏中找到前 4 种方式，在“视图”选项卡的“演示文稿视图”选项组中找到这 5 种方式。

（1）普通视图：普通视图是制作演示文稿时的默认视图，也是主要的编辑视图。在这个视图中包括“大纲”和“幻灯片”两个选项卡，可用于编辑文本信息或设计演示文稿。用户可以通过单击界面下方状态栏中“普通视图”按钮或“视图”→“演示文稿视图”→“普通视图”命令，切换到该视图。

（2）幻灯片浏览视图：幻灯片浏览视图是以缩略图形式显示幻灯片内容的一种视图方式，方便用户对整张幻灯片进行编辑，如复制、删除、移动等。用户可以通过单击界面下方状态栏中的按钮或“视图”→“演示文稿视图”→“幻灯片浏览视图”命令，切换到该视图，如图5－86 所示。

（3）阅读视图：阅读视图是将演示文稿作为适应窗口大小的幻灯片放映查看。用户可以通过单击界面下方状态栏中的按钮或“视图”→“演示文稿视图”→“阅读视图”命令，切换到该视图。

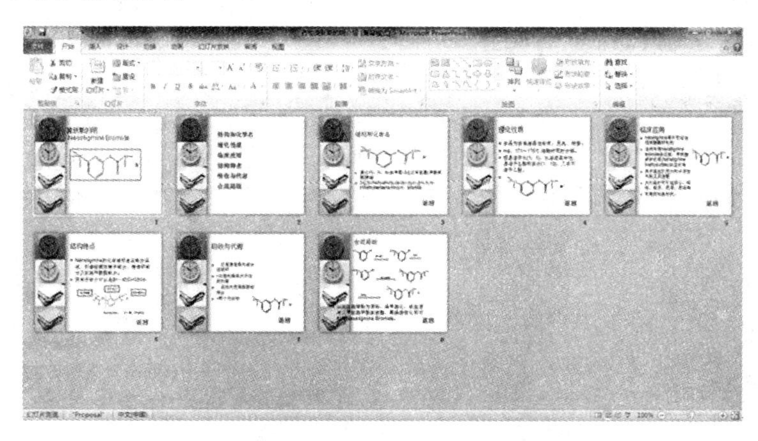

图5-86　幻灯片浏览视图

（4）幻灯片放映视图：单击界面下方状态栏中的按钮或“视图”→“演示文稿视图”→“幻灯片放映视图”命令，切换到该视图。在该视图中用户可以看到演示文稿的所有制作效果，如声音、动画、计时、影片和切换效果等。放映过程中按“ESC”键结束放映。

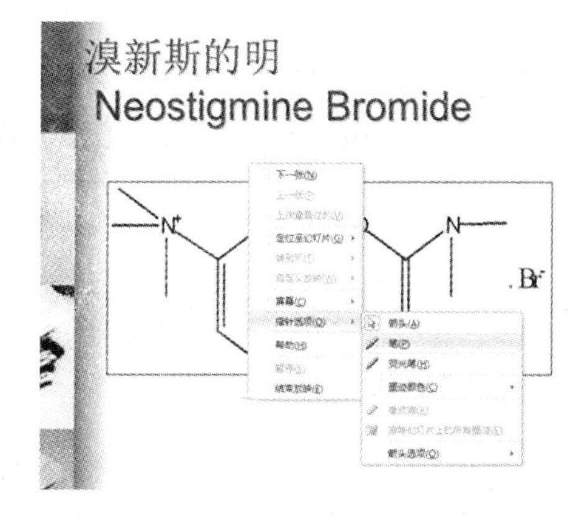

图5-87　幻灯片放映视图下使用“绘画笔”

在幻灯片放映时右击鼠标，在弹出的快捷菜单中选择“指针选项”→“笔”命令，如图5-87所示。指针切换成“绘图笔”形式，这时按住鼠标左键便可在屏幕上写字、做标记。还可在快捷菜单中设置墨迹颜色、也可用“橡皮擦”命令擦除标记。

（5）备注页视图：只可以执行“视图”→“演示文稿视图”→“备注页视图”命令，切换到该视图，如图5-88所示。用户可以在“备注窗格”中输入备注内容。

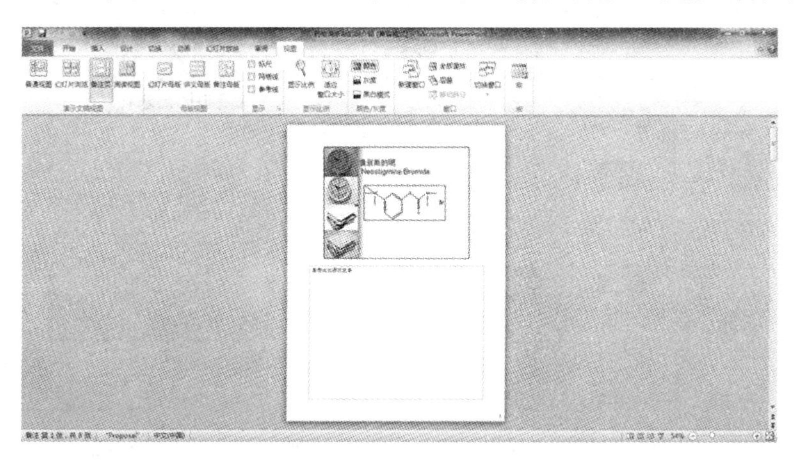

图5-88　备注页视图

二、演示文稿的创建与编辑

1. 创建演示文稿

（1）创建空白演示文稿：启动 PowerPoint 后，系统默认创建一个“主、副标题”版式的演示文稿，或在“文件”选项卡中单击“新建”命令，也会创建一个同样的演示文稿，如图 5－89 所示。创建空白演示文稿的快捷键是 Ctrl＋N。

空白演示文稿是界面中最简单的一种演示文稿，没有背景图片和内容、没有任何效果等，只有版式，给予用户最大的自由发挥空间。

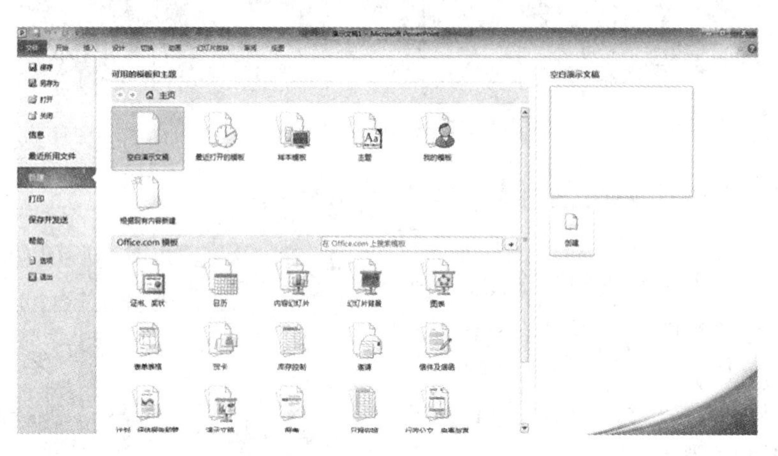

图 5－89　新建演示文稿

（2）根据模板创建演示文稿：PowerPoint 2010 为用户提供了多种演示文稿模板，可根据模板来创建演示文稿。方法有三种：

①“文件”选项卡中单击“新建”命令，在列表中选择“样本模板”图标。然后，在弹出的“样本模板”列表中选择相应的模板即可，如图 5－90 所示。

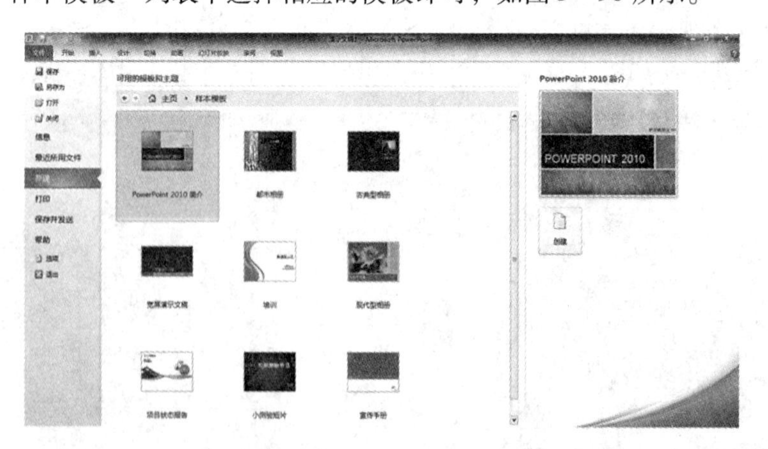

图 5－90　选择应用模块

② 首先把已经编辑好的演示文稿保存为模板，然后在“可用的模板和主题”列表

中选择“我的模板”图标，在弹出的对话框中选择相应的选项即可。

③ 用户还可以通过下载网站中的模板来创建新的演示文稿，在“文件”→“新建”→“Office. com”中进行下载，如图 5－89。

（3）其他创建方法：PowerPoint 2010 还可以在“可用的模板和主题”列表中选择“主题”图标或“根据现有的内容新建”图标，来创建演示文稿，如图 5－91 所示。

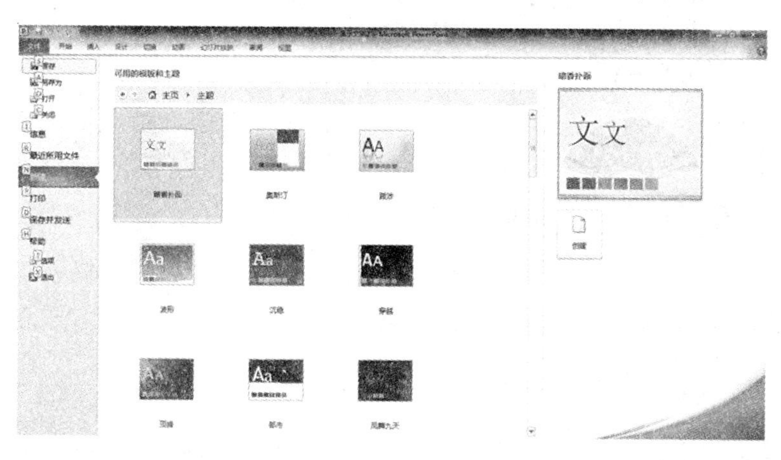

图 5－91 可用的模板和主题

2. 保存演示文稿 PowerPoint 的保存与 Word 和 Excel 一样，对于新建的演示文稿首次保存时，单击“保存”按钮，弹出“另存为”对话框，如图 5－92 所示。若保存后，再次单击“保存”按钮，不再弹出“另存为”对话框，将以第一次保存的位置和名称进行保存，如要改变保存的位置和名称时，单击“另存为”对话框。PowerPoint 2010 默认的保存类型为“PowerPoint 演示文稿”，其扩展名为“. pptx”。

图 5－92 另存为对话框

3. 编辑演示文稿 使用 PowerPoint 编辑演示文稿时，需要根据需求新建、复制、移动或删除幻灯片。

（1）新建幻灯片：新建幻灯片有以下几种方法：

① 在"开始"选项卡中单击"新建幻灯片"图标按钮，可以新建一张默认板式的幻灯片；还可以单击"新建幻灯片"命令，选择一种板式新建一张幻灯片，如图5-93所示。

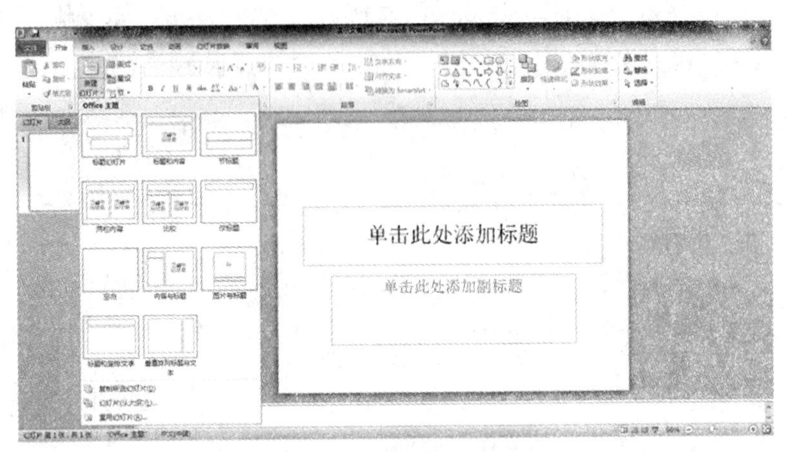

图5-93 新建幻灯片

② 在缩略图窗格中选择一张幻灯片，右击鼠标，执行"新建幻灯片"命令，即可在选择的幻灯片之前新建一张新的幻灯片。用户还可以选择一张幻灯片后按键盘上的Enter键，即可新建一张新幻灯片。

③ 新建幻灯片的快捷键是Ctrl+M。

（2）复制和移动幻灯片：建立新的幻灯片时，为了保持同一风格或板式，可以运用复制和粘贴来实现。复制幻灯片的方法有：

① 选择想要复制的幻灯片，在"开始"选项卡"剪贴板"中单击"复制"命令右边的下三角按钮里 按钮，直接复制选中幻灯片。

② 鼠标右键点击想要复制的幻灯片，快捷菜单中也可以执行"复制"和"粘贴"命令。

③ 用鼠标直接拖动想到复制的幻灯片到目标位置，同时按住键盘上的Ctrl键，也可以复制幻灯片。

④"复制"的快捷键是Ctrl+C，"粘贴"的快捷键是Ctrl+V。

移动幻灯片最快捷的方法就是用鼠标直接拖动幻灯片到目标位置；也可以跟复制操作一样，在"开始"选项卡"剪贴板"或单击右键在幻灯片快捷菜单中，执行"剪切"和"粘贴"操作；"剪切"的快捷键是Ctrl+X。

（3）删除幻灯片：删除幻灯片时，右键单击待删除幻灯片，在弹出的快捷菜单中执行"删除幻灯片"操作；或选中幻灯片后按键盘上的"Delete"键。

三、演示文稿的美化与修饰

用户在建立幻灯片时通过选择"幻灯片版式"为插入的对象提供了占位符，插入所需的文本、图片、表格等对象。此外，在PowerPoint中还提供了插入声音和影片等操作。

1. 文本输入与编辑　可以添加到幻灯片的文本有4种类型，它们是：占位符文本、自选图形中的文本、文本框中的文本和艺术字文本。其中占位符文本可以根据幻灯片上的提示直接插入，如图5－94和5－95所示。其他文本的插入与编辑同Word中的操作基本一致，这里不再赘述。

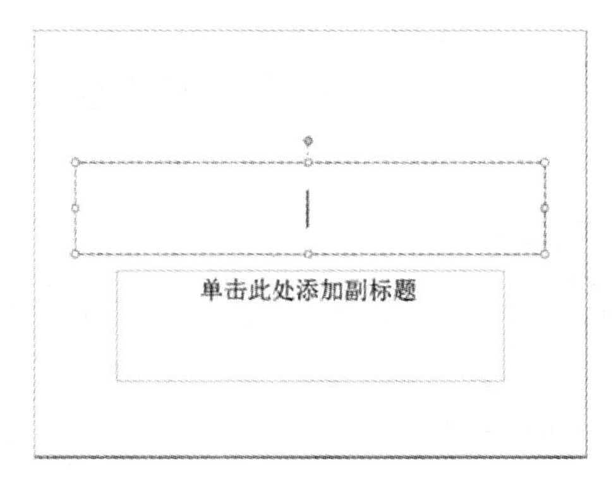

图5－94　在占位符中输入文字

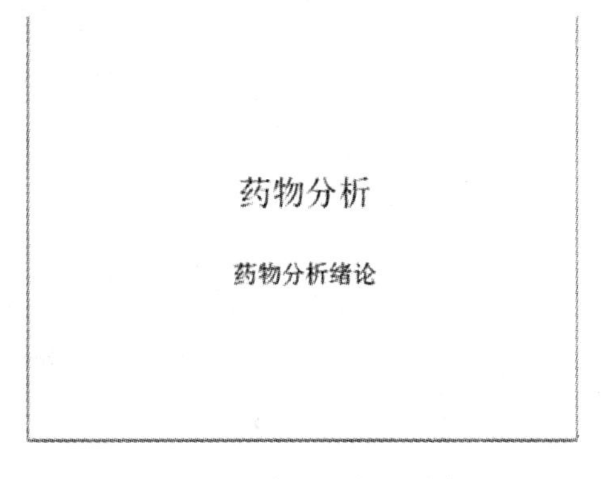

图5－95　输入文字后的效果

2. 插入多媒体信息

（1）插入图像：可以在幻灯片中插入各种图片、剪贴画等，使幻灯片内容更加丰富多彩。通过“插入”→“图像”→“图片”、“剪贴画”、“屏幕截图”和“相册”命令可以插入相应的内容。插入图片、剪贴画和屏幕截图的操作和Word中的操作基本一致，只有插入新建相册是根据一组图片新建一个演示文稿，每个图片占用一张幻灯片。

（2）插入形状、SmartArt图形和图表：在“插入”→“插图”功能组中可以单击“形状”按钮绘制自选图形；单击“图表”按钮后，通过Excel里的数据插入各种图表；单击“SmartArt”按钮，弹出选择SmartArt图形对话框，如图5－96所示，根据要表达的信息内容，选择合适的布局。

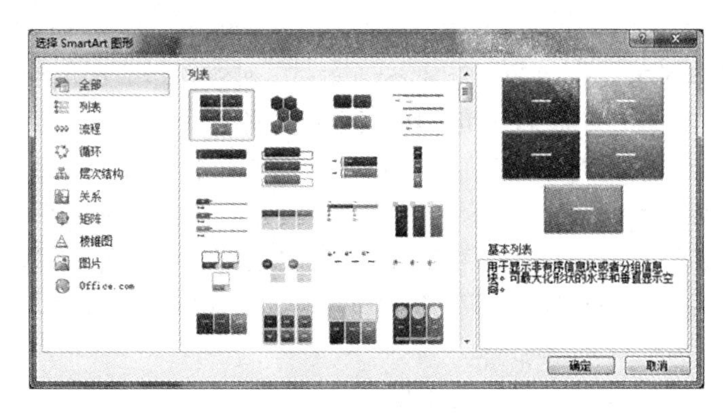

图5－96　SmartArt图形对话框

（3）插入声音和影片：PowerPoint 2010支持插入．mp3、．wma、．midi、．wav等多种格式的声音文件。步骤如下：

通过单击“插入”→“媒体”→“音频”下三角按钮，选择“文件中的音频”。

在对话框中找到存放声音文件的位置，选中要插入的声音文件，单击“确定”按钮。在幻灯片中出现小喇叭图标，光标放在小喇叭上，下面出现插入控制条，可以单击播放按钮试听插入的音乐，还可以通过控制条最右端喇叭按钮调节音量，如图 5－97 所示。

设置播放的方式：小喇叭在被选中的状态下，窗口上方会多出一个“音频工具”选项卡，单击“格式”可以设置小喇叭的样貌，单击“播放”可以设置音乐的播放方式，如图 5－98 所示。

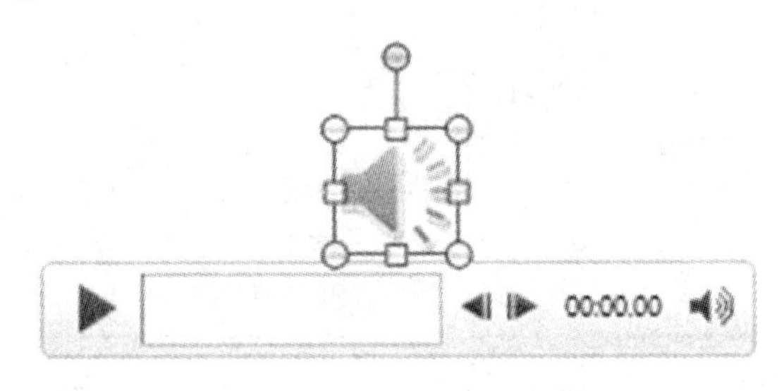

图 5－97 “小喇叭”图标

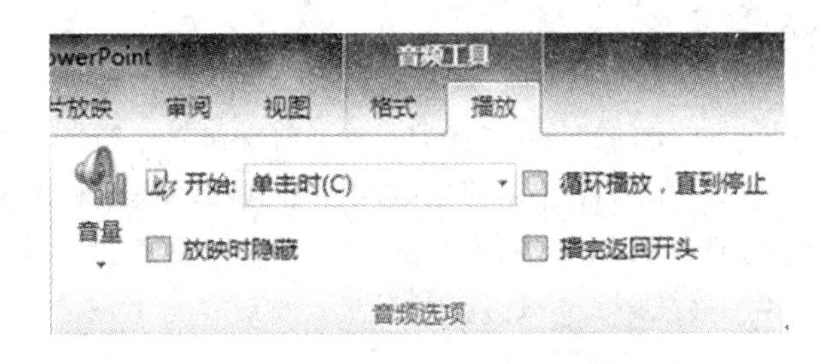

图 5－98 “音频工具”选项卡

在幻灯片中，用户可以像插入音频一样，为幻灯片插入影片，用来加强幻灯片的说服力，其中插入视频的主要文件格式有：avi、asf、mpeg、wmv 等。

3. 设计幻灯片 演示文稿的最大优点之一就是可以快速地设计格局统一且有特色的外观，这主要体现在 PowerPoint 提供的设置幻灯片外观功能。在制作演示文稿时，用户可以使用幻灯片版式、主题和母版等功能来设计幻灯片。

（1）幻灯片版式：幻灯片的布局格式也称为幻灯片版式，通过幻灯片版式的应用，使幻灯片的制作更加整齐、简洁。创建演示文稿之后，用户会发现所有新创建的幻灯片的板式都被默认为“标题幻灯片”版式。为了丰富幻灯片内容，需要设置幻灯片的版式。PowerPoint 主要为用户提供了“标题和内容”、“比较”、“图片与标题”等 11 种版式。

通过“开始”→“幻灯片”功能组里的“版式”下拉按钮，可直接对选中的幻灯片进行版式修改，如图 5－99 所示；或在“新建幻灯片”下拉按钮中，新建一个所选版式的幻灯片。在幻灯片上单击鼠标右键，弹出的快捷菜单里也可以对当前幻灯片进行版式修改。

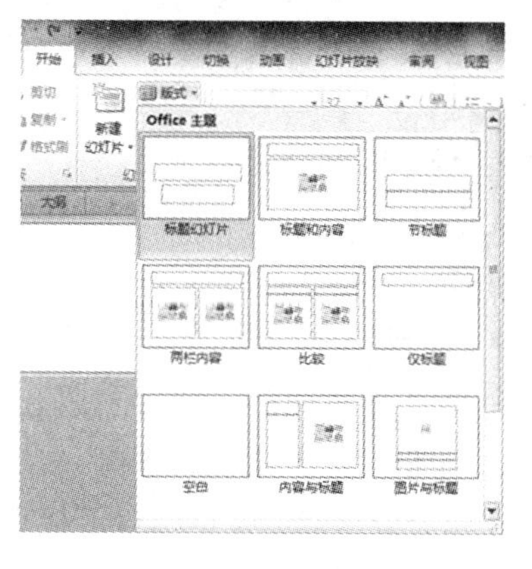

图 5－99　设置幻灯片版式

（2）幻灯片主题：通过设置幻灯片的主题，可以快速更改整个演示文稿的外观，而不会影响内容，达成风格统一。

在“设计”选项卡“主题”功能组列表框里选择需要的样式，如图 5－100 所示，还可以在列表框右侧设置“颜色”、“字体”和“效果”。其中“颜色”就是对主题配色方案的设置，如果对系统提供的配色方案不满意，还可以选择“新建主题颜色”，在对话框里自定义配色方案。

图 5－100　幻灯片主题

（3）幻灯片母版：一份演示文稿由若干张幻灯片组成，为了保持一致的风格和布局，同时提高编辑效率，可通过“母版”功能来设计好一张幻灯片母版。选择“视图”选项卡“母版视图”功能组“幻灯片母版”命令进入幻灯片母版的设计视图，如图 5－101 所示。

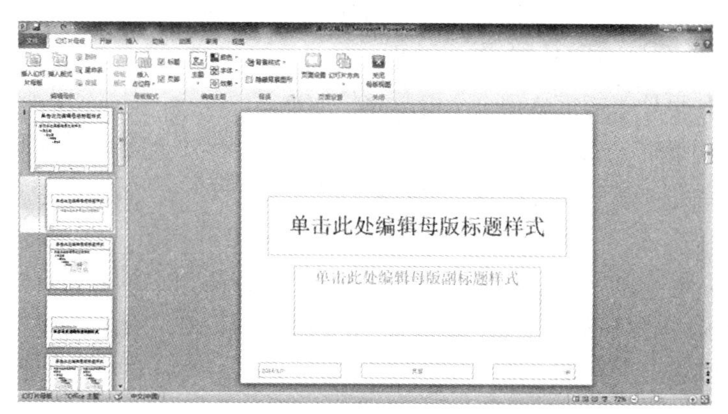

图 5－101　“幻灯片母版”设计视图

通常使用幻灯片母版进行下列操作：

①修改字体或项目符号。

②插入要在多个幻灯片上显示的相同图片。

③更改占位符的位置、大小和格式。

④设置幻灯片的日期、页脚、编号等。

⑤插入标志性图案或文字。

4. 插入超链接 在幻灯片中添加超链接，然后利用它转跳到同一文档的某张幻灯片；或者转跳到其他的文档，如另一演示文稿、Word 文档、公司 Internet 地址、电子邮件等。触发条件一般为鼠标单击链接点或鼠标移过链接点。有两种方式插入超链接：

（1）使用超链接按钮：我们可以把超链接创建在幻灯片中的任何对象上，其方法是：选定要做超级链接的对象（文字或图片等），“插入”→“链接”→“超链接”，在弹出“插入超链接”对话框里设置链接目标，如图 5－102 所示。

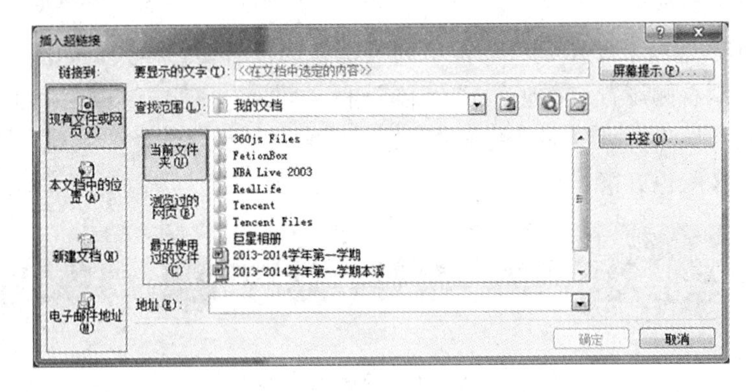

图 5－102 “插入超链接”对话框

其中，

①现有文件或网页（Web）页：超链接到其他文档、应用程序或由网站地址决定的网页。

②本文档中的位置：超链接到本文档的其他幻灯片中。

③新建文档：超链接到一个新文档中。

④电子邮件地址：超链接到一个电子邮件地址。

进行上述超级链接的有关设置后，文字对象上将出现下划线。在幻灯片放映时，当鼠标指向超链接对象时，会出现一个手形标记。

（2）使用动作设置：还可以用动作按钮的方式插入超级链接。通过“插入”→“链接”→“动作”命令也可实现超链接，超级链接以按钮形式表示。“动作设置”对话框如图 5－103 所示。其中有两个选项卡“单击鼠标”和“鼠标移动”，最主要的设置是：“超级链接到”，可以链接到本文档的另一张幻灯片、网站地址和其他应用程序等。

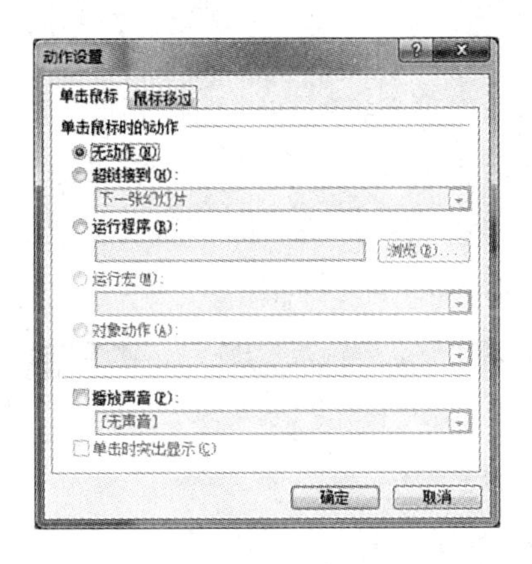

图 5－103　“动作设置”对话框

5. 设置动画效果　在幻灯片放映时，PowerPoint 提供了动画、超链接和多媒体技术，为幻灯片的演示锦上添花。这些功能均在“幻灯片放映”视图下真正起效果。

（1）设置动画效果：当幻灯片中插入了文本框、图片、表格、艺术字等难以区别层次的对象时，或者需要突出某个对象的动画效果时，可以利用“动画”选项卡中的“动画”、“高级动画”和“计时”功能组里的按钮来设置，如图 5－104 所示。

图 5－104　“动画”选项卡

为对象设置动画效果应先选择该对象，后单击“动画”选项卡，在“动画”功能组或在“高级动画”功能组“添加动画”中添加效果，可以设置的动画效果有：

①“进入”效果：图标为绿色，设置对象以怎么样的动画效果出现在屏幕上。

②“强调”效果：图标为黄色，对象将在屏幕上展示一次设置的动画效果。

③“退出”效果：图标为红色，对象将以设置的动画效果退出屏幕。

④“动作路径”：图标为点和线组成，放映时对象将按设置好的路径运动，可以采用系统提供的路径或是自定义路径。

如果对动画效果不满意可重新编辑。选中待修改对象，在“动画”功能组列表框中另选一种动画效果即可。注意，不能在“高级动画”功能组“添加动画”里设置。

对于已有动画效果还可以调整播放顺序。已有动画效果的对象前面具有动画顺序标志，选中待调整对象，在“计时”功能组中单击“向前移动”或“向后移动”按钮，就可以改变它的动画播放顺序。另一种方法是单击“高级动画”功能组中的“动画窗格”，在窗口右侧出现的任务窗格里进行相应设置。

而对于希望删除的动画效果，则可以选中对象的动画顺序标志，在动画列表框中选择“无”选项，或者按“Delete”键。

（2）幻灯片切换效果：幻灯片间的切换效果是指幻灯片放映时两张幻灯片之间切换的动画效果。选择“切换”选项卡，可在“切换到此幻灯片”功能组中进行所需的动画效果选择。可以切换的效果分为“细微型”、“华丽型”和“动态内容”三种。其中“换片方式”可以用鼠标单击人工切换；也可以设置间隔的时间实现自动切换，在“计时”功能组里都可以设置，如图 5－105 所示。

图 5－105 “切换”选项卡

四、演示文稿的放映及其他

1. 放映幻灯片 放映幻灯片才可以展示所有的制作效果，在 PowerPoint 2010 中，提供了将演示文稿打包成 CD 数据包、发布到网络中和输出到纸张中等方法，满足不同用户的需要。

（1）放映幻灯片：从第一张幻灯片开始放映的方法：单击“幻灯片放映”选项卡，在“开始放映幻灯片”功能组中选择“从头开始”；或是按键盘上的 F5 快捷键。

从当前幻灯片开始放映的方法：单击“幻灯片放映”选项卡，在“开始放映幻灯片”功能组中选择“从当前幻灯片开始”；单击窗口右下方的“幻灯片放映”按钮；或是按 Shift＋F5 组合键。

（2）自定义放映设置：在幻灯片放映前可以根据使用者的不同，通过设置放映方式满足各自的需要，如图 5－106 所示。

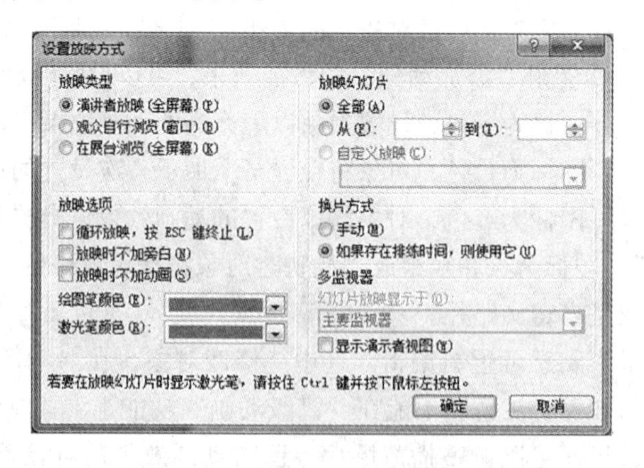

图 5－106 “设置放映方式”对话框

有三种放映方式：

①演讲者放映（全屏幕）以全屏幕形式显示。演讲者可以控制放映的进程，用绘图笔进行勾画。适用于大屏幕投影的会议、上课。

②观众自行浏览（窗口）以窗口形式显示，可浏览、编辑幻灯片。适用于人数少

的场合。

③在展台放映（全屏幕）以全屏幕形式在展台上做演示用。按事先预定的或通过“设置”功能组的“排练计时”命令设置的时间、次序放映，不允许现场控制放映的进程。

2. 打包成 CD 或文件夹　通常保存的 . pptx 文档在放映时，要求计算机上安装 Microsoft Office PowerPoint 软件，如果演示文稿中包含其他文件（如声音、影片、图片）等，还必须将这些文件同时复制到 . pptx 文件的同一目录下，这样操作起来比较麻烦。在这种情况下，可以将放映演示文稿所需要的全部资源打包，刻录成 CD 或打包到文件夹。方法如下：

执行“文件”→“共享”命令，在展开的列表中选择“将演示文稿打包成 CD”选项，同时执行“打包成 CD”命令。在弹出的“打包成 CD”对话框中设置 CD 名称，单击“复制到 CD”按钮或“复制到文件夹”按钮。

3. 输出演示文稿

（1）另存为演示文稿执行“文件”→“另存为”命令，在弹出的“另存为”对话框中，单击“保存类型”下拉按钮，在下拉列表中选择图片保存格式的选项，单击“保存”按钮。PowerPoint2010 为用户提供了 7 种图片类型，有 . gif、. jpg、. png、. tif、. bmp、. wmf、. emf。

另外，执行“文件”→“另存为”命令，在弹出的“另存为”对话框中，单击“保存类型”下拉按钮，在下拉列表中选择“大纲/RTF 文件（ * . rtf）”选项，并单击“保存”按钮。

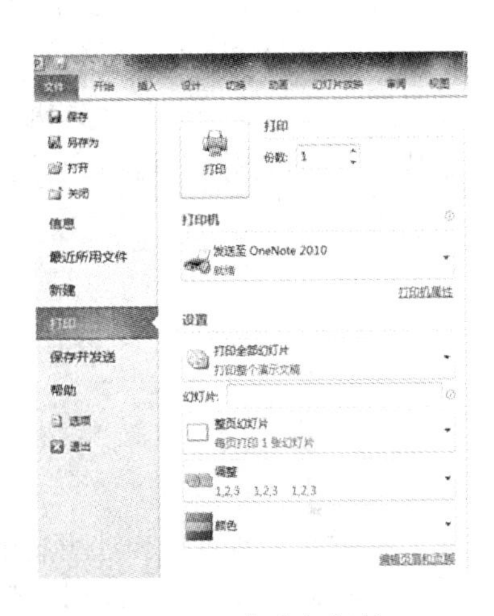

图 5－107　打印幻灯片

（2）打印演示文稿：执行“文件”→“打印”命令，在展开的列表中单击“设置”列表中的“打印全部幻灯片”下拉按钮，在其下拉列表中选择相应的选项即可，如图 5－107 所示。

数　据　库

数据库技术产生于20世纪60年代末、70年代初，它的出现使计算机应用进入了一个新的时期——社会的每一个领域都与计算机应用发生了联系。数据库是计算机的最重要的技术之一，是计算机软件的一个独立分支，数据库是建立管理信息系统的核心技术，当数据库与网络通信技术、多媒体技术结合在一起时，计算机应用将无所不在，无所不能。

第一节　数据库基础知识

一、基本概念

1. 数据　数据是描述事物的符号记录。除了常用的数字数据外，文字（如名称）、图形、图像、声音等，也都是数据。在日常生活中，人们通常使用语言（如汉语）去描述事物；在计算机中，为了存储和处理这些事物，就要抽象出事物的特征组成一个记录来描述。例如，在学生信息管理系统中，可以对学生的学号、姓名、性别、年龄等情况作这样的一个描述：133040101，陈迪，男，19。

2. 数据处理和数据管理　数据处理是指从某些已知的数据出发，推导加工出一些新的数据，这些新的数据又叫信息，是经过加工处理后有价值的数据。数据管理是指数据的收集、整理、组织、存储、维护、检索、传送等操作，这部分操作是数据处理业务的基本环节，而且是任何数据处理业务中必不可少的共有部分。

3. 数据库（Database，简称DB）　长期存储在计算机内、有组织的、统一管理的相关数据的集合。数据库能被各类用户共享，具有冗余度较小，数据间联系紧密和数据独立性较高等特点。

4. 数据库管理系统（Database Management System，简称DBMS）　是一种操纵和管理数据库的大型软件，用于建立、使用和维护数据库。它对数据库进行统一的管理和控制，以保证数据库的安全性和完整性。它的主要功能包括数据定义、数据操作、数据库的运行管理、数据组织、存储与管理、数据库的保护、数据库的维护、通信等。

通过使用数据库管理系统，用户可以方便的处理数据，不必关心这些数据在计算机中存放方式以及计算机处理数据的过程细节，把一切处理数据的复杂工作交给数据库管理系统去完成。

5. 数据库系统（Database System，简记为 DBS）　通常由软件、数据库和数据管理员组成。其软件主要包括操作系统、各种语言、实用程序以及数据库管理系统。数据库由数据库管理系统统一管理，数据的插入、修改和检索均要通过数据库管理系统进行。数据管理员负责创建、监控和维护整个数据库，使数据能被任何有权使用的人有效使用。

数据、数据处理和管理、数据库、数据库管理系统等是数据库中的基本概念，由它们共同构成了数据库系统。

二、数据库管理技术的发展

数据库管理技术的发展经历了人工管理、文件系统和数据库阶段三个发展阶段。

1. 人工管理阶段　在人工管理阶段（20 世纪 50 年代中期以前），计算机主要用于科学计算，其他工作还没有开展。外部存储器只有磁带、卡片和纸带等，还没有磁盘等字节存取存储。软件只有汇编语言，尚无数据管理方面的软件。数据处理的方式基本上是批处理，如图 6－1 所示。

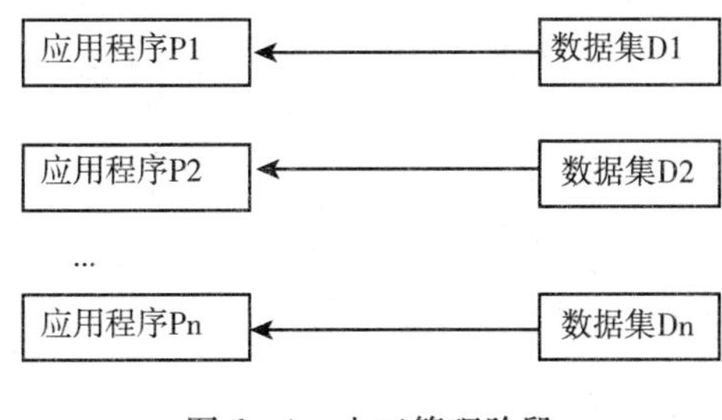

图 6－1　人工管理阶段

2. 文件系统阶段　在文件系统阶段（20 世纪 50 年代后期至 60 年代中期），计算机不仅用于科学计算，还用于信息管理。随着数据量的增加，数据的存储、检索和维护问题紧迫，数据结构和数据管理技术迅速发展起来。此时，外部存储器已有磁盘、磁鼓等直接存取存储设备。软件领域出现了高级语言和操作系统。操作系统中的文件系统是专门管理外存的数据管理软件，如图 6－2 所示。

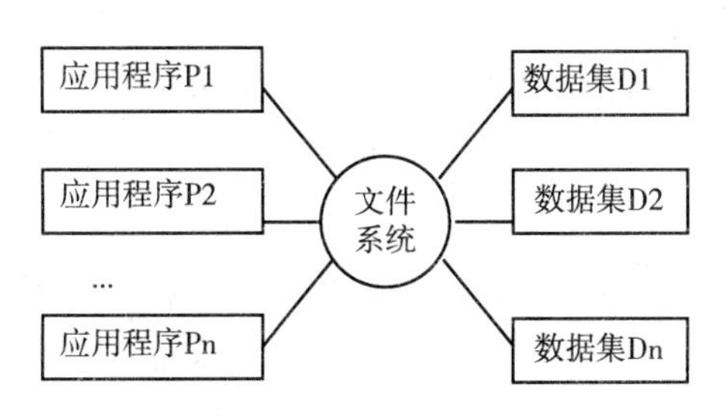

图 6－2　文件系统阶段

3. 数据库阶段 1968 年美国 IBM 公司推出层次模型的 IMS 系统。1969 年美国 CODASYL 组织发布了 DBTG 报告，总结了当时各式各样的数据库，提出网状模型。1970 年美国 IBM 公司的 E. F. Codd 连续发表论文，提出关系模型，奠定了关系数据库的理论基础。三件大事标志数据库管理技术进入数据库阶段，如图 6－3 所示。

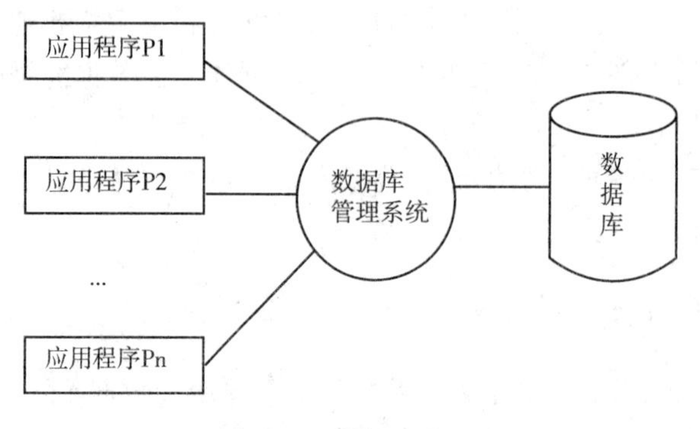

图 6－3 数据库阶段

三、数据模型

在现实世界中，人们将对研究对象的抽象化、形式化的描述过程称为模型。人们把表示客观事物及其联系的数据及结构称为数据模型。在数据库管理系统中有层次模型、网状模型、关系模型。

1. 基本概念

（1）实体：客观存在并可以相互区别的事物称为实体。如：一个学生、一门课等。

（2）属性：实体所具有的某一特性称为属性。如：一个学生实体有学号、姓名、成绩等属性。

（3）域：属性的取值范围称为域。如：学生的性别属性取值为男或女。

（4）实体型：若干个属性名所组成的集合表示一个实体的类型称为实体型。

（5）实体集：同型实体的集合称为实体集。如：全班学生实体就是一个实体集。

（6）联系：实体联系有内部联系与外部联系。实体的内部联系是指实体内部各属性之间的联系。实体的外部联系也称实体之间的联系，通常是指不同实体集之间的联系。

实体集之间的联系可分为三类。如图 6－4 所示。

（1）一对一联系：实体集 A 中的一个实体与实体集 B 中的一个实体至多有一个实体相对应，反之亦然，则称实体集 A 与实体集 B 有一对一联系。记为 1∶1。如一个班级对应一个班长。

（2）一对多联系：实体集 A 中的一个实体与实体集 B 中有 N 个实体相对应，反之实体集 B 中的一个实体至多与实体集 A 中的一个实体相对应则称实体集 A 与实体集 B 有一对多联系，记为 1：N。如一个班级对应多名学生。

（3）多对多联系：实体集 A 中的一个实体与实体集 B 中的 N 个实体相对应，反之实体集 B 中的一个实体与实体集 A 中的 M 个实体相对应，则称实体集 A 与实体集 B 有多对多联系记为 M：N。如多名学生选修多门课程，其中每名学生可以选修多门课程，每门课程可以被多名学生选修。

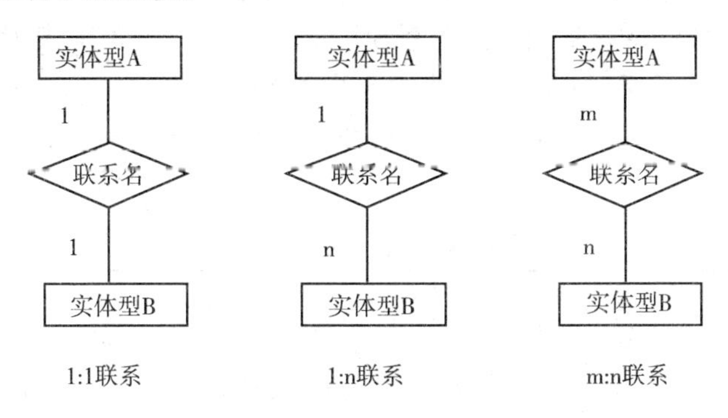

图 6－4　实体之间三种联系

2. 数据模型

（1）层次模型：满足只有一个根节点，即没有双亲节点；除根节点以外的所有节点有且只有一个双亲节点；上层节点与下层节点称为层次模型。层次模型也称为树形结构。采用层次模型作为数据的组织方式的数据库管理系统称为层次数据库管理系统。如图 6－5 所示。

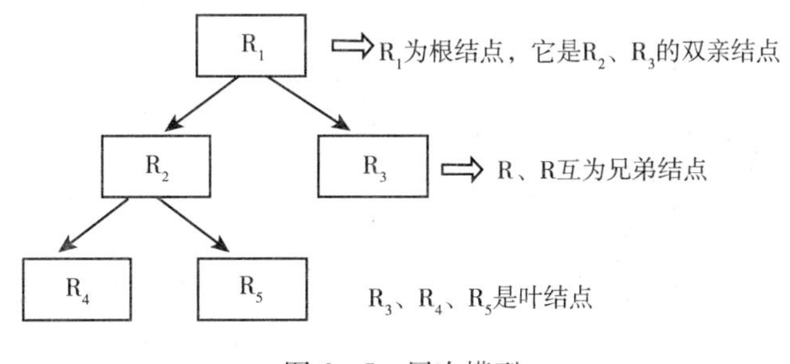

图 6－5　层次模型

（2）网状模型：满足允许一个以上节点无双亲，允许节点可以多于一个双亲，节点之间可有多对多联系模型称为网状模型。

采用网状模型作为数据的组织方式的数据库管理系统称为网状数据库管理系统。网状模型在于能更好描述现实世界，且可以支持多对多联系，但实现起来复杂不易掌握。如图 6－6 所示。

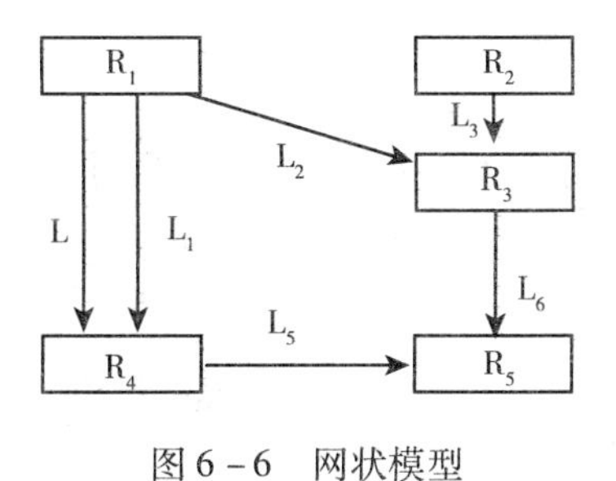

图 6－6　网状模型

（3）关系模型：关系模型是1970年由美国IBM公司San Jose研究室的研究员EF. Codd首次提出，并为关系数据库管理系统的技术奠定了基础。EF. Codd的关系模型是建立在严格的数学概念基础上。关系模型是用一张二维表来表示实体和实体间联系的模型。如表6－1所示表名为学生表，它为关系名。表中一行称为一个元组（或记录），表中一列称为属性。如表中有5个属性即学号、姓名、籍贯、出生日期、入学成绩。

表6－1　学生表

学号	姓名	籍贯	出生日期	入学成绩
133040201	鲍坤希	辽宁	1993－5－8	658
133040202	卞雨薇	山东	1994－12－4	578
133040203	陈迪	云南	1994－6－20	589

它要求关系必须规范化，包括：

·关系的每一个分量必须是一个不可分的数据项，即表中不可含表；

·同一关系中不能有相同的属性名；

·关系中不允许有完全相同的元组；

·在一个关系中元组的次序可任意改变；

·在一个关系中列的次序可任意改变。

关系模型的表示形式：

关系名（属性1，属性2，……，属性N）

例如：学生表可描述为如下关系：

学生表（学号，姓名，籍贯，出生日期，入学成绩）

采用关系模型作为数据的组织形式的数据库管理系统称为关系数据库管理系统。

第二节　关系数据库基础

关系数据库是按关系数据模型组织的数据库，关系模型是关系数据库的基础。

一、基本概念

1. 概念

（1）关键字：若在关系中能唯一标识元组的一个或一组属性称为关键字。如学生表中的学号。

（2）候选关键字：候选关键字也是关键字，它是具有关键字特性的一个或多个属性的统称。若学生表中学号、姓名都无重复值，那么学号与姓名就是候选关键字。若姓名有重复值就不能是候选关键字。

（3）主关键字：主关键字是在多个候选关键字中选出一个。一个关系中只能有一个主关键字。如在学生表中学号为主关键字。

（4）外部关键字：若在一个关系R中一个属性不是本关系的主关键字或候选关键

字，而是另外一个关系 S 的主关键字或候选关键字则称此属性为本关系的外部关键字，R 为参照关系，S 为被参照关系。

2. 关系的完整性

（1）实体完整性：实体完整性是指关系中的主关键字不能取空值。空值（NULL）就是不确定的值。由于主关键字为空值，那这个元组是无意义的。如学生成绩表中，学号为空值，而其它属性却有值，则该条记录无意义。

（2）参照完整性：参照完整性是用来约束关系与关系之间的关系，即数据库约束数据库中表与表之间的关系。

参照完整性是指一个关系 R 的外部关键字 F 与另一个关系 S 的主关键字 K 相对应（即 F 是 S 的主关键字）则对 R 中的每一个元组在 F 上的值必须为空值或等于 S 中某一个元素的主关键字的值，如有以下两个关系（表）：

学生（学号，姓名，性别，专业代号）

专业（专业代号，专业号）

学生关系中的专业代号是外部关键字，但在专业关系中它是主关键字，这时，在学生关系中，专业代号的值或者取空值或者取专业关系中某个元组的专业代号的值，当在学生关系中的专业代号取空值时，表示该学生还没有分专业。在数据库中的表来实现参照关系，应注意以下几点：

①当对含有外部关键字的参照表进行创建、插入、修改时，必须检查外部关键字的值在被参照表中是否存在，若不存在，则不能进行该操作。

②当对被参照的表进行删除、修改时必须检查行的主关键字值是否正在被参照表的外部关键字参照，若是，则不能进行该操作。

（3）用户定义完整性：用户定义完整性是指根据用户的实际需要，针对属性域完整性的规定。在数据库表中是指字段的数据类型、宽度、精度、取值范围、是否允许空值。如学生表中的入学成绩，其数据类型可为浮点型等。

3. 关系运算

（1）选择运算（Selection）：是在关系中选择满足某种条件的元组。其中的条件是以逻辑表达式给出的，使得逻辑表达式的值为真的元组将被选取。

（2）投影运算（Projection）：是从关系中挑选出若干属性组成新的关系。经过投影运算可以得到一个新关系，其关系模式所包含的属性个数往往比原始关系少，或者属性的排列顺序不同。因此，投影运算提供了垂直调整关系的手段。如果新关系中包含重复元组，则要删除重复元组。

（3）连接（Join）：是把两个具有相同属性的表的元组连接在一起，构建新的二维表。连接运算将两个关系拼接成一个更宽的关系，生成的新关系中包含满足连接条件的元组。

二、SQL 简介

结构化查询语言 SQL（Structured Query Language）是一种介于关系代数与关系演算

之间的语言，其功能包括查询、操纵、定义和控制四个方面，是一个通用的功能极强的关系数据库标准语言。目前，SQL 语言已被确定为关系数据库系统的国际标准，被绝大多数商品化关系数据库系统采用。在 SQL 语言中，指定要做什么而不是怎么做，不需要告诉 SQL 如何访问数据库，只要告诉 SQL 需要数据库做什么。可以在设计或运行时对数据控件使用 SQL 语句。

1. 定义基本表（创建基本表）

```
格式：CREATE TABLE <表名>（<列名 1><数据类型>［列级约束 1］
                        ［，<列名 2><数据类型>［列级约束 2］……］
                        ［，<表级约束>］）
```

<表名>：是所要创建基本表的名字。基本表由多个列（属性）组成。

列级约束：涉及相应属性列的完整性约束条件，一般包括是否允许为空值、取值范围约束等。

表级约束：涉及一个或多个属性列的完整性约束条件，一般包括复合属性构成的主、外关键字说明等。

定义表的各个属性时需指明属性名、数据类型、长度。不同的数据库系统支持的数据类型不完全相同。

2. 修改基本表

```
格式：ALTER TABLE <表名>［ADD <新列名 1><数据类型><约束 1>
                       ［，<新列名 2><数据类型><约束 2>…］］
                       ［DROP <约束名>］
                       ［ALTER COLUMN <列名><数据类型>］
```

<表名>：要修改的基本表。

ADD 子句：增加新列和新的完整性约束条件。

DROP <约束名>：删除约束。

ALTER COLUMN 子句：用于修改列名和数据类型。

3. 删除基本表

```
格式：DROP TABLE <表名>
```

4. SQL 查询语句

```
格式：SELECT <表达式 1>，<表达式 2>，…，<表达式 n>
      FROM <关系 1>，<关系 2>，…，<关系 m>
      ［WHERE <条件表达式>］
      ［GROUP BY 分组属性名［HAVING 组选择条件表达式］］
      ［ORDER BY 排序属性名［升序 | 降序］］
```

SELECT：子句中用逗号分开的表达式为查询目标，最简单的是用逗号分开的属性名，即二维表中的列。

FROM：子句指出查询所涉及的所有关系的名字。

WHERE：子句指出查询目标必须满足的条件。

WHERE 查询条件中常用的运算符：=、>、<、>=、<=、<>、BETWEEN AND、NOT BETWEEN AND、IN、NOT IN、LIKE、NOT LIKE、IS NULL、IS NOT NULL、AND、OR、NOT。

SQL 聚合函数：COUNT（统计记录个数）、AVG（求一列数值型数据的平均值）、SUM（求一列数值型数据的总和）、MIN（求一列值中的最小值）、MAX（求一列值中的最大值）。

ORDER BY 子句：可对查询结果按指定属性排序，系统默认为升序排列（升序可用 ASC 指定）；如果降序，则可用 DESC 指定。如果分组后还要求按一定的条件对这些组进行筛选，则可以在 GROUP BY 子句后加上 HAVING 来指定筛选条件。

如果要去掉查询结果中重复的记录，可以再在 Select 语句中加上 Distinct 关键字。

5. 修改数据表中的数据

（1）插入记录

INSERT INTO <表名>[（<字段名1>[，<字段名2>[，…]]）]

VALUES（<表达式1>[，<表达式2>[，…]]）

说明：如果缺省字段名，则必须为新记录中的每个字段都赋值，且数据类型和顺序要与表中定义的字段一一对应。

（2）更新记录

UPDATE <表名> SET <字段名1>=<表达式1>

[，<字段名2>=<表达式2>[，…]]）WHERE <条件>]

（3）删除记录

DELETE FROM <表名>[WHERE <条件>]

说明：如果不带 WHERE 子句，则删除表中所有的记录（该表对象仍然保留在数据库中），如果带 WHERE 子句，则只删除满足条件的记录。

空值比较运算符用法：IS NULL 表示为空、IS NOT NULL 表示不为空。

第三节 Access 2010 数据库系统简介

Access 2010 是 Microsoft 公司最新推出的 Access 版本，是微软办公软件包 Office 2010 的一部分。Access 2010 是一个面向对象的、采用事件驱动的新型关系型数据库。

Access 2010 提供了表生成器、查询生成器、宏生成器、报表设计器等许多可视化的操作工具，以及数据库向导、表向导、查询向导、窗体向导、报表向导等多种向导，可以使用户很方便地构建一个功能完善的数据库系统。Access 还为开发者提供了 Visual Basic for Application（VBA）编程功能，使高级用户可以开发功能更加完善的数据库系统。

Access 2010 还可以通过 ODBC 与 Oracle、Sybase、FoxPro 等其他数据库相连，实现

数据的交换和共享。并且，作为 Office 办公软件包中的一员，Access 还可以与 Word、Outlook、Excel 等其他软件进行数据的交互和共享。

此外，Access 2010 还提供了丰富的内置函数，以帮助数据库开发人员开发出功能更加完善、操作更加简便的数据库系统。

一、Access 2010 的启动

执行“开始”→“所有程序”→Microsoft Office | Microsoft Access 2010 命令，启动 Access 2010 程序，如图 6－7 所示。

图 6－7 Access 2010 启动界面

二、创建数据库

启动 Access 2010 程序，在左侧导航窗格中单击“新建”命令，在中间窗格中单击“空数据库”选项，如图 6－8 所示。

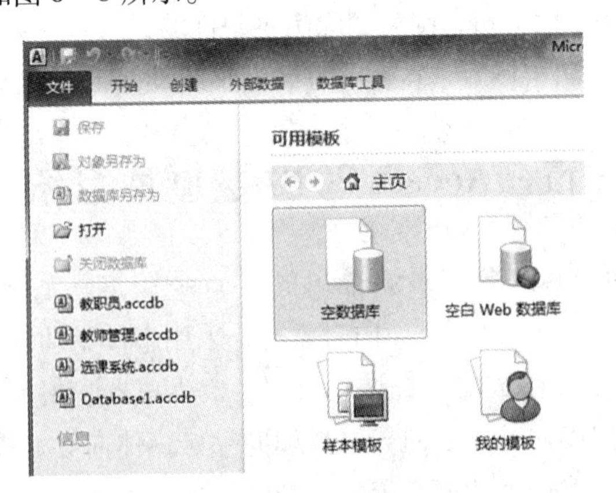

图 6－8 新建空数据库

在右侧窗格中的“文件名”文本框中输入新建数据库文件的名称，如：教师管理，如图 6－9 所示。

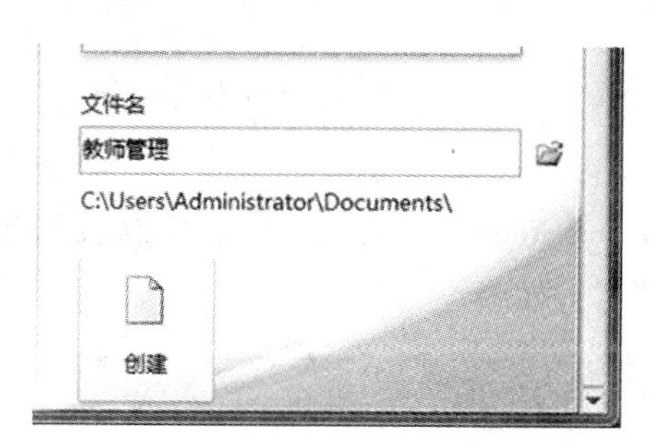

图 6－9 输入数据库名称

选择新建数据库文件的存放位置，在上图中单击“文件名”文本框右侧的文件夹图标，弹出“文件新建数据库”对话框，选择文件的存放位置，再单击“确定”按钮。如图 6－10 所示。

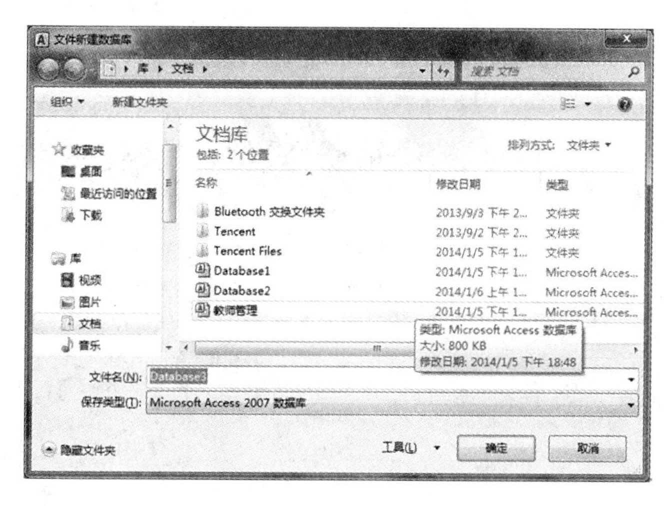

图 6－10 选择数据库文件位置

如果想打开已经创建的数据库，启动 Access 2010，单击屏幕左上角的“文件”标签，在打开的左侧列表中选择“打开”命令，如图 6－11 所示，在弹出的“打开”对话框中选择要打开的文件，单击“打开”按钮，即可打开选中的数据库。

图 6－11 打开数据库

对编辑过的数据库，单击屏幕左上角的“文件”标签，在打开的左侧列表中选择“保存”命令，完成数据保存。选择“数据库另存为”命令，可更改数据库的保存位置和文件名。当弹出 Microsoft Access 对话框，提示保存数据库前必须关闭所有打开的对象，单击“是”按钮即可，如图 6－12 所示。

图 6－12 保存数据库

当不再需要使用数据库时，单击左上角的“文件”标签，选择“关闭数据库“命令，即可关闭数据库，如图 6－13 所示。

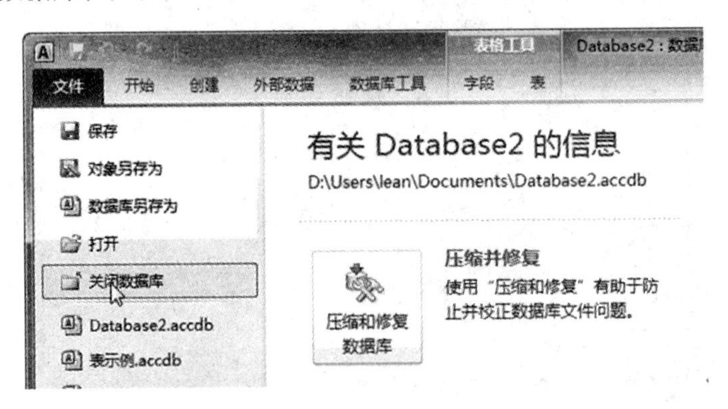

图 6－13 关闭数据库

三、表的建立

在建立了空的数据库之后，即可向数据库中添加对象，其中最基本的是表。

1. 字段 字段是通过在表设计器的字段输入区输入字段名和字段数据类型而建立的。表中的记录可以包括多个字段，分别存储着关于每个记录的不同类型的信息（属性）。

在设计字段名称时，不允许出现在字段名称中的字符包括：“.”、“!”、“ [ ]”和“ ‘ ”。字段名中可以使用大写或小写，或大小写混合的字母。字段名可以修改，但一个表的字段在其他对象中使用了，修改字段将带来一致性的问题。字段名最长可达 64 个字符，但是用户应该尽量避免使用过长的字段名。

2. 数据类型 Access 2010 为字段提供了十种数据类型，如表 6－2 所示。

表 6－2 数据类型

数据类型	用途	字符长度
文本	字母和数字	0～255 个字符
备注	字母和数字	0～64000 个字符
数字	数值	1、2、4 或 8 字节
日期/时间	日期/时间	8 字节
货币	数值	8 字节
自动编号	自动数字	4 字节
是/否	是/否、真/假	1 位
OLE 对象	链接或嵌入对象	可达 1G
超链接	Web 地址、邮件地址	可达 64000 字节
查阅向导	来自其他表或列表的值	通常为 4 字节

对于某一具体数据而言，可以使用的数据类型可能有多种，例如学生的学号可以使用数字型，也可使用文本型，但只有一种是最合适的。

主要考虑的几个方面如下：

· 字段中可以使用什么类型的值；

· 需要用多少存储空间来保存字段的值；

· 是否需要对数据进行计算（主要区分是否用数字，还是文本、备注等）；

· 是否需要建立排序或索引（数字和文本的排序有区别，备注、超链接及 OLE 对象型字段不能使用排序和索引）；

· 是否需要在查询或报表中对记录进行分组（备注、超链接及 OLE 对象型字段不能用于分组记录）。

· 学生的学号字段不需要进行计算，所以使用文本型最适合。

3. 字段属性 字段有一些基本属性（如字段名、字段类型、字段宽度及小数点位数），另外对于不同的字段，还会有一些不同的其它属性。

（1）字段大小：如文本型默认值为 50 字节，不超过 255 字节；不同种类存储类型的数字型，大小范围不一样。

（2）格式：利用格式属性可在不改变数据存储情况的条件下，改变数据显示与打印的格式。

（3）小数位数：小数位数只有数字和货币型数据可以使用。小数位数为 0～15 位，与数字或货币型数据的字段大小有关。

（4）标题：标题用来在报表和窗体中替代字段名称。要求简短、明确，以便于管理和使用。

（5）默认值：默认值是新记录在数据表中自动显示的值。默认值只是开始值，可在输入时改变，其作用是为了减少输入时的重复操作。

（6）有效性规则：数据的有效性规则用于对字段所接受的值加以限制。有些有效性规则可能是自动的，如检查数值字段的文本或日期值是否合法。有效性规则也可以是用户自定义的。

（7）有效性文本：有效性文本用于在输入的数据违反该字段有效性规则时出现的提示。其内容可以直接在“有效性文本”框内输入，或光标位于该文本框时按 Shift + F2，打开显示比例窗口。

（8）掩码：输入掩码为数据的输入提供了一个模板，可确保数据输入时具有正确的格式。比如：在密码框中输入的密码不能显示出来，只能以“＊”形式显示，那么只需要在“输入掩码”文本框内设置为“＊”即可。输入掩码还可以打开一个向导，根据提示输入正确的掩码。

4. 使用表设计创建数据表 简单表的创建有多种方法，使用向导、设计器、通过输入数据都可以建立表，下面以设计器建表为例：。

启动 Access 2010，打开数据库切换到“创建”选项卡，单击“表格”组中的“表设计”按钮，进入表的设计视图，如图 6 – 14 所示。

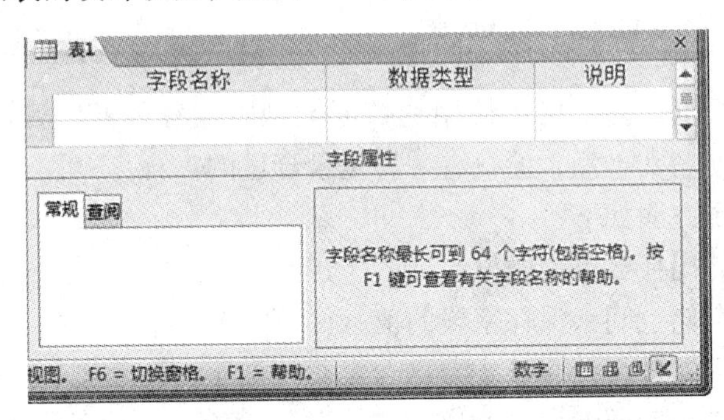

图 6 – 14 表的设计视图

在“字段名称”栏中输入字段的名称“职工号”；在“数据类型”下拉列表框中选择该字段的数据类型，这里选择“文本”选项；在“说明”栏中的输入为选择性的，也可以不输入。用同样的方法，输入其他字段名称，并设置相应的数据类型，结果如图 6 – 15 所示。

教师表

字段名称	数据类型
职工号	文本
姓名	文本
性别	文本
参加工作日期	日期/时间
职称	文本
工资	数字
系号	文本
邮政编码	文本
电话	文本

图 6 – 15 表结构

单击“保存”按钮，弹出“另存为”对话框，然后在“表名称”文本框中输入“教师表”，再单击“确定”按钮。这时将弹出如图 6 – 16 所示的对话框，提示尚未定义主键，单击“否”按钮，暂时不设定主键。

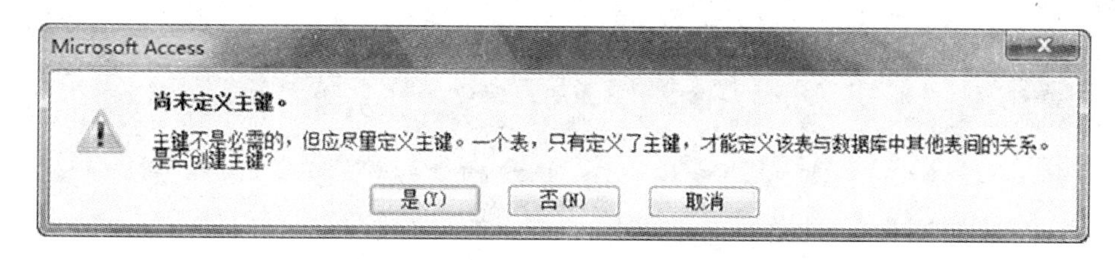

图 6－16 设定主键

单击屏幕左上方的“视图”按钮，切换到“数据表视图”，这样就完成了利用表的“设计视图”创建表的操作。数据输入后，完成的数据表如图 6－17 所示。

教师表

职工号	姓名	性别	参加工作日期	职称	工资	系号	邮政编码
01001	章琳	女	1981/7/12	教授		01	100022
01002	周敬	男	1985/6/3	副教授		01	100044
01003	赵立钧	男	1988/7/5	讲师		01	100076
04001	董家玉	男	1984/6/30	副教授		04	100082
04003	马良	男	1986/9/1	教授		04	100009
04004	许亚芬	女	1995/6/23	副教授		04	100085
04008	周树春	男	1984/6/2	教授		04	100051
04012	张振	男	2005/3/28	助教		04	100085
04022	徐辉	女	1989/6/28	副教授		04	100051
05001	马俊亭	男	1983/5/24	讲师		05	100085
05004	张雨生	女	2001/2/28	教授		05	100077
07002	赵娜娜	女	1984/7/3	副教授		07	100070

图 6－17 教师表

四、编辑表内容

1. 向表中添加记录 打开数据库，然后从导航窗格中打开“教师表”，接着在“职工号”窗格中单击空白单元格，输入要添加的记录信息，如图 6－18 所示。

教师表

职工号	姓名	性别	参加工作日期	职称	工资	系号	邮政编码
01001	章琳	女	1981/7/12	教授		01	100022
01002	周敬	男	1985/6/3	副教授		01	100044
01003	赵立钧	男	1988/7/5	讲师		01	100076
04001	董家玉	男	1984/6/30	副教授		04	100082
04003	马良	男	1986/9/1	教授		04	100009
04004	许亚芬	女	1995/6/23	副教授		04	100085
04008	周树春	男	1984/6/2	教授		04	100051
04012	张振	男	2005/3/28	助教		04	100085
04022	徐辉	女	1989/6/28	副教授		04	100051
05001	马俊亭	男	1983/5/24	讲师		05	100085
05004	张雨生	女	2001/2/28	教授		05	100077
07002	赵娜娜	女	1984/7/3	副教授		07	100070
07003							

图 6－18 数据表添加记录

2. 修改表中记录 如要修改已添加的记录，单击要修改的单元格，在单元格中修改记录即可，如将“章琳”改为“张琳”，如图 6－19 所示。

教师表

职工号	姓名	性别	参加工作日期	职称	工资	系号	邮政编码
01001	张琳	女	1981/7/12	教授		01	100022
01002	周敬	男	1985/6/3	副教授		01	100044
01003	赵立钧	男	1988/7/5	讲师		01	100076
04001	董家玉	男	1984/6/30	副教授		04	100082
04003	马良	男	1986/9/1	教授		04	100009
04004	许亚芬	女	1995/6/23	副教授		04	100085
04008	周树春	男	1984/6/2	教授		04	100051
04012	张振	男	2005/3/28	助教		04	100085
04022	徐辉	女	1989/6/28	副教授		04	100051

图 6－19 数据表修改记录

3. 选择记录 打开数据库，从导航窗格中打开“教师表”。单击表的最左侧的灰色区域，即可选择该记录，此时光标变成向右的黑色箭头，如图 6－20 所示。

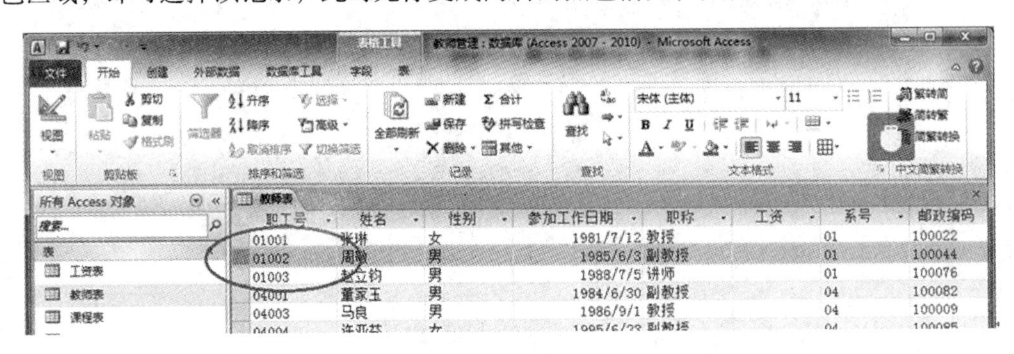

图 6－20 数据表选择记录

4. 删除记录 在对应记录上右击，在弹出的快捷菜单中选择“删除记录”命令即可，如图 6－21 所示。在弹出的“您正准备删除 1 条记录”对话框中单击“是”按钮，即可删除该条记录。

教师表

职工号	姓名	性别	参加工作日期	职称	工资	系号	邮政编码
01001	张琳	女	1981/7/12	教授		01	100022
01002	周敬	男	/6/3	副教授		01	100044
01003	赵立钧	男	/7/5	讲师		01	100076
04001	董家玉	男	/30	副教授		04	100082
04003	马良	男	/9/1	教授		04	100009
04004	许亚芬	女	/6/23	副教授		04	100085
04008	周树春	男	/6/2	教授		04	100051
04012	张振	男	/3/28	助教		04	100085
04022	徐辉	女	/6/28	副教授		04	100051
05001	马俊亭	男	/6/24	讲师		05	100085
05004	张雨生	女	2001/2/28	教授		05	100077
07002	[illegible]	女	1984/7/3	副教授		07	100070

新记录(W)
删除记录(R)
剪切(T)
复制(C)
粘贴(P)
行高(R)...

图 6－21 数据表删除记录

五、表间关联的建立

数据库中的各表之间并不是孤立的，它们彼此之间存在一定的联系，这就是“表间关系”，这也正是数据库系统与文件系统的重点区别。数据库表之间有一对一、一对多和多对多三种关系。要想在表之间建立关系，首先要为表建立索引。

1. 表的索引 索引的概念涉及到记录的物理顺序与逻辑顺序。文件中的记录一般按其磁盘存储顺序输出，这种顺序称为物理顺序。索引不改变文件中记录的物理顺序，而是按某个索引关键字（或表达式）来建立记录的逻辑顺序。在索引文件中，所有关键字值按升序或降序排列，每个值对应原文件中相应记录的记录号，这样便确定了记录的逻辑顺序，对文件记录的操作可以依据这个索引建立的逻辑顺序来操作。以下数据类型的字段值能进行索引设置：文本、数字、货币、日期/时间型。表的主键将自动被设置为索引，而备注、超链接及 OLE 对象等类型的字段则不能设置索引。Access 2010 为每个字段提供了 3 个索引选项："无"、"有（有重复）"、"有（无重复）"。

如果在包含一个或更多索引字段的表中输入数据，则每次添加或更改记录时，Access 都会更新索引。下面介绍索引的建立方法：

方法一：打开数据库，从导航窗格中打开"教师表"。单击"视图"按钮进入表的"设计视图"，选择"职工号"字段，设置字段属性的"索引"行为"有（无重复）"，如图 6－22 所示。用同样的方法，设置"姓名"字段的"索引"属性为"有（有重复）"。

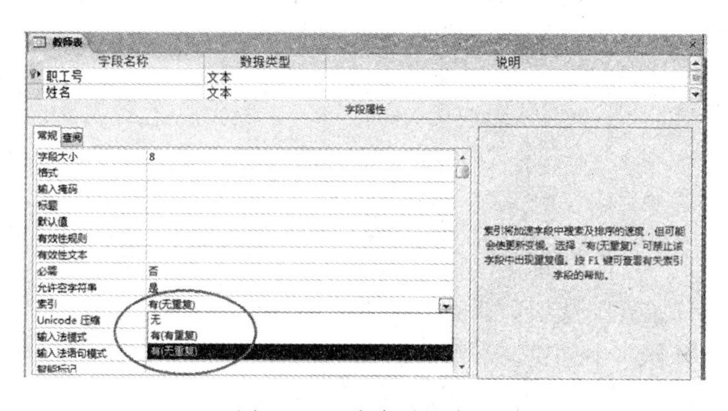

图 6－22　表索引的建立

方法二：打开数据库，从导航窗格双击打开"教师表"。单击"视图"按钮进入表的"设计视图"，在"设计"选项卡下单击"索引"按钮。系统将弹出"索引设计器"，如图 6－23 所示。

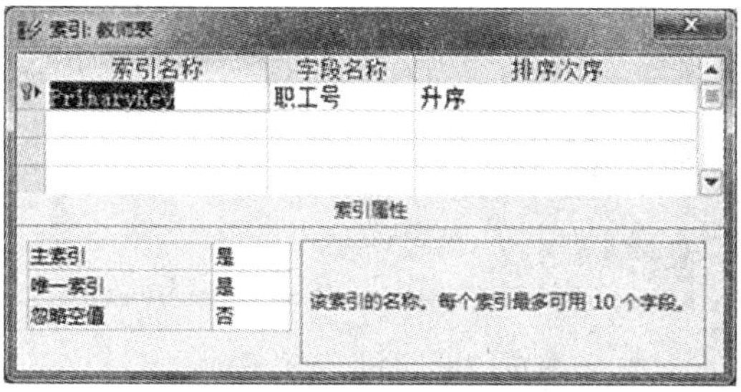

图 6－23　索引设计器

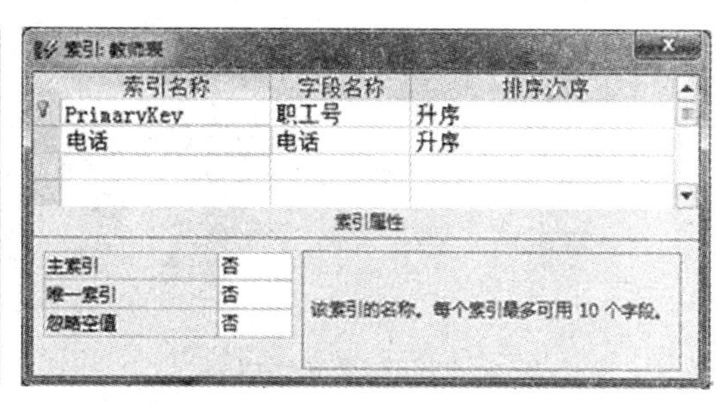

图 6－24　索引设计器 2

用户可以看到索引"设计视图"中已经存在了上面设置的索引。在"索引名称"中输入设置的索引名称，在"字段名称"中选择"电话"字段，"排序次序"选择为"升序"，如图 6－24 所示。还可以设置更多的"索引属性"，如上图中的"主索引"、

“唯一索引”、“忽略空值”等。

2. 表的主键 数据库中的每一个表都应该有一个主键。它用于保证表中的每条记录都是唯一的。如学校为每一个教师分配一个“职工号”，它是唯一的，这个“职工号”就是主键。更改主键时，首先要删除旧的主键，而删除旧的主键，先要删除其被引用的关系。在“设计”选项卡的“工具”组中，单击“主键”按钮，或者单击鼠标右键，在弹出的快捷菜单中选择“主键”命令，为数据表定义主键。

3. 建立一对一表关系 打开数据库，从导航窗格中分别打开“教师表”和“工资表”。单击“视图”按钮，分别进入“设计视图”模式，则可以看到两个表的字段分别如图 6－25、图 6－26 所示。在两个表中记录的都是与某一个教师相关的信息，因此可以建立一对一的关系。

教师表 | 工资表 | 关系

字段名称	数据类型
职工号	文本
姓名	文本
性别	文本
参加工作日期	日期/时间
职称	文本
工资	数字
系号	文本
邮政编码	文本
电话	文本

图 6－25 教师表字段

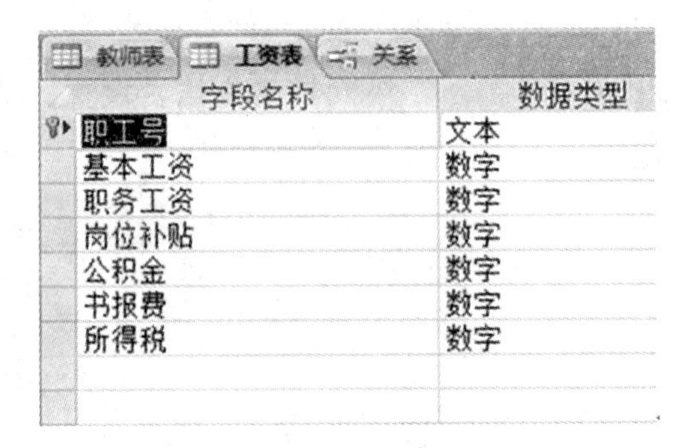

教师表 | 工资表 | 关系

字段名称	数据类型
职工号	文本
基本工资	数字
职务工资	数字
岗位补贴	数字
公积金	数字
书报费	数字
所得税	数字

图 6－26 工资表字段

单击“数据库工具”选项卡下的“关系”按钮。系统打开“关系管理器”，用户可以在“关系设计器”中创建、查看、删除表关系。单击“设计”选项卡下的“显示表”按钮，或者可以单击右键，在弹出的快捷菜单中选择“显示表”命令。选择“教师表”，然后单击“添加”按钮，将“教师表”添加到“关系管理器”中，用同样的方法将“工资表”添加到“关系管理器”中，如图 6－27 所示。

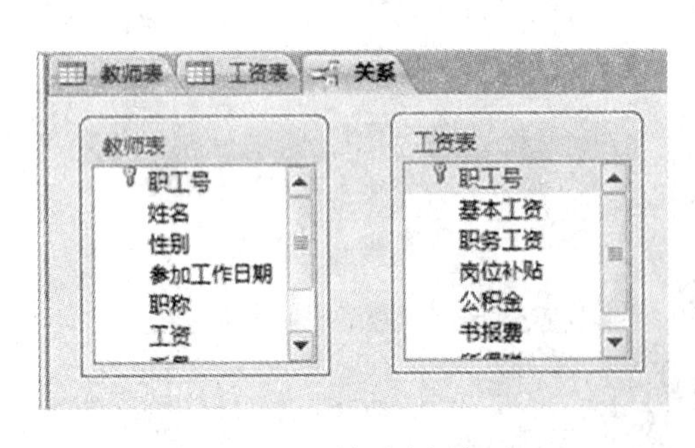

图 6－27 关系中添加表

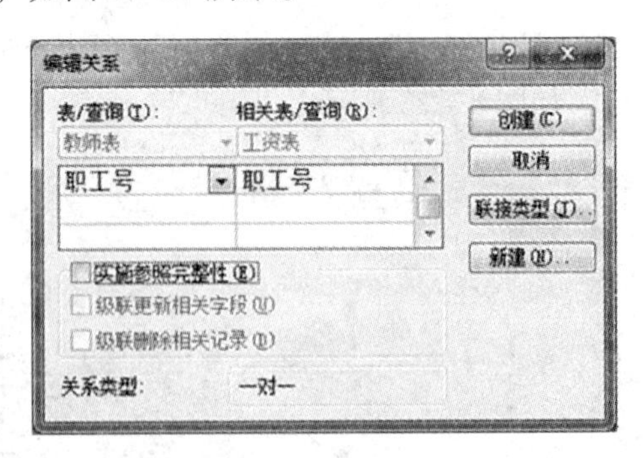

图 6－28 编辑一对一关系

将“教师表”中的“职工号”字段用鼠标拖到“工资表”的“职工号”字段处，松开鼠标后，弹出“编辑关系”对话框，如图 6－28 所示。在该对话框的下方显示两个表的【关系类型】为“一对一”。

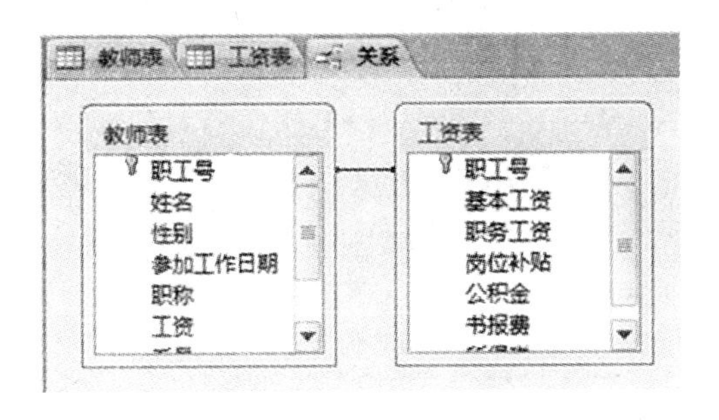

图 6－29　建立一对一关系

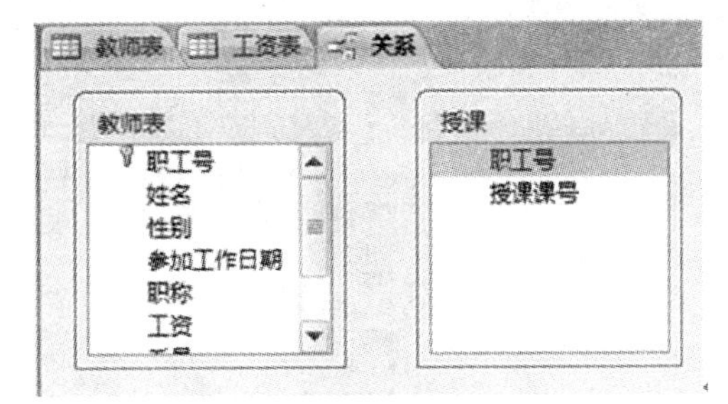

图 6－30　关系中添加表 2

单击“创建”按钮，返回“关系管理器”，可以看到，在“关系”窗口中两个表的“职工号”字段之间出现了一条关系连接线，如图 6－29 所示。

4. 建立一对多表关系　在一对多关系表中，表的“一”端通常为表关系的“主键”字段，并且该表称为主表；表的“多”端为另一个表的一个字段，该字段称为表关系的“外键”。如一个教师可以讲授多门课程，因此，在表关系的一对多中，“一”端应该为“教师表”中的字段，而“多”端应该为“授课表”中的字段。

打开数据库，从导航窗格中分别打开“教师表”和“授课表”。单击“数据库工具”面的“关系”按钮，进入“关系”视图，单击“设计”选项卡下的“显示表”按钮，弹出“显示表”对话框，将“教师表”、“授课表”添加到“关系”窗口中，如图 6－30 所示。

用鼠标拖动“教师表”的“职工号”字段到“授课表”的“职工号”字段处，松开鼠标后，弹出“编辑关系”对话框，并将在该对话框的下方显示两个表的“关系类型”为“一对多”，如图 6－31 所示。单击“创建”按钮，返回“关系管理器”，可以看到，在“关系”窗口中两个表字段之间出现了一条关系连接线，如图 6－32 所示。

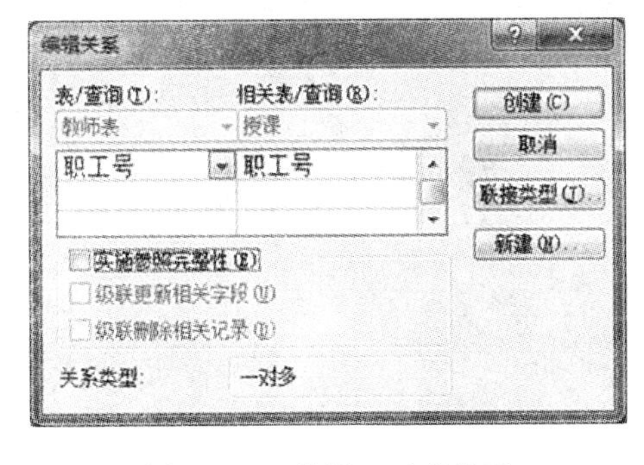

图 6－31　编辑一对多关系

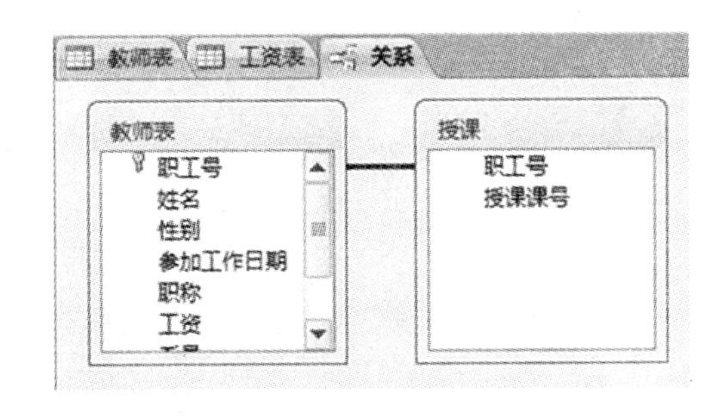

图 6－32　建立一对多关系

六、表的维护

在表的使用中，经常对表的结构和定义进行修改，让数据库系统更符合实际需要。

在“开始”选项卡下单击“视图”按钮，进入表的“设计视图”，可以在此实现对字段的添加、删除和修改等操作，也可以对“字段属性”进行设置。操作界面如图 6－33 所示。

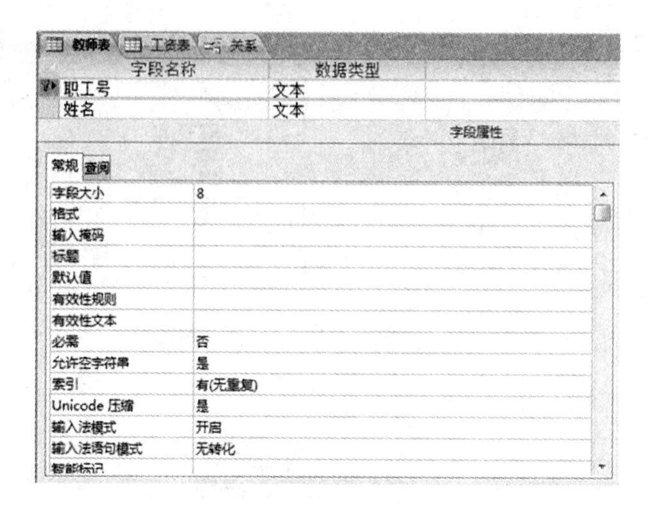
教师表
工资表
关系
字段名称
数据类型
职工号
文本
姓名
文本
字段属性
常规
查阅
字段大小
8
格式
输入掩码
标题
默认值
有效性规则
有效性文本
必需
否
允许空字符串
是
索引
有(无重复)
Unicode 压缩
是
输入法模式
开启
输入法语句模式
无转化

图 6－33 教师表的维护

多媒体技术及应用

21 世纪是信息化社会，以信息技术为主要标志的高新技术产业在整个经济中的比重不断增长，多媒体技术及其产品是当今世界计算机产业发展的新领域。多媒体技术使计算机具有综合处理声音、文字、图像和视频的能力，它以形象丰富的声、文、图等信息和方便的交互性，极大地改善了人机界面，改变了人们使用计算机的方式，从而为计算机进入人类生活和生产的各个领域打开了方便之门。

第一节　多媒体技术概述

多媒体技术是计算机技术发展的重要产物，它不仅应用到教育、通信、工业、军事等领域，也应用到动漫、虚拟现实、音乐、绘画等艺术领域，为这些领域的研究和发展带来勃勃生机。

多媒体技术是 20 世纪后期发展起来的一门新型技术，它大大改变了人们处理信息的方式。早期的信息传播和表达信息的方式，往往是单一的和单向的，随着计算机技术、通信和网络技术、信息处理技术和人机交互技术的发展，拓展了信息的表示和传播方式，形成了将文字、图形图像、声音、动画等各种媒体进行综合、交互处理的多媒体技术。

一、多媒体技术基本概念

在计算机中，“媒体（Medium）”一词有两种含义：一指存储信息的实体，如硬盘、光盘、U 盘等；二指携带信息的载体，如数字、文字、符号、声音、图形、图像、动画、视频等。这里，我们所说的“多媒体（Multimedia）”指的是第二种，即多种信息的载体。

国际电话与电报咨询委员会（CCITT）将媒体做如下分类：

1. 感觉媒体（Perception Medium）　指能直接作用于人的感官，使人直接产生感觉的媒体。如人类的语言、音乐、声音、图形、图像，计算机系统中的文字、数据和文件等都是感觉媒体。

2. 表示媒体（Representation Medium）　是为加工、处理和传输感觉媒体而人为研究，构造出来的一种媒体。表示媒体包括各种编码方式，如语言编码、文本编码、图像编码等。

3. 表现媒体（Presentation Medium）　是指感受媒体和用于通信的电信号之间转换的一类媒体。表现媒体分为两种：一种是输入表现媒体，如键盘、摄像机、光笔、话筒等；另一种是输出表现媒体，如显示器、音箱、打印机等。

4. 存储媒体（Storage Medium）　是用来存放表示媒体，以方便计算机处理、加工和调用，这类媒体主要是指与计算机相关的外部存储设备。

5. 传输媒体（Transmission Medium）　是用来将媒体从一处传送到另一处的载体。如双绞线、同轴电缆、光纤等。

在多媒体技术中所说的媒体一般指感觉媒体。多媒体的英文单词由 multi 和 media 两部分组成，顾名思义，即是将文本、声音、图形、图像、动画和视频等多种媒体元素有机地组合在一起所构成的。在日常生活中，人们经常接触的信息就是由文字、声音等基本元素组合而来的，有了多媒体，人们不仅可以阅读文本还可以收听优美动听的音乐，欣赏精致如真的图片，观看引人入胜的影视动画，玩曲折离奇的网络游戏等。

计算机能处理的信息从时效性上又分为静态媒体（指文本、图形、静态图像等）和时变媒体（指声音、动画、活动影像等）两大类。多媒体技术就是计算机交互、综合处理多种媒体信息，使多种信息建立逻辑连接，集成为一个系统并具有交互性。简言之，多媒体技术就是计算机综合处理声、文、图等信息的技术，具有集成性、实时性和交互性等特点。

二、多媒体技术的特征

根据多媒体技术的定义，多媒体技术具有如下 5 个显著的特征。这也是它区别于传统计算机系统的特征。

1. 多媒体的多样性　人类对信息的接收主要依靠视觉、听觉、触觉、嗅觉和味觉，其中前三者所获取的信息量占 95% 以上。对于现在这样一个信息大爆炸的时代，人们对信息的使用和需求量都是非常大的。然而，单靠人脑显然无法全部记住和使用这些信息。对于大的惊人的多媒体数据量，尤其是在声音和影视方面，全世界都投入了大量的人力和物力，来研究多媒体技术。因为广泛采用图形、图像、视频、音频等媒体信息形式，人们的思维表达得到了更充分更自由的扩展空间。

2. 多媒体的交互性　在具有多媒体技术的系统中，操作可以控制自如，媒体综合处理能力随心所欲。从用户角度看，多媒体技术最突出的特征是它的人机交互功能。电视尽管也具有某些多媒体的特征，但却不能称其为多媒体技术，因为人们在观看电视节目时，只能被动地接受节目内容，而无法控制它、改变它或者与它进行交流，所以它是单向的，不具有交互功能。近些年，许多厂家将网络技术应用到了电视当中，通过联网，人们可以在电视上随意观看更多的节目。因此，多媒体技术向用户提供更有效地使用和控制多媒体信息的手段，用户可以检索丰富的信息资源，还能实现诸如提问与回答，录入与输出等交互功能。

3. 多媒体的实时性　我们在收看多媒体电脑播放的碟片时，发出的声音和图像都不会有停顿的情况（除非碟片的质量有问题），这就要求多媒体技术具有很强的实时处理能力。

4. 多媒体的集成性 多媒体的集成性通常包括两个方面：一是把不同的媒体设备集成在一起，形成多媒体系统，如多媒体计算机的基本配件；二是利用多媒体技术将各种不同的媒体信息有机地结合成一个完整的多媒体信息集合体，如 Flash 可以将文字、声音、图像结合成一个 Flash 文件来进行播放，深受广大动漫爱好者的喜爱。无论是从硬件的 CPU 处理能力的提高，存储设备容量的倍增，网络通信能力的增强，还是从信息管理软件系统功能的完善，集成性都得到了广泛应用。

5. 多媒体使用的方便性 不用出门，只要在家里通过电话或者网络，就可以交水费、电费、煤气费、上网费、手机电话费等；不用出门，只要登录相关网站，就可以购买你所需要的商品；不用去电影院，只要登录电影网站，就可以看你所想看的电影；不用出国，你就可以看到外国的风土人情；不用买书，只要你使用电子书刊，躺在床上就可以听计算机给你读小说……。

三、多媒体计算机系统

多媒体计算机系统是把多种技术综合应用到一个计算机系统中，实现信息输入、信息处理、信息输出等多种功能的系统。一个完整的多媒体计算机系统由多媒体计算机硬件和多媒体计算机软件两部分组成。

1. 多媒体硬件系统 多媒体计算机的硬件组成主要包括两部分：传统计算机基本配置部件，包括主板（Main Board）、中央处理器（CPU）、内存、硬盘（Hard Disk）、光驱（CD－ROM）、显卡、声卡、网卡、显示器、机箱、键盘、鼠标等；扩展设备，如视频卡、扫描仪、数码相机、数码摄像机、打印机、投影仪等。与传统计算机相比，多媒体计算机的 CPU 处理多媒体能力有很大提高。基本多媒体计算机系统组成，如图 7－1 所示。

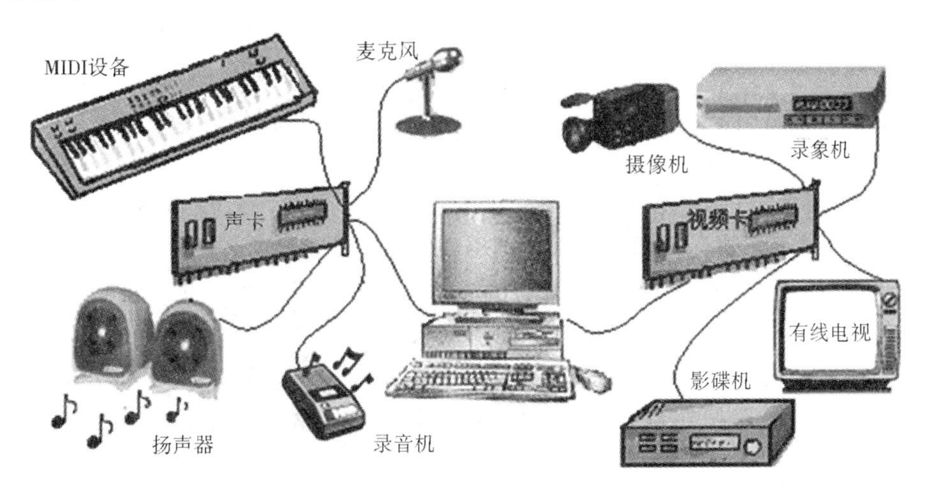

图 7－1 多媒体计算机系统组成

一般来说，多媒体个人计算机（Multimedia Personal Computer，MPC）的基本硬件结构可以归纳为七部分：

（1）至少一个功能强大、速度快的中央处理器（CPU）。

（2）可管理、控制各种接口与设备的配置。

（3）具有一定容量（尽可能大）的存储空间。

（4）高分辨率显示接口与设备。

（5）可处理音响的接口与设备。

（6）可处理图像的接口设备。

（7）可存放大量数据的配置等。

这样提供的配置是最基本 MPC 硬件基础，它们构成 MPC 的主机。除此以外，MPC 能扩充的配置还可能包括如下几个方面：

光盘驱动器：随着硬件以及多媒体技术的发展，目前多媒体计算机上都配有 DVD 刻录光驱，可以以便宜的价格方便的实现图形、动画、图像、声音、文本、数字音频、程序等资源的存储。而随着蓝光光驱（BD－ROM）的逐渐普及，蓝光光驱将成为存储量更大的升级换代理想产品。

音频卡：在音频卡上连接的音频输入输出设备包括话筒、音频播放设备、MIDI 合成器、耳机、扬声器等。数字音频处理的支持是多媒体计算机的重要方面，音频卡具有 A/D 和 D/A 音频信号的转换功能，可以合成音乐、混合多种声源，还可以外接 MIDI 电子音乐设备。

图形加速卡：图文并茂的多媒体表现需要分辨率高，而且同屏显示色彩丰富的显示卡的支持，同时还要求具有 Windows 的显示驱动程序，并在 Windows 下的像素运算速度要快。所以现在带有图形用户接口 GUI 加速器的局部总线显示适配器使得 Windows 的显示速度大大加快。

视频卡：可细分为视频捕捉卡、视频处理卡、视频播放卡以及 TV 编码器等专用卡，其功能是连接摄像机、VCR 影碟机、TV 等设备，以便获取、处理和表现各种动画和数字化视频媒体。

扫描卡：它是用来连接各种图形扫描仪的，是常用的静态照片、文字、工程图输入设备。

打印机接口：用来连接各种打印机，包括普通打印机、激光打印机、彩色打印机等，打印机现在已经是最常用的多媒体输出设备之一了。

交互控制接口：它是用来连接触摸屏、鼠标、光笔等人机交互设备的，这些设备将大大方便用户对 MPC 的使用。

网络接口：是实现多媒体通信的重要 MPC 扩充部件。计算机和通信技术相结合的时代已经来临，这就需要专门的多媒体外部设备将数据量庞大的多媒体信息传送出去或接收进来，通过网络接口相接的设备包括视频电话机、传真机、LAN 和 ISDN 等。

2. 多媒体软件系统

（1）多媒体操作系统：操作系统（Operation System，OS）是计算机的核心，是计算机系统中非常重要的一种系统软件。裸机只有安装了操作系统之后，人机交互才成为可能，有了它，可以使计算机系统中的软件和硬件资源得到有效地管理和控制，它合理的组织计算机的工作流程，为用户提供了一个使用非常方便的工作平台。多媒体操作系统就是具有处理多媒体功能的操作系统，其基本功能是提供处理多媒体信息的各种基本操作和管理方法，使得各种媒体硬件和谐工作，支持实时同步播放。

多媒体操作系统大致分为两类：一类是为特定的交互式媒体系统使用的多媒体操作系统，如 Commodore 公司推出的多媒体计算机 Amiga 系统开发的多媒体操作系统 Amiga DOS，Philips 和 SONY 公司为他们联合推出的 CD – I 系统设计的多媒体操作系统 D – RTOS（Real Time Operation System）等；另一类是通用的多媒体操作系统，最为典型的就是 Windows 系统，如 Windows XP、Windows 7、Windows 8 等。其中 Apple 公司的 Macintosh 是一种应用于苹果计算机上的多媒体操作系统，可称之为多媒体操作系统的先驱。

（2）多媒体驱动软件：对于计算机的硬件来说，不安装驱动程序，操作系统是无法识别该硬件的，用户也就无法使用该硬件资源。换句话说，驱动程序是直接控制硬件的软件部分，多媒体驱动软件也是一样。多媒体驱动软件的功能是，当启动计算机时，其自动完成设备的初始化工作（即加载设备）以及有关设备的各项操作。在我们安装计算机操作系统时，操作系统会自动搜索各个硬件，找到后，提示安装相应驱动软件（每个多媒体硬件都需要一个相应的驱动软件），此时需使用由计算机生产厂商提供的软盘或光盘安装盘来安装驱动程序。简单地说，无驱动软件的多媒体硬件，就像是没有汽油的汽车，无法行驶。现在比较流行的驱动安装软件，如驱动之家、驱动精灵等。

（3）多媒体数据准备软件：多媒体数据准备软件是用于采集、合成各种媒体元素的工具软件，它是由专业人士在多媒体操作系统上开发的，如声音录制与编辑、图像扫描及预处理、动画生成与编辑、动态视频采集等软件。目前，常见的音频编辑软件有 Sound Edit、Cool Edit 等，动画制作软件 Flash、3DMAX 等，图像编辑软件 Photoshop、CorelDraw 等，视频编辑处理软件有 Adobe Premiere 与会声会影等，格式转换软件有格式工厂等，都是非常优秀的多媒体数据准备软件。

（4）多媒体创作软件：多媒体创作软件是提供给开发者制作多媒体作品的创作工具，如 Flash、Photoshop、PowerPoint、Tool Book、Director 等，它们能够对文本、声音、图形、图像、视频剪辑等多种媒体信息进行处理，连接成完整的多媒体作品。

（5）多媒体应用系统：多媒体应用系统包括在多媒体平台上设计开发的面向应用的多媒体作品，这些作品多是由一些专家或是开发人员根据某些领域的实际需要，利用多媒体数据准备软件和多媒体创作软件，并借助一定的计算机语言，组织编排大量的多媒体数据而研发出来的。其应用领域十分广泛，主要有文化教育、医疗部门、信息系统、电子出版、影视电台、网络电玩、动画等。

四、多媒体技术的应用

随着多媒体技术的不断发展，多媒体技术的应用也越来越广泛。多媒体技术涉及文字、图形、图像、声音、视频、网络通信等多个领域，多媒体应用系统可以处理的信息种类和数量越来越多，极大地缩短了人与人之间、人与计算机之间的距离。多媒体技术的标准化、集成化以及多媒体软件技术的发展，使信息的接收、处理和传输更加方便快捷。多媒体技术的应用领域主要有以下 5 个方面。

1. 教育培训领域　现在多媒体制作工具的相关技术已经比较成熟，多媒体计算机辅助教学已经在教育教学中得到了广泛的应用，多媒体教材通过图、文、声、像的有机组合，能多角度、多侧面地展示教学内容。利用计算机存储容量大、显示速度快的特点，能快速展现和处理教学信息，拓展教学信息的来源，扩大教学容量，并且能够在有限的时间内检索到所需要的内容。多媒体教学网络系统在教育培训领域中得到广泛应用，教学网络系统可以提供丰富的教学资源，优化教师的教学，更有利于个别化学习。多媒体教学网络系统在教学管理、教育培训、远程教育等方面发挥着重要的作用。

2. 电子出版领域　电子出版是多媒体技术应用的一个重要方面。我国国家新闻出版署对电子出版物曾有过如下定义：电子出版物是指以数字代码方式将图、文、声、像等信息存储在磁、光、电介质上，通过计算机或类似设备阅读使用，并可复制发行的大众传播媒体。电子出版物的内容可以是多种多样的，当 CD－ROM 光盘出现以后，由于 CD－ROM 存储量大，能将文字、图形、图像、声音等信息进行存储和播放，出现了多种电子出版物，如电子杂志、百科全书、地图集、信息咨询、剪报等。电子出版物可以将文字、声音、图像、动画、影像等种类繁多的信息集成为一体，存储密度非常高，这是纸质印刷品所不能比的。

3. 娱乐领域　随着多媒体技术的日益成熟，多媒体系统已大量进入娱乐领域。多媒体计算机游戏和网络游戏，不仅具有很强的交互性而且人物造型逼真、情节引人入胜，使人容易进入游戏情景，如同身临其境一般。数码照相机、数码摄像机、DVD、智能手机等越来越多的进入到人们的生活和娱乐活动中。

4. 信息检索领域　多媒体技术在咨询服务领域的应用主要是使用触摸屏查询相应的多媒体信息，如宾馆饭店查询、展览信息查询、图书情报查询、导购信息查询等，查询信息的内容可以是文字、图形、图像、声音和视频等。查询系统信息存储量较大，使用非常方便。

5. 多媒体网络通信领域　20 世纪 90 年代，数据通信的快速发展为实施多媒体网络通信奠定了技术基础。网络多媒体应用系统主要包括可视电话、多媒体会议系统、视频点播系统、远程教育系统、IP 电话等。多媒体网络是多媒体应用的一个重要方面，通过网络实现图像、语音、动画和视频等多媒体信息的实时传输是多媒体时代用户的极大需求。这方面的应用非常多，如视频会议、远程教学、远程医疗诊断、视频点播以及各种多媒体信息在网络上的传输。远程教学是发展较为突出的一个多媒体网络传输应用。多媒体网络的另一目标是使用户可以通过现有的电话网络、有线电视网络实现交互式宽带多媒体传输。

多媒体技术的广泛应用必将给人们的工作和生活的各个方面带来新的体验，而越来越多的应用也必将促进多媒体技术的进一步发展。

五、多媒体产品的版权问题

版权是对权利人所创作的具有原创性作品的法律保护。版权包括两种主要的权利：经济权利和精神权利。经济权利是指进行复制、广播、公开表演、改编、翻译、公开朗诵、公开陈列、发行等方面的权利。精神权利包括作者反对对其作品进行歪曲、篡改或其他有可能损害其荣誉或声誉的修改的权利。

这两类权利均属于可以行使这些权利的创作者。行使权利就意味着他能够自己使用该部作品，也能够允许他人使用该作品或可以禁止他人使用该作品。总的原则就是受版权保护的作品在未经权利人许可的情况下不得使用。

多媒体作品是指将传统的单纯以文字方式表现的计算机信息以图形、动画、声音、音乐、照片、录像等多种方式来展现的作品。因为多媒体作品能够满足人们在相同的时间接受更多的信息需求，所以它受到人们的普遍欢迎。随着 Internet 和通信技术的飞速发展，网络多媒体的分发、复制和编辑变得越来越普遍，而多媒体版权问题也受到了越来越多的关注。但由于多媒体作品是一种新出现的作品形式，因此在对它进行著作权保护时也遇到了新问题。

首先对于多媒体作品的类型定性问题，目前各国及各种国际公约中所列举的各种类型的著作权作品，一般并没有提到多媒体作品。对于有无必要在著作权法中专门为多媒体作品单独列为一种类型，学术界持两种观点：一种认为，多媒体作品并没有改变汇编作品的属性，因此应从属于汇编作品。另一种则认为，多媒体作品是一种交互式的作品，使用者可以自由地根据自己的需要重新组织整个作品的结构，并且多媒体作品创作工序比较复杂，作者在制作过程中付出的创造性劳动要明显地高于传统的汇编作品。因此，主张将其单独列为一种作品类型。在对多媒体作品的定性问题上目前仍存在着很大争议。

其次是制作多媒体作品时取得在线作品的授权问题。由于多媒体作品自身的特性，它在创作时必然要利用大量的在线作品作为创作素材，在此情况下，寻找每一个在线作品的权利人并取得他们的授权，需要付出很大的成本，这一现象已经成为阻碍多媒体发展的主要因素之一，理应引起我们的重视。

在美国，长期存在着一个专门的著作权集体管理组织来进行传统版权的授权工作。因此，在创作时，要取得有关在线作品的授权是比较容易的。现在，美国的有关机构又开始筹建专门的数字化作品授权组织，针对数字化作品的特点发布标准的授权条件。1992 年我国成立了第一个专业性的著作权集体管理组织——中国音乐著作权协会。现在我们需要在此基础上逐步向数字化作品授权管理方面发展。

在这个法律制度日益完善的时代，版权保护与我们当代大学生密切相关。作为多媒体信息时代的用户主力群体，大学生应该在开发、利用多媒体作品时增强版权意识，提高自主创新能力，从自身做起，从远离侵权和盗版行为做起，做一个遵纪守法、尊重他人版权，懂得依法维护自己版权的文明知识青年。

第二节　多媒体信息处理技术

一、多媒体信息的表示

1. 字符和文字　我们可以通过键盘输入、语音输入、手写识别等方式实现字符和文字的数字化输入。在人机交互领域中，文本主要分为未格式化及格式化两种形式。

（1）未格式化文本：组成文本的字符来自于特定的字符集，其中的字符有固定的大小，并且风格单一。这种文字形式可读性相对较差，由于不包括定义格式的命令，故交换信息比较容易。未格式化文本常用于书写计算机程序或向计算机提交命令。

（2）格式化文本：格式化文本对文本中的字符、字号和格式都有一定的规定。格式化文本在显示时所见到的结果与打印输出所得到的结果类似，也就是所见即所得。

2. 图形与图像　图形和图像都是非文本信息，它们都可以被显示或打印。图形类似于书或杂志中的线画图，而图像则类似于书中的照片。

图形和静态图像是计算机技术与美术艺术相结合的产物，在计算机中，表达它们一般分为位图和矢量图两种方法。这两种方法各有优点，同时各自也存在缺点，幸而它们的优点恰好可以弥补对方的缺点，因此在图像处理过程中，常常需要两者相互取长补短。

位图（Bit Mapped Image），也叫点阵图，是把图分成许许多多的像素点，其中每个像素用若干二进制位来指定该像素的颜色、亮度和其他属性。因此一幅图由许许多多的描述每个像素的数据组成，这些数据通常被称为图像数据，把这些数据作为一个文件来存储，被称为位图文件。比如，画一条“直线”，就是用许多代表像素点颜色的数据来替代该直线，当把这些数据所代表的像素点显示出来后，这条直线也就相应出现了。

矢量图（Vector Based Image），是用一系列计算机指令来表示一幅图，如画点、画直线、画曲线、画圆、画矩形等。这种方法与数学方法是紧密联系的，利用数学方法描述一幅图，会得到许许多多的数学表达式，再利用编程语言来实现。比如，要画一条“直线”，利用向量法，首先有一数据说明该元素为直线，另外使用其他数据注明该直线的起始坐标及其方向、长度（即矢量）或终止坐标。这样的图形不论你把它放大多少倍，它依然清晰。

这里让我们对比一下位图与矢量图的优缺点：

（1）位图文件占据的存储空间要比矢量图大。

（2）在放大时，位图文件可能由于图像分辨率固定，而变的不清晰；而矢量图采用数学计算的方法，无论你怎么将它放大，它都是清晰的。

（3）矢量图一般比较简单，而位图可以非常复杂。试想，一张真实的山水照片，用数学方法显然是很难甚至于无法描述的。

（4）矢量图不好获得，必须用专用的绘图软件制作，如 Adobe 公司的 Illustrator 就是一种应用于出版、多媒体和在线图像的工业标准矢量插画的软件。Office 中提供的剪贴画也属于矢量图。而位图获得的方法有很多，可以利用画图程序软件绘制，也可以利用扫描仪、数码照相机、数码摄像机及视频信号数字化卡等设备把模拟的图像信号变成数字位图图像数据。

（5）在运行速度上，对于相同复杂度的位图和矢量图来说，显示位图比显示矢量图要快，因为矢量图的运行需要计算。

在多媒体计算机中，可以处理的图像文件格式有很多，每种格式有各自的特点，我们主要介绍以下几种常用的图像格式：

（1）BMP 是 Microsoft 公司图形文件自身的点位图格式，支持 1～24bit 色彩。BMP 格式保存的图像质量不变，文件也比较大，因为要保存每个像素的信息。

（2）JPEG 是一种最常用的有损压缩图像文件。我们在相应程序中以“jpg”文件格式进行存储时，会进一步询问使用哪档图像品质来压缩。尽管它是一种主流格式，但在需要输出高质量图像时不使用 JPG 而应选 EPS 格式或 TIF 格式。

（3）GIF 是一种图像交换格式，可提供压缩功能，但只支持 256 色，很少用于照片级的图像处理工作。在 PhotoShop 中把对颜色数要求不高的图片变为索引色，再以 GIF 格式保存，使文件缩小后用更快的速度在网上传输，因此网页上所用的许多图像文件都采用这种文件格式。

（4）PSD 是 Photoshop 的专用格式，能保存图像数据的每一个细小部分，包括像素信息、图层信息、通道信息、蒙版信息、色彩模式信息，所以 PSD 格式的文件较大。而其中的一些内容在转存为其他格式时将会丢失。

（5）PNG 是网景公司开发的支持新一代 WWW 标准而制定的较为新型的图形格式，它综合了 JPG 和 GIF 格式的优点，支持 24bit 色彩，压缩不失真并支持透明背景和渐显图像的制作，所以称它为传统 GIF 的替代格式。在 Web 页面中，通常使用的图片格式有 JPG 、GIF 和 PNG。

（6）TIF 是一种跨平台的位图格式，采用的 LZW 压缩算法是一种无损失的压缩方案，常用来存储大幅图片。

（7）EPS 是 Adobe 公司矢量绘图软件 Illustrator 本身的向量图格式，EPS 格式常用于位图与矢量图之间交换文件。在位图处理软件 PhotoShop 中打开 EPS 格式时是通过“文件”菜单的“导入”命令来进行点阵化转换的。

3. 音频 音频又称声音或音频信号，它由机械振动产生，是人类表达思想情感的主要媒体，因此在媒体信息当中，声音所占的比重是比较大的。声音主要包括波形声波，语音和音乐三种，而现代多媒体技术中最常用的数字音频则是利用数字化手段对声音进行录制、存放、编辑、压缩或播放的技术。计算机中数据的存储是以 0、1 的形式存取的，那么音频的数字化就是利用一定的编码技术对模拟声音进行采样、量化、压缩及还原的过程。随着多媒体技术的发展，数字音频技术改变了传统广播中使用磁带的存储方式，它具有存储方便、成本低廉、传输速度快、易于编辑等特点。常见的数字音频文件格式有以下几种：

（1）MIDI（Musical Instrument Digital Interface）是“乐器数字接口”的缩写，泛指数字音乐的国际标准。MIDI 音频文件，是指存放 MIDI 信息的标准文件格式。MIDI 文件中包含音符、定时和多达16个通道的演奏定义。文件包括每个通道的演奏音符信息：键通道号、音长、音量和力度（击键时，键达到最低位置的速度）。由于MIDI文件是一系列指令，而不是波形，它需要的磁盘空间非常少。

（2）CD格式是比较常见的，平常听的CD碟片，每一首歌就是以CDA音轨的格式存储在光盘中的，这种格式的音乐音质最好，但存储容量很大，一张650MB的光盘最多存储十几首歌曲，由于音质好，至今仍受到许多音乐爱好者的青睐。因为CD音轨可以说是近似无损的，因此它的声音基本上是忠于原声的。

（3）WAV是微软公司开发的一种声音文件格式，用于保存Windows平台的音频信息资源，被Windows平台及其应用程序所支持。支持多种音频位数、采样频率和声道，标准格式的WAV文件和CD格式一样，所以WAV格式的声音文件质量和CD相差无几，也是目前PC机上广为流行的声音文件格式，一般在影视上用的配音文件就是这种格式，几乎所有的音频编辑软件都"认识"WAV格式。

（4）MP3格式也就是MPEG Audio Layer 3，指的是MPEG标准中的音频部分。需要注意的是，MPEG音频文件的压缩是一种有损压缩，它是牺牲了声音文件中12KHz—16KHz高音频部分的质量来换取文件的尺寸。相同长度的音频文件，用*.mp3格式来储存，一般只有*.wav文件的1/10～1/15，而音质要次于CD格式或WAV格式的声音文件。由于其文件尺寸小，音质好，直到现在，这种格式的音乐还作为主流音频格式地位存在。

（5）APE是目前流行的数字音乐文件格式之一。与MP3这类有损压缩方式不同，APE是一种无损压缩技术，也就是说当你从CD上读取的音频数据文件压缩成APE格式后，你还可以再将APE格式的文件还原，而还原后的音频文件与压缩前几乎没有损失。APE的文件大小大概为CD的一半，也就是说一张普通的音乐CD（650MB左右）用APE格式保存后，只需用300左右的磁盘空间，随着宽带的普及，APE格式受到了许多音乐爱好者的喜爱，特别是对于希望通过网络传输音频CD的朋友来说，APE可以帮助他们节约大量的资源。

（6）WMA格式来是自于微软的重量级选手，后台强硬，音质要强于MP3格式，更远胜于RA格式，它具有比MP3更高的压缩率，这种文件要在Windows媒体播放器8.0以上版本才可顺利播放。WMA在微软的大规模推广下已经得到了越来越多站点的承认和大力支持，在音乐领域中直逼MP3。因此，几乎所有的音频格式都感受到了WMA格式的压力。

（7）OGG格式是一种音频压缩格式，类似于MP3等现有的通过有损压缩算法进行音频压缩的音频格式。现在创建的OGG文件可以在未来的任何播放器上播放，因为这种格式文件可以不断地进行大小和音质的改良，而不影响原有的编码器或播放器。这种格式的文件是近年来在网上流行的一种音频格式。

4. 视频　所谓视频信息简单地说就是动态的图像。视频就是利用人眼的暂留特性产生运动影像，当一系列的图像以每秒25幅或以上的速度呈现时，眼睛就不会注意到所看到的影像是不连续的图像，这里的每一幅图像我们称之为"帧"，每秒钟播放的帧的个数就是"帧速率"，所有视频系统（如电影和电视）都是应用这一原理来产生动态图像的。

数字视频（Digital Video）是利用多媒体计算机和网络的数字化、大容量、交互性特点以及快速处理能力，对视频信号进行采集、处理、传播和存储，将模拟信号转换成数字信号在计算机或数字电视中播放，即数字化视频是以数字化方式记录连续变化的图像和声音信息的系统。常用的数字视频格式有以下几种：

（1）AVI 格式于 1992 年被 Microsoft 公司推出，AVI 是影视编辑中最常用的视频文件格式，可以被称为影音格式的鼻祖。这种视频格式的优点是图像质量好，可以跨越多平台使用，其缺点是体积过于庞大，而且更糟糕的是压缩标准不统一，最普遍的现象就是高版本 Windows 媒体播放器播放不了采用早期编码编辑的 AVI 格式视频，而低版本 Windows 媒体播放器又播放不了采用最新编码编辑的 AVI 格式视频。

另外还有 DV - AVI 格式（摄像机采集常用），DV 的英文全称是 Digital Video Format，是由索尼、松下、JVC 等多家厂商联合提出的一种家用数字视频格式。目前非常流行的数码摄像机就是使用这种格式记录视频数据的。它可以通过电脑的 IEEE 1394 端口传输视频数据到电脑，也可以将电脑中编辑好的的视频数据回录到数码摄像机中。这种视频格式的文件扩展名一般是 avi，所以也叫 DV - AVI 格式。

（2）MPEG 是家里常看的 VCD、SVCD、DVD 文件格式。MPEG 文件格式是运动图像压缩算法的国际标准，它采用了有损压缩方法减少运动图像中的冗余信息而达到高压缩比的目的，当然这是在保证影像质量的基础上进行的。MPEG 的平均压缩比为50∶1，最高可达 200∶1，压缩效率之高由此可见一斑。MPEG 已成功应用于电视节目存储、传输和播出领域。MPEG 标准主要有以下五个，MPEG - 1、MPEG - 2、MPEG - 4、MPEG - 7 及 MPEG - 21 等。

（3）DivX 格式是由 MPEG - 4 衍生出的另一种视频编码（压缩）标准，也即我们通常所说的 DVDRip 格式，它采用了 MPEG - 4 的压缩算法同时又综合了 MPEG - 4 与 MP3 各方面的技术，说白了就是使用 MPEG - 4 压缩技术对 DVD 盘片的视频图像进行高质量压缩，同时用 MP3 或 AC3 对音频进行压缩处理，然后再将视频与音频合成并加上相应的外挂字幕文件而形成的视频格式。其画质直逼 DVD 并且文件大小只有 DVD 的 1/10 ~ 1/12。这种编码对机器的要求也不高，所以 DivX 视频编码技术可以说是一种对 DVD 造成威胁最大的新生视频压缩格式。

（4）MOV 格式是 Apple 公司开发的一种音频、视频文件格式。很早微软就将该格式引入 PC 的 Windows 操作系统，我们只需在 PC 机中安装 QuickTime 媒体播放软件就可播放 MOV 格式的影音文件。

（5）ASF 格式是微软为了和现在的 Real Player 竞争而推出的一种视频格式，用户可以直接使用 Windows 自带的 Windows Media Player 对其进行播放。其它视频播放器需安装相应插件才可正常播放。由于它使用了 MPEG - 4 的压缩算法，所以压缩率和图像的质量都很不错。

（6）WMV 格式也是微软推出的一种采用独立编码方式并且可以直接在网上实时观看视频节目的文件压缩格式。WMV 文件主要优点包括：本地或网络回放、可扩充的媒体类型、部件下载、可伸缩的媒体类型、流的优先级化、多语言支持、环境独立性、丰富的流间关系以及扩展性等。

（7）RM 格式是 RealNetworks 公司开发的一种新型流式视频文件格式。用户可以使用 RealPlayer 或 RealOne Player 对符合 RealMedia 技术标准的网络音、视频资源进行实况转播并且 RealMedia 可以根据不同的网络传输速率制定出不同的压缩比率，从而实现在低速率的网络上进行影像数据实时传送和播放。RM 和 ASF 格式可以说各有千秋，通常 RM 视频更柔和一些，而 ASF 视频则相对清晰一些。

（8）SWF 格式是基于微软公司 Shockwave 技术的流式动画格式，是用 FLASH 软件制作成的格式。由于它体积小，功能强，交互能力好，现在很多移动播放器都支持 SWF 格式的文件，也越来越多地应用到网络动画中。

（9）FLV 格式是 FLASH VIDEO 格式的简称，随着 FLASH 的推出，FLASH 推出了属于自己的流媒体视频格式—FLV 格式。FLV 流媒体格式是一种新的视频格式，由于它形成的文件极小、加载速度也极快，这就使得网络观看视频文件成为可能，FLV 视频格式的出现有效地解决了视频文件导入 FLASH 后，使导出的 SWF 格式文件体积庞大，不能在网络上很好的使用等缺点，因此目前国内外主流的视频网站，如优酷网等都使用这种格式的视频在线观看。

（10）3GP 是一种 3G 流媒体的视频编码格式，主要是为了配合 3G 网络的高传输速度而开发的，也是目前手机中最为常见的一种视频格式。目前有许多具备摄像功能的手机，拍出来的短片文件其实都是以 3GP 为后缀的。

二、多媒体数据压缩技术

多媒体数据在表示、传输和处理大量数字化声音、图像、视频信息时，数据量是非常大的。例如，一幅具有中等分辨率（640×480 像素）真彩色图像（24 位/像素），它的数据量约为每帧 7.37Mb。若要达到每秒 25 帧的全动态显示要求，每秒所需的数据量为 184Mb，而且要求系统的数据传输速率必须达到 184Mb/s，这在目前是无法达到的，对于声音也是如此。由此可见音频、视频的数据量之大。如果不进行处理，计算机系统几乎无法对它进行存取和交换。因此，在多媒体计算机系统中，为了达到令人满意的图像、视频画面质量和听觉效果，必须解决视频、图像、音频信号数据的大容量存储和实时传输问题。解决的方法，除了提高计算机本身的性能及通信信道的带宽外，更重要的是对多媒体数据进行有效的压缩。

多媒体数据之所以能够压缩，是因为视频、图像、声音这些媒体具有很大的压缩力。以目前常用的位图格式的图像存储方式为例，在这种形式的图像数据中，像素与像素之间无论在行方向还是在列方向都具有很大的相关性，因而整体上数据的冗余度很大。在允许一定限度失真的前提下，能对图像数据进行很大程度的压缩。

数据的压缩实际上是一个编码过程，即把原始的数据进行编码压缩。数据的解压缩是数据压缩的逆过程，即把压缩的编码还原为原始数据。因此数据压缩方法也称为编码方法。

评价一种数据压缩技术性能好坏的关键指标主要有以下三种：

压缩比：指压缩过程中输入数据量和输出数据量之比。一般来说，压缩比大的为好。

图像质量：是指压缩后的重建图像与原图像之间的差异，评判的标准有主观评分和客观两种尺度。主观评分是建立在人眼对图像的视觉感官上的，可以分成“非常好”、“好”、“一般”、“差”、“非常差”5个等级。客观尺度则使用特定的数学公式进行计算得到。

压缩和解压缩的速度：一般来说是希望速度尽可能快。在不同的应用场合，对压缩和解压速度的要求会存在很大的差别。

数据压缩主要就是要对数据冗余部分进行压缩处理。数据冗余就是指在一个数据集合中重复的数据部分。音频、图像和视频数据中存在的冗余主要有以下几种：

时间冗余：时间上连续的多个帧画面之间存在相似性和相关性，可以将重复存储的部分去掉，就可以减少很多数据量。

空间冗余：图像本身的数据冗余。比如，一个黑色像素旁有几十个红色像素，用不着存储几十个红色像素的数据，只用存储红色像素的个数就可以了。

视觉冗余：人眼对于图像场的注意是非均匀的，人眼并不能察觉图像场的所有变化。事实上，人类视觉的分辨能力为26灰度等级，而一般图像的量化采用的是28灰度等级，即存在着视觉冗余。

听觉冗余：人耳对不同频率的声音的敏感性是不同的，并不能察觉所有频率的变化，对某些频率不必特别关注，因此存在听觉冗余。

根据多媒体数据冗余类型的不同，相应地有不同的压缩方法。根据压缩编码后数据与原始数据是否完全一致进行分类，压缩方法可以分为无损压缩和有损压缩两大类。

无损压缩：也称为冗余压缩或无失真压缩。冗余压缩法去掉或者减少了数据中的冗余，但这些冗余数据是用特定的方法重新插入到数据中。冗余压缩是可逆的，它能保证百分之百地恢复原始数据。在多媒体技术中，一般用于文本的压缩。但这种方法压缩比较低，一般在2:1~5:1之间。

有损压缩：也称为有失真压缩或熵压缩法。压缩了熵，会减少信息量，而损失的信息量是不能恢复的，因此这种压缩方法是不可逆的。这种方法适合对图像、声音、动态视频等数据进行压缩，对动态视频的压缩比可达到50:1~200:1。当然，对多媒体数据进行有损压缩后，就涉及到压缩质量的问题，一般的要求是压缩后的内容不应该影响人们对信息的理解。

三、多媒体新技术发展

随着信息数字化的不断发展，多媒体技术在数据存储、网络通信、信息检索与虚拟现实等方面都有了飞跃性的进步。

1. 多媒体数据存储技术　由于多媒体信息的数据量大，实时性强的特点，开发大容量、高速度和性能可靠的存储器是多媒体技术的关键。目前硬盘技术和光盘技术发展迅速，为多媒体存储技术带来强大的硬件支持。

2. 多媒体数据库技术　随着多媒体计算机技术、数据库技术与人工智能技术的发展，多媒体数据库、面向对象数据库以及智能化多媒体数据库的发展越来越迅速，将形成对多媒体数据库的数据模型、数据压缩/还原、数据库操作等进行有效的管理。

3. 多媒体网络与通信技术 随着网络、通信技术和多媒体技术的不断发展，人们之间的沟通方式变得多种多样。如现在使用的 IP 电话、视频电话、语音对话和数字图书馆以及一些大规模的网络服务，如电子商务、远程教育等都是随着多媒体技术的发展而逐渐发展起来的。

4. 多媒体信息检索技术 多媒体信息检索技术是根据用户的要求，对文本、图像、声音及动画等多种媒体进行检索，从而得到用户需要的信息。对于庞大的多媒体信息库，单凭关键字很难实现对多媒体信息的描述和检索，目前基于内容的信息检索技术是一种新技术，它是对多媒体对象的内容及上下文语义环境进行检索，如对图像中的颜色、纹理，视频中的场景片段进行分析，并基于这些片段进行相似性匹配。

5. 多媒体虚拟现实技术 虚拟现实（Virtual Reality）是一种可以让人与计算机生成的虚拟环境进行自然交互的人机界面。虚拟现实技术是多媒体技术发展的更高境界，它利用数字媒体系统生成的一个具有逼真的视觉、听觉、触觉和嗅觉的模拟现实环境，接受者可以用人的自然技能对这一虚拟的现实进行交互体验，就如同在现实中体验一样。目前，虚拟现实技术在工业、农业、医学、商业及娱乐等多个领域都得到广泛的应用。

第三节 多媒体软件应用

一、多媒体文件格式转换软件——格式工厂

对于我们日常中使用到的音频、视频和图像等多媒体文件通常都拥有不同的文件格式类型，而不同的硬件设备也同时匹配着一些不同的文件格式，如果要想这些不同类型的文件能在硬件设备上进行播放的话，有时候我们只能通过格式的转换来实现。本节中为大家介绍一款免费格式转换软件——格式工厂（Format Factory）。

1. 格式工厂的功能与环境界面 格式工厂是一款完全免费的多功能多媒体格式转换软件，适用于 Windows 操作系统。可以实现大多数视频、音频以及图像不同格式之间的相互转换。转换可以具有设置文件输出配置，增添数字水印等功能。该软件支持 62 个国家语言，安装界面只显示英文，软件启动后才会是中文。软件的主要功能是音视频、图片格式转换，转换的目的当然是能够适应你的设备播放格式，比如你使用的 PSP 视频格式，各种手机支持的 3GP、MP4 等。

格式工厂的最新版本提供以下功能：

（1）所有类型视频转到 MP4、3GP、AVI、MKV、WMV、MPG、VOB、FLV、SWF、MOV、RMVB（需要安装 Realplayer 或相关的译码器）、XV（迅雷独有的文件格式）转换成其他格式。

（2）所有类型音频转到 MP3、WMA、FLAC、AAC、MMF、AMR、M4A、M4R、

OGG、MP2、WAV。

(3) 所有类型图片转到 JPG、PNG、ICO、BMP、GIF、TIF、PCX、TGA。

(4) 支持几乎所有品牌的移动设备和移动设备兼容格式 MP4、3GP、AVI。

(5) 转换 DVD 到视频文件，转换音乐 CD 到音频文件。DVD/CD 转到 ISO/CSO，ISO 与 CSO 互转源文件支持 RMVB。

(6) 可设置文件输出配置（包括视频的屏幕大小，每秒帧数，比特率，视频编码；音频的采样率，比特率；字幕的字体与大小等）。

(7) 高级项中还有“视频合并”与查看“多媒体文件信息”。

(8) 转换过程中可修复某些损坏的视频。

(9) 实现媒体文件压缩，可提供视频的裁剪。

(10) 转换图像档案支持缩放、旋转、数码水印等功能。

(11) 支持从 DVD 复制视频、从 CD 复制音乐。

也就是说，我们利用格式工厂可以简单的实现视频、音频和图像的格式转换、视频与音频的合并、视频与音频的剪切、混流等功能。

格式工厂的工作环境如图 7-2 所示，从上至下依次为菜单栏、工具栏、功能区和任务区。用户使用格式工厂的一个最大的原因是操作简单，尽管现在一些新出的转换工具很简单，但在功能上却又过于精简。格式工厂左侧的功能区中所有的转换格式和功能一目了然。

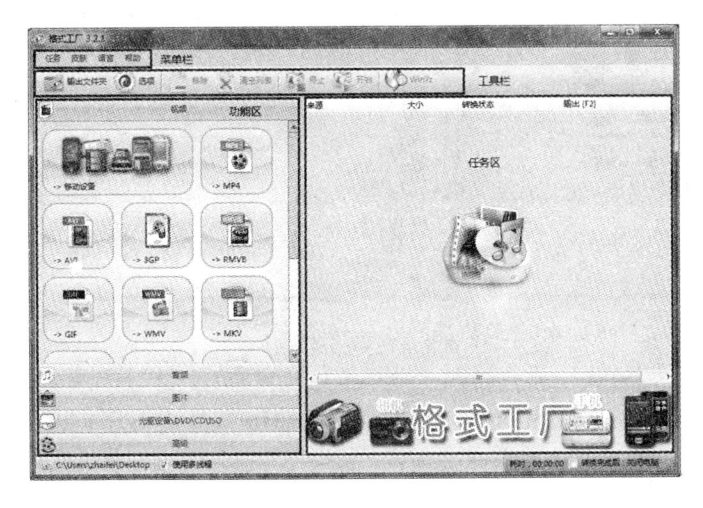

图 7-2 格式工厂的工作环境

工具栏如图 7-3 所示，包含输出文件夹、选项、移除、清空列表、停止和开始按钮。

图 7-3 格式工厂的工具栏

输出文件夹：打开输出文件夹。

选项：弹出选项页。

移除：从列表中移除所选任务。

清空列表：清空列表里所有任务。

停止：停止转换任务。

开始：开始或者暂停转换任务。

下面我们通过简单的实例来了解一下格式工厂的使用方法。

2. 格式工厂实例——视频转换为移动设备上的视频　随着移动设备的普及，我们经常会利用手机等移动设备欣赏视频。如何将自己喜欢的视频转换成移动设备支持的视频格式，保存到我们的移动设备上以便随时观看呢。我们以一个 mpg 格式的视频为例，讲解利用格式工厂将视频转换为移动设备上的视频的方法。

（1）单击左侧功能区中“视频”→“移动设备”选项，出现如图 7－4 所示的设置界面。在这里我们可以选择将要使用的移动设备的类型，也可以对各项输出配置进行设置。

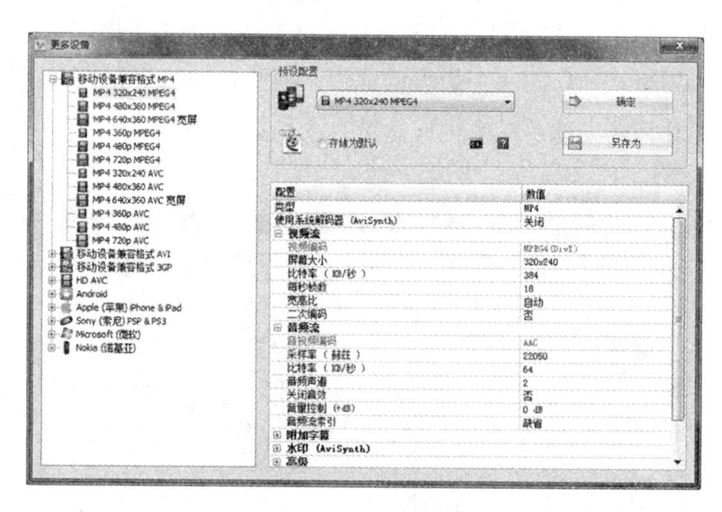

图 7－4　移动设备视频格式转换参数设置界面

使用系统解码器（AviSynth）：如果你遇到输出文件声音不同步，或者需要添加 SSA 文件字幕效果的话，请开启此选项；

视频流参数：

屏幕大小：宽×高。设置成“默认”，会和原文件的相同。

比特率：视频流每秒钟使用的比特数，用于描述视频质量。比如说我的手机画面大小为 320×240，那么 384kb/s 比较合适。如果设置成“默认”，会自动根据画面大小计算最佳值。

每秒帧数：每秒播放的画面数，一般为 10～30，移动设备上播放最好设为 18～25。如果设置成“默认”，会和原文件的相同。

视频编码：视频编码名称，例如 H264、MPEG4，大多数移动设备都支持 MPEG4。

宽高比：画面的宽高比设置成“自动”，会自动根据画面大小计算最佳值。如果设置成“默认”，会按原文件来设置宽高比。

二次编码：这个会提高画面质量，但会很慢。

音频流参数：

采样率：用于描述声音信号采样的密度。

比特率：音频流每秒钟使用的比特数，用于描述音频质量。如果设置成“默认”，会自动计算最佳值。

声道数：音频流的声道数，一些编码比如 AMR_ NB 只支持单声道。

音频编码：音频编码名称，例如 MP3，WMAv2……。

关闭音频：是否关闭音频，这将会导致无声。

音量控制：可以加大音量，但不要太高，可能会造成噪声。

音频流索引：例如 MKV 等格式支持多个语言音轨，可以用这个来选择。

附加字幕参数：

附加字幕：字幕文件名，支持 SRT、SSA、SUB 格式。如果字幕文件和视频文件名同名会自动装入。

字体大小：字幕字体大小。

语言代码页：常用代码有 936 －简体中文、950 －繁体中文、932 － 日文、949 －朝鲜语等。

字幕流索引：MKV、VOB 等一些文件支持内挂字幕。这个用于选择内部字幕流。

（2）单击“确定”按钮后，出现如图 7－5 所示界面。在这里我们通过“添加文件”按钮，将要进行格式转换的视频源文件添加进来。值得注意的是，在格式工厂中，我们可以同时添加多个视频文件同时对其进行批量的格式转换操作。单击“改变”按钮，可以更改转换后的视频文件的保存路径。

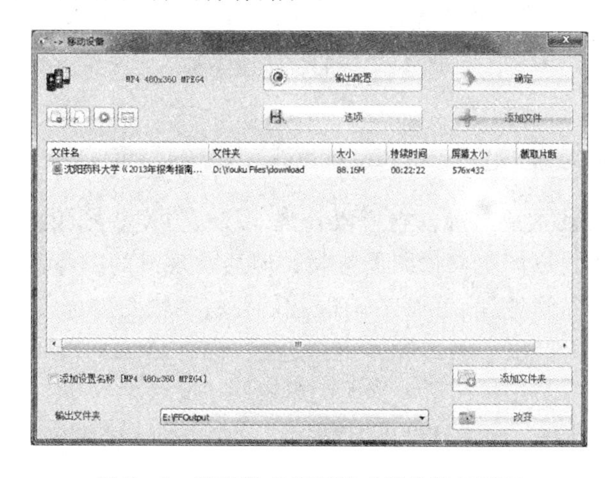

图 7－5　移动设备视频格式转换设置界面

单击“选项”按钮，出现如图 7－6 所示界面，在这里我们可以对要转换的视频进行简单的画面裁切和截取。

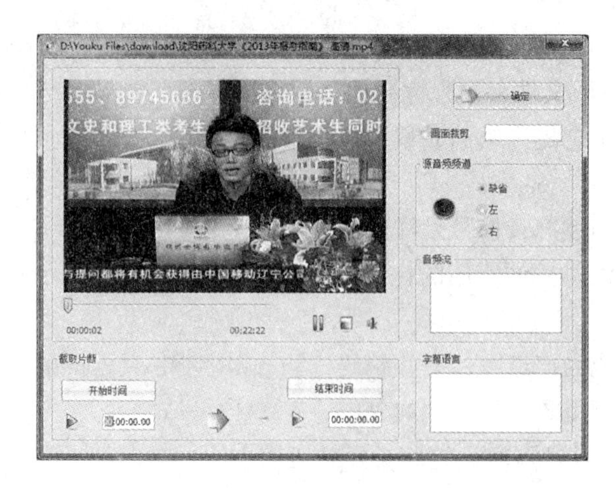

图 7－6　视频格式转换编辑界面

（3）单击确定后回到主界面，如图 7－7 所示，在任务区中我们可以对要进行格式转换的视频进行单选或多选，单击下方的“点击开始”按钮即可实现视频格式的转换。

图 7－7　格式工厂主界面

二、图形图像处理软件——Photoshop

图像是人类信息的重要来源，它形象直观，取材方便。照相、扫描、网络下载及各种分析测量仪器都可以产生大量图像素材，但通常现成的图像素材不能完全满足我们的要求，需要重新编辑处理。例如，有时我们要将两幅图像合成为一幅图像来使用，有时要对图像的色彩、亮度、对比度等重新进行调整。Adobe Photoshop 就是功能十分强大的图像处理软件，其中运用了大量现代图像处理技术。

Photoshop 是由 Adobe 公司在 1990 年首次推出的。Adobe 公司成立于 1982 年，在图像处理和电脑绘图领域里一直处于领先位置，成为一家著名的软件公司。Adobe Photoshop，简称“PS”，主要处理以像素所构成的数字图像。使用其众多的编辑与绘图工具，可以更有效的进行图片编辑工作。2013 年，Adobe 公司推出了最新版本的 Photoshop CC，Photoshop 有强大的功能，涉及各个领域，是当今一流的图像处理与图像设计工具。

本教材以 Photoshop CS33 版本为基础，对图像处理方法进行简要介绍。

1. Photoshop CS3 环境与界面

（1）下拉菜单：遵循菜单的国际化标准，从左到右依次是文件、编辑、视图、窗口、帮助。图像、图层、选择、滤镜和分析菜单则是 Photoshop 特有的。如图 7－8 所示，Photoshop 主操作界面。

文件菜单：一组与文件输入输出（如打开，另存为，打印）有关的命令集合。

编辑菜单：一组与各种编辑操作相关的命令的集合。

图像菜单：Photoshop 特有的菜单，是一组与图像模式、图像调整以及画布相关的命令集合。

图层菜单：Photoshop 特有的菜单，是与图层操作相关的命令的集合。

选择菜单：Photoshop 特有的菜单，是与选区相关的命令的集合。

滤镜菜单：Photoshop 特有的菜单，是 Photoshop 特效外挂菜单集合。

分析菜单：Photoshop 特有的菜单，是设置测量的。

视图菜单：是如何显示操作界面、辅助线等相关的命令的集合。这个菜单的操作只影响图片显示的方式，而对图片信息本身没有任何影响。

窗口菜单：显示或者隐藏各种面板的命令集合。

帮助菜单：软件使用手册以及软件信息等相关的命令集合。

图 7－8 Photoshop CS3 环境与界面

（2）选项栏：选项栏（图 7－9）是一个非常重要的栏目，它的功能是用来设置当前正在使用的工具的各种参数。通过设置参数，Photoshop 给用户提供了功能强大而又灵活的工具。

图 7－9 选项栏

（3）工具箱：Photoshop 工具箱中，包括选择工具、绘图工具、颜色设置工具以及显示控制工具等（图 7－10）。要使用某种工具，只要单击该工具即可。

在工具箱某些工具的右下角有一个小三角符号，这表示存在一个工具组，其中包括了若干隐藏工具，可通过单击并按住鼠标不放或者单击右键来弹出隐藏的工具。

(4) 控制面板：控制面板可以完成各种图像处理操作和工具参数的设置，如可以用于显示信息、选择颜色、图层编辑、取消操作、制作路径、录制动作等操作。控制面板是 Photoshop 的一大特色。

控制面板最大的特点，就是需要时可以打开以便进行图像处理，不需要时可以将其隐藏，以免因控制面板遮住图像而带来不便。

提示：按 Tab 键可以将所有的工具、面板隐藏，再按 Tab 键，又可以恢复原来状态。

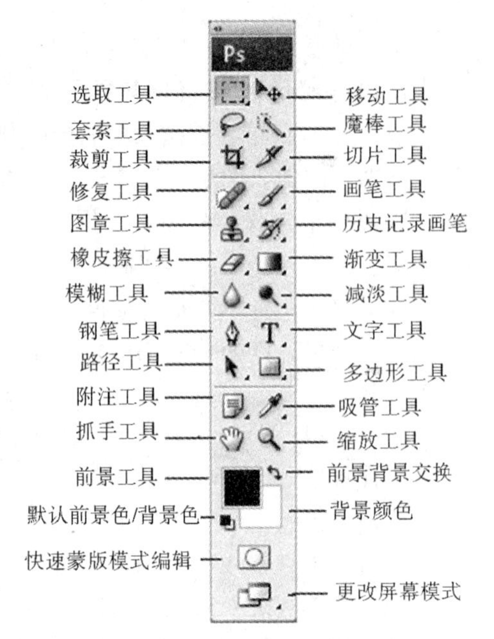

图 7－10　工具箱

2. 图层　图层就是构成图像的一个一个的层，每个层都能单独的进行编辑操作。图层可以把一个图像中的一个部分独立出来，然后可以对其中的任何一部分进行处理，而且这些处理不会影响到别的部分，这就是图层的强大功能。我们还可以将各个图层通过一定的模式混合到一起，从而得到千变万化的效果。在图层面板上，我们还可以进行图层的顺序调换、图层的效果处理、图层的新建和删除等一系列的操作。我们可以把图层理解为一张没有厚度的透明纸，可以在纸上绘画，没有绘画的部分保持透明。将各图层叠在一起，可以组成一幅完整的画面。

常用图层类型有：

(1) 普通层：没有特别特征的图层。

(2) 背景层：位于所有图层最下方的图层，名称只能是“背景”。

(3) 文字层：在使用文字工具写字后，得到文字层。缺省情况下，文字层名称就是该层中的文字。

(4) 调节层：对下方图层起调节作用的图层。调节色调、亮度、饱和度等。特征是在“图层”控制面板上的缩微图中有调整滑杆显示。

(5) 效果层：效果层，实际上就是设置了效果的图层。

(6) 图形层：形状工具（图形工具）创建的图层。

(7) 图层蒙版：蒙版是用于编辑、隔离和保护图像的。利用蒙版可制作出图像融合效果或屏蔽图像中某些不需要的部分，从而增强图像处理的灵活性。蒙版（层）不允许单独出现，必须跟（附）在其他图层之后（上）。

图层合成，源于暗房技术，但远比人工暗房技术先进。Photoshop 中的绝大部分效果都离不开合成。图层的合成模式有 22 种。图层的默认合成模式是“正常”。合成模式也称为“计算”，可让上面一个像素的色彩与其下面一条直线上的每个像素的色彩相混合。一个单独的合成模式所展现出的效果，能同将一个蒙版、一个滤镜和一个色彩映射相结合的效果相媲美，而且比它们强得多。合成模式只是暂时性的，只要当前图像依然位于另一个图像的图层之上，就可以轻而易举地用另外一种合成模式代替原有的合成模式。

3. 蒙版 蒙版可以保护被选取或指定的区域不受编辑操作的影响，起到遮蔽的作用。蒙版具有神奇的功能，使用好“蒙版”可使图像产生各种奇妙效果。它也被称为“图层”神秘的面纱。

蒙版分为“快速蒙版”和“图层蒙版”两种。“快速蒙版”可用来产生各种选区，而“图层蒙版”是覆盖在图层上面，用来控制图层中图像的透明度，利用“图层蒙版”可以制作出图像的融合效果，或遮挡图像上某个部分，也可使图像上某个部分变成透明。

4. 滤镜 滤镜是 Photoshop 中功能最丰富、效果最佳的工具之一。是一些经过专门设计用于图像特殊效果处理的工具，是 Photoshop 软件中的精华部分。使用滤镜可以在短时间之内，生成多种光怪陆离、变化万千的特殊变换效果。

Photoshop 同时也支持非 Adobe 公司开发的外挂滤镜，扩充了 Photoshop 滤镜功能。这些滤镜安装后出现在“滤镜”菜单的底部，与内置滤镜一样使用。

常用滤镜有：

（1）模糊/锐化滤镜：模糊滤镜有动感模糊、高斯模糊、径向模糊滤镜，而锐化滤镜则通过增加相邻像素的对比度来使模糊图像变清晰。

（2）扭曲滤镜：扭曲滤镜包括好多种，主要是对图像进行各种波纹、扭曲、挤压、膨胀等效果。

（3）杂色滤镜：添加杂色滤镜可以在影像中加入一些随机像素，产生特殊的底纹效果。去斑滤镜可以消除影像中的细小颗粒，使画面色彩填充比较饱满。蒙尘与划痕滤镜可以更改不相似的像素，减少杂点。中间值滤镜可将像素的亮度与选取范围混合，减少影像中的杂色。

（4）渲染滤镜：“渲染”滤镜组，在图像中创建三维形状、云彩图案、折射图案和模拟光线反向，还可以在三维空间中操纵三维对象（立方体、球体和圆柱），以及从灰度文件中创建纹理填充以制作类似三维的光照效果。

（5）风格化滤镜：风格化滤镜主要是图像进行特殊风格的处理，主要包括查找边缘、等高线、风、浮雕效果、扩散、拼贴、曝光过度、凸出、照亮边缘灯滤镜效果。

5. Photoshop 图像处理实例——利用图层蒙版进行图像嵌套合成

（1）执行“文件”→“打开”菜单命令，打开“向日葵”、“宝宝”两个素材文件（图 7－11，图 7－12）。

图 7－11　素材图片“向日葵”

图 7－12　素材图片“宝宝”

（2）单击“宝宝”文件，使用“移动工具”把“宝宝”图像整个拖动到“向日葵.jpg”文件中，按下“Ctrl + T”键执行自由变换，调整宝宝图片的大小和位置，放在向日葵上（图 7－13）。

7－13　利用自由变换调整图片大小

（3）执行“图像”→“调整”→“色彩平衡”菜单命令，为宝宝图像加点黄色，调整色彩，让两张图片色彩融合（图 7－14）。

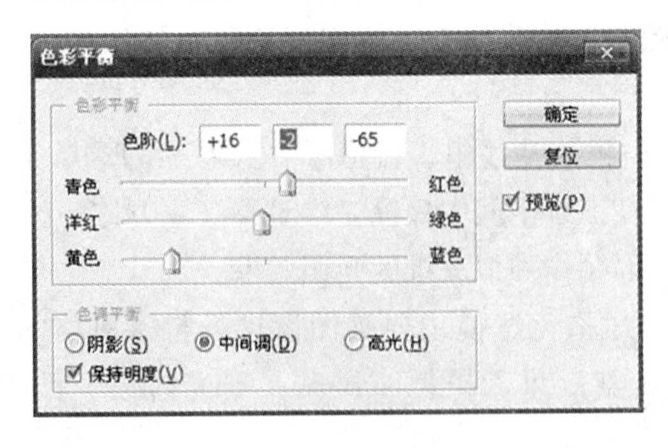

图 7－14　色彩平衡调节选项

（4）在“图层”面板上，单击“图层 1”层，即宝宝这一图层，然后按下图层面板下方的“添加图层蒙版”按钮，为“图层 1”添加一个图层蒙版。

（5）设置前景色为黑色，单击“画笔工具”，选择合适的笔刷大小和不透明度，注意选择那种边缘虚化的柔角笔刷，用画笔在宝宝边缘部分涂抹几下，在蒙版里用黑色笔刷把两张图片的交接处遮住。

（6）调整满意后，即把两张图片嵌套合成完成，可以保存起来（图 7－15）。也可以把两个图层合并成一层，“图层”→“合并可见图层”再保存起来。

图 7－15　完成效果

三、动画制作软件——FLASH

Flash 是由 Macromedia 公司推出的交互式矢量图和 Web 动画的标准创作软件，由 Adobe 公司收购；主要用于制作和播放在互联网或其他多媒体程序中使用的矢量图形和动画素材。

动画的工作原理接近于电影，都是利用人眼的视觉暂留性原理，即当人眼观看一个物体时，同时在人脑中形成一个对应的镜像，当物体消失时，人脑中的镜像并不会马上消失，仍可以暂留一段时间。若有一组画面内容相关的图像，以一定的播放速度，如不低于 25 帧/秒时，人的视觉根本分辨不出来这种变化，这样就形成了动画的效果。

Flash 电影动画具有以下四个基本特点：

1. 矢量动画　Flash 是制作矢量动画的一个非常强大的软件，由于所做动画是矢量的，所以无论放大多少倍，它都依然那么清晰，因此我们可以把 Flash 文件做的很小，而在网页中用 HTML 命令把它放大。

2. 采用“流”技术播放　Flash 动画是边下载边演示，如果速度控制得好，网站访问者几乎感觉不到文件还在下载中。

3. 交互按钮　在 Flash 中，可方便地加入按钮来控制页面的跳转、与其他网页的链接，或触发一系列事件。

4. 简单易学，操作方便　Flash 具有简单易学的工作界面；带有多种使用方便的浮动面板，并可按照用户的要求折叠和展开，甚至于关闭；它原来与 Dreamweaver 和 Fireworks 组合成一体，称为“网页三剑客”，使网页的制作更加方便。

Flash 相关的文件类型有以下几种：

FLA 格式：是 Flash 用保存设计时的各种信息的格式。FLA 格式的文件通常比较大。

SWF 格式：发布 Flash 动画时主要使用 SWF 格式，SWF 文件是播放器和网页中实际加载的 Flash 文件格式。

SWC 格式：是 Flash 组件的压缩格式。

本节以 Flash CS 为版本介绍 Flash 动画制作基础。

1. Flash 的工作环境　Flash CS 窗口由以下几个部分组成：标题栏、菜单栏、舞台、多个可浮动面板和工具箱，如图 7－16 所示。

在 Flash CS 中，所有的面板都可以以两种方式显示在程序窗口中，停靠方式和浮动方式，常用面板有“工具箱面板”、“动作面板”、“属性面板”、“混色器面板”、“组件面板”等。

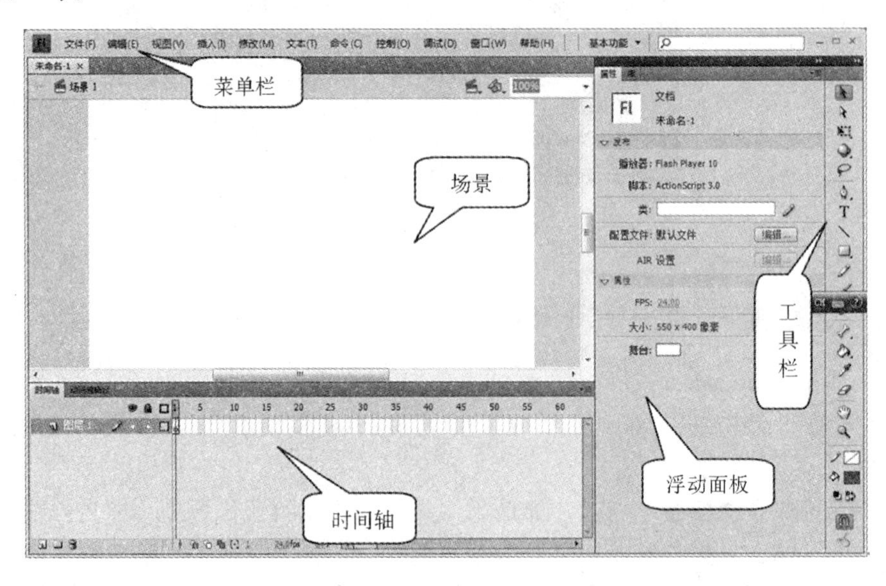

图 7－16　Flash 的工作环境

工具箱是 Flash CS 中最重要的面板，精彩的图形就是利用工具箱中的工具绘制出来的。工具箱的构成和基本用法（如图 7－17 所示）。工具箱中的工具可以分为四类：绘图工具、填充工具、编辑工具和辅助工具。

2. Flash 中的基本概念

（1）帧：动画实际上就是利用人的视觉暂留原理产生的“动”的效果。将一些画面连续播放，使人们感觉不到这些原来静止的画面，这些静止的画面就是帧。帧是动画制作的基本单位，帧里面包含了图形、文字和声音等。帧由时间轴上的小方格来表示。

帧分为普通帧和关键帧。普通帧是处在两个关键帧之间，由系统自动生成的表示渐变或者运动等效果的中间画面，即过渡画面；关键帧用来定义动画在某一时刻关键的状态。

（2）时间轴：时间轴就是用来组织和控制文档内容在一定时间内播放的图层数和帧数。图层就像堆叠在一起的多张幻灯片一样，每个图层都包含一个显示在舞台中的不同图像。

(3) 场景：在时间轴面板的下面，占据界面最大的区域就是“场景”。可以增加或删除“场景”。在场景中可以实现以下操作：复制场景、增加场景、删除场景、更改场景名称、更改场景顺序、转换场景。

(4) 元件、实例和库：元件是 Flash 动画中的重要元素，是指创建一次即可以多次重复使用的图形、按钮或影片剪辑（Movie Clip，MC），而元件是以实例的形式来体现，库是容纳和管理元件的工具。形象地说，元件是动画的“演员”，而实例是“演员”在舞台上的“角色”，库是容纳“演员”的“房子”。在 Flash 中元件的类型主要有图形、按钮、影片剪辑三种。

执行“修改”→“转换为元件”命令（或者按 F8 键），可以把“对象”转为元件。

执行“窗口”→“库”命令（快捷键 Ctrl + L），可以查看库中的元件。

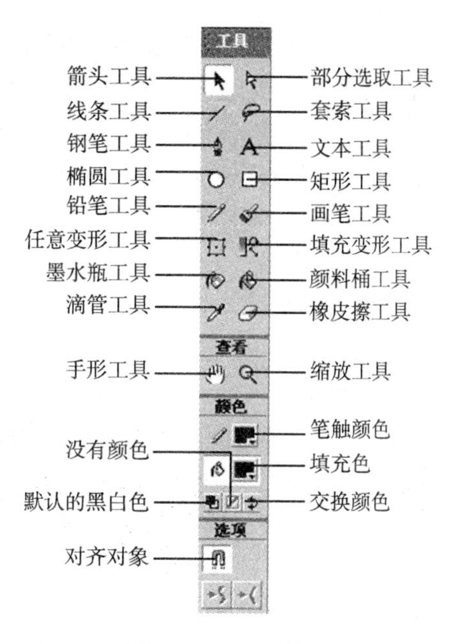

图 7－17　工具箱

3. Flash 动画基础　在 Flash CS 中，动画的基本类型主要有以下 4 种。

(1) 逐帧动画：逐帧动画就像传统动画一样，需要绘制动画的每一帧，主要用于表现一些复杂的运动，如动物的奔跑、人物的行走等。逐帧动画一般都采用逐帧循环动画方式以便简化制作量，比如动物的奔跑，只要分解绘制出一个周期内的各个关键动作，然后循环使用即可。

(2) 补间动画：Flash CS 提供了一种简单的动画制作方法，即采用关键帧处理技术的补间动画。补间动画还可以分为动作补间动画和形状补间动画。关键帧处理技术是计算机动画软件采用的重要技术，只要决定动画对象在运动过程中的关键状态，中间帧的动画效果就会由动画软件自动计算得出。描绘关键状态的帧，就称为关键帧。在确定关键帧动画时至少需要两个关键帧。如果要表现动画对象比较复杂的运动，所需的关键帧往往比较多，这也说明逐帧动画其实是补间动画的一种特殊情况，逐帧动画的每一帧都是一个关键帧。对关键帧的处理是制作动画的关键。

(3) 运动引导层动画：运动引导层动画实际上也是补间动画的一种特殊情况，它在动作补间动画的基础上增加了运动轨迹控制，使动画对象能够沿预先绘制的路径运动，它是制作复杂补间动画的最好方法。

(4) 遮罩层动画：就是决定被遮罩层中动画对象显示情况的一种处理方法。遮罩层中有对象存在的地方，都产生一个孔，使被遮罩层相应区域中的对象显示出来。没有动画对象的地方，会产生一个罩子，遮住链接层相应区域中的对象。

除此之外，在 Flash CS4 之后的版本之中还引入了效果复杂的骨骼动画和 3D 动画。以上介绍的是 Flash 最基本的动画，其实 Flash 功能非常强大，可以制作出丰富多彩的动画，但无论多么复杂的动画，其原理不外乎是在不同的图层上，制作不同的动画对象，让这些对象按不同的时间出场，形成五彩缤纷的动画世界。因此，学习 Flash 的过程就是根据要实现的动画，进行前期设计和创意的过程，把复杂的动画分解成各个图层，再分别完成各层的设计，在安排好各个图层上每个对象的出场时间及动作形式。下面简要介绍几种动画设计实例。

4. Flash CS 动画制作实例——形状补间动画“绽放的花朵”

（1）执行“文件”→“新建”命令，创建一个文件大小为 350×300 象素，背景色白色的新文件。

（2）执行“插入”→“新建元件”命令，新建一个影片剪辑名称为“花朵动画”，选择元件编辑区的第一帧，执行“窗口”→“颜色”打开混色器面板选择填充样式为“放射状”，渐变颜色从左到右分别为红色、粉色、淡黄色，如图 7－18 所示（也可以选择自己喜欢的颜色）。选择工具栏里的椭圆工具在编辑区里画一个无边框放射状填充的大小为 88×35 的椭圆（也可以随意但不可以太大）。在第 30 帧按右健插入关键帧，执行“窗口”→“变形”打开“变形面板”输入旋转 30 度，重复点击“复制并应用变形”按扭，连续点击至复制粘贴出一朵美丽的花。如图 7－19 所示。在第 60 帧单击右健插入普通帧。在 1－29 帧之间任意位置单击鼠标右键，选择“创建补间形状”。

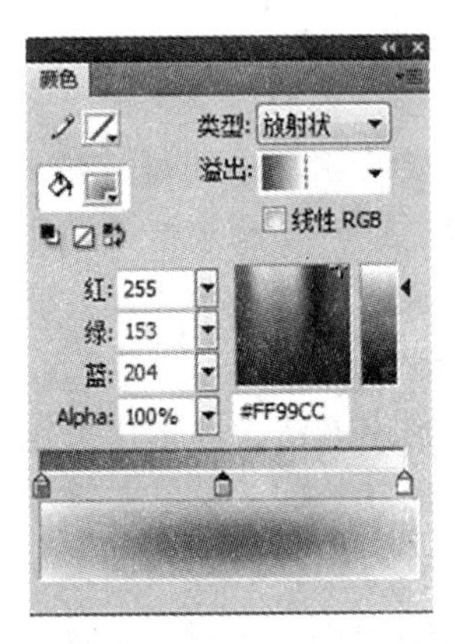

图 7－18　混色器面板

图 7－19　复制粘帖出的花朵效果

（3）返回主场景，打开库面板，从库中把名为“花朵动画”MC 拖放到场景中，点中“花朵动画”MC 元件复制并粘贴元件，用工具栏里的任意变形工具旋转并调整各个元件，使各个花朵组合变成一大朵花。

（4）执行“控制”→“测试影片”命令，看到如图 7－20 所示绽放的花朵。执行“文件”→“保存”命令，将文件保存成“绽放的花朵 . fla”文件存盘。

图 7－20　动画播放效果

常用工具软件

第一节　磁盘分区工具

新硬盘买来后需要分区；升级操作系统时（例如从 WindowsXP 升级为 Windows 7）可能原有的 C 盘空间对于新操作系统来说太小了，需要在不破坏现有磁盘数据的基础上调整分区的大小或将现有的两个分区进行合并。虽然 Windows7 的磁盘管理功能有了极大的改进，但是相对于专业的磁盘分区工具来说，仍显得小巫见大巫。支持 Windows 7 环境的专业分区工具有：Acronis Disk Director、Paragon Partition Manager、DiskGenius 等。

Acronis Disk Director 11 Advanced 是一个功能强大、简单易用的分区工具，可以在本地或远程计算机上管理磁盘，主要功能有：

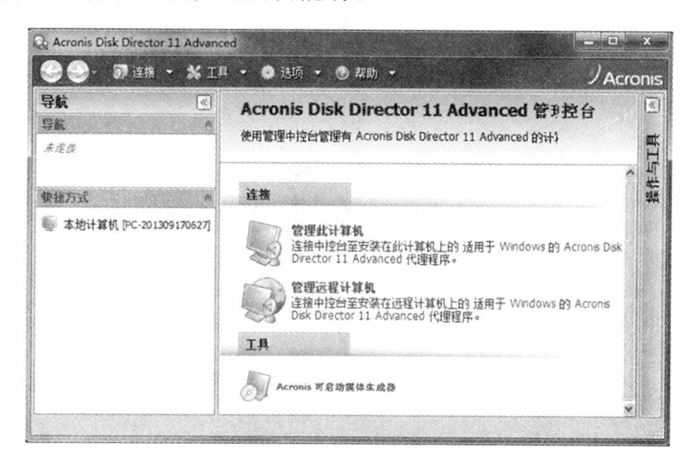

图 8－1　选择连接设备

（1）可以将主分区（卷）直接转换为逻辑分区（卷）也可将逻辑分区直接转换为主分区

（2）在不破坏现有数据的情况下调整分区（卷）大小、分割和合并卷

（3）对分区（卷）进行各种格式的格式化并分配卷标

安装并打开 Acronis Disk Director 11 Advanced Workstation，程序要求你选择连接目标是本机还是网络主机，如图 8－1 所示。

一、对新笔记本进行分区划分

假设当前任务是：新买回的笔记本硬盘只有一个分区（C:），我们想把这个 150GB 的硬盘调整为 C 盘 60G 用于系统盘，剩余空间用来创建 D 盘（Workroom）、E 盘（Backup）。图 8－1 中选择管理此计算机，程序运行的界面如图 8－2 所示。

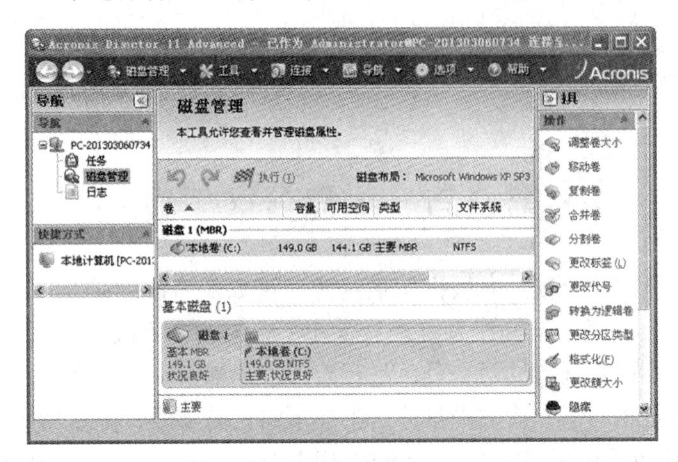

图 8－2　新笔记本硬盘的初始状态

（1）右击窗口下方的 C：分区，弹出的快捷菜单中选择“调整卷大小”，弹出的新窗口如图 8－3 所示。此时既可以直接在“卷大小”文本框中输入 C：调整后的容量，也可以在上方分区示意图中直接拖动分区右边界中的圆点调整分区大小。窗口下方即时显示调整后的结果示意图。注意：调整左右两侧的边界最终导致出现的未分配空间位置不同！

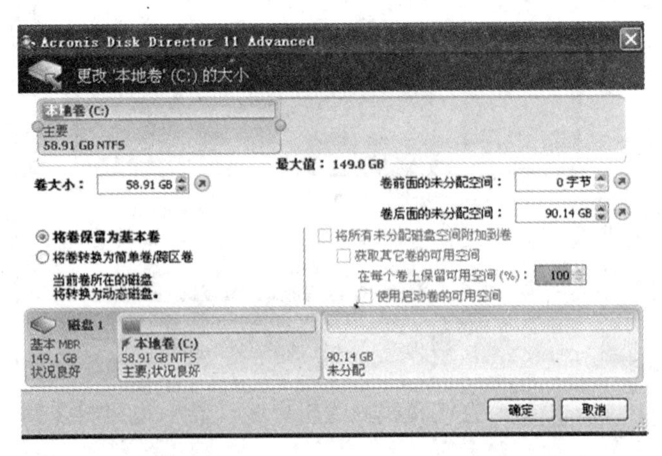

图 8－3　调整 C 分区大小

（2）单击“确定”返回程序主界面。右击分区 C 右侧的未分配区域，快捷菜单中选择“创建卷”。跟随“创建卷向导”的步骤，依次选择卷类型为“基本”、选择未分配空间（此例中只有 90.14GB 的一处位置，不用选择）、在“分区卷标”中输入卷标（例如 Workroom），在“文件系统”下拉菜单中选择合适的文件系统（例如 NTFS），分区类型保持默认的“逻辑分区”，如图 8－4 所示。

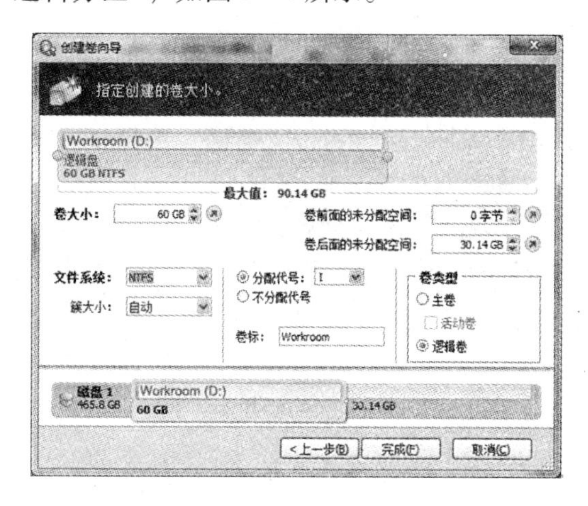

图 8－4 指定创建的卷大小

（3）单击“完成”返回主界面，D 分区（Workroom）创建完毕。重复第 2 步，将剩余的 30.14GB 未分配空间全部分配给 E 分区（Backup），结果如图 8－5 所示。

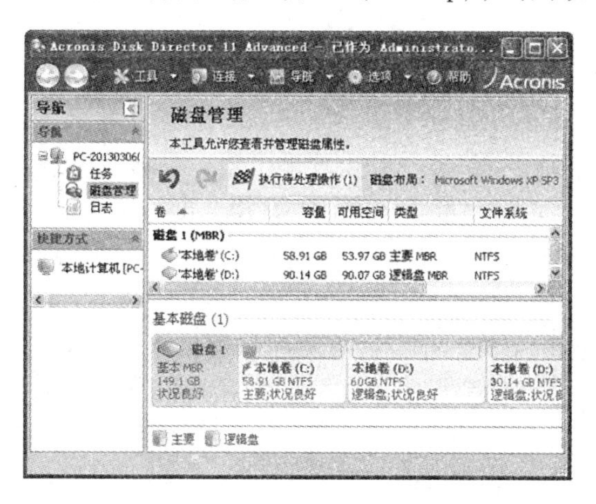

图 8－5 规划分区完毕

（4）仔细检查当前显示的分区情况是否满意，不满意可以随时调整。注意：此时所有操作都只是“预安排”，显示的是最终结果的示意图，所有操作还没有真正实施。

（5）感觉满意的话，点击程序主窗口工具栏上的黑白相间小旗图标（执行待处理操作），由于涉及到了 C 盘，系统会提示你这些调整需要重启动系统，选择“重启动”。此时 Acronis Disk Director 会按照计划，一步步地执行所有操作，包括迁移数据，调整系统分区，划分新分区。此操作可能需要很长时间，请耐心等待，千万不要手动重启计算机。

二、调整现有分区大小

假设当前任务是：感觉目前笔记本电脑的系统分区 C：对于 Windows 7 操作系统来说太小了，希望从分区 D：中划分出 20GB 的空间给系统分区 C。要求划分过程中，不能破坏现有的分区 C 和 D 中的数据。

（1）运行 Acronis Disk Director 11 Advanced Workstation，程序要求你选择连接目标是本机还是网络主机时，选择“管理此计算机”，如图 8－1 所示。

（2）右击窗口下方的分区 D，快捷菜单中选择“调整卷大小”，弹出的新窗口和图 8－3 相似，在上方分区示意图中直接拖动分区左边界中的圆点，向右侧调整分区大小。或直接在“卷前面的未分配空间”调整框中输入 20GB，单击“确定”，返回主界面。

（3）主窗口中右击分区 C，快捷菜单中选择“调整卷大小”，弹出的新窗口和图 8－3 相似，直接在“卷大小”输入框中输入 78.91GB（就是系统提示的最大值），单击“确定”，返回主界面。

（4）在主界面中单击工具栏中的黑白旗帜图标“执行待处理操作”，系统重新启动后完成。

第二节　BIOS 基本设置

BIOS（Basic Input Output System，基本输入输出系统）是一组固化在主板 EPROM（可擦写可编程只读存储器）芯片上的程序。其功能是在计算机加电后，负责初始化硬件、进行硬件自检、引导操作系统的工作，操作系统启动后 BIOS 的任务就算完成了。

CMOS（Complementary Metal Oxide Semiconductor，互补金属氧化物半导体—大规模应用于集成电路芯片制造的原料）和 BIOS 的关系，很多人搞不清这两个概念，经常混为一谈。其实，BIOS 是主板上的一块 ROM 芯片，里面装有系统的重要信息和设置系统参数的设置程序（BIOS Setup 程序）；CMOS 是主板上的一块可读写的 RAM 芯片，里面装的是关于系统配置的具体参数（例如系统时间、从哪个盘启动等），其内容可通过设置程序进行读写。CMOS 芯片靠主板上的纽扣电池供电。BIOS 与 CMOS 既相关又不同：BIOS 中的系统设置程序是完成 CMOS 参数设置的手段；CMOS 是 BIOS 设定系统参数的结果。因此准确的说法应该是“通过 BIOS 设置程序对 CMOS 参数进行设置”。

BIOS 作为设置 CMOS 参数的程序，目前主要有 AWARDBIOS 和 AMIBIOS 两大类。其设置界面和进入方法也不相同，虽然 BIOS 设置程序中涉及的方面众多，但是我们只需掌握几个基本设置条目即可。

大部分台式机开机时通过按下 Del 键进入 BIOS 设置界面；笔记本大多通过按下 F2 键进入，也有通过 F1 或其它键进入的，请查看产品说明书或开机时观察屏幕下方的提示。下面以台式机的 AWARD BIOS 为例说明 BIOS 的设置方法。

1. 开机　开机后按下 Del 键不松手，直到出现 BIOS 设置的主界面，如图 8－6 所示。主界面中共有 13 个菜单项目，分别为：

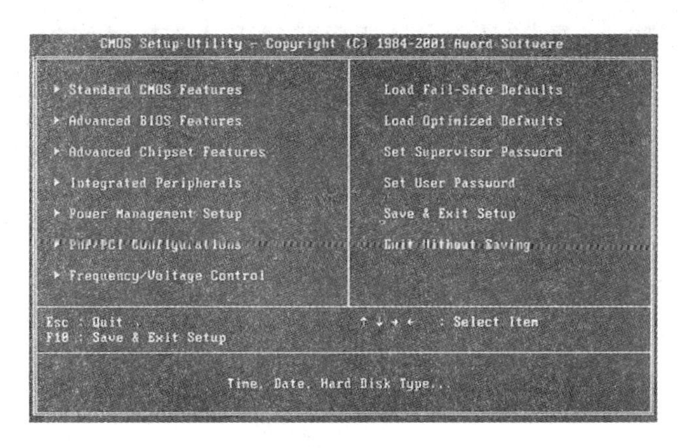
CMOS Setup Utility - Copyright (C) 1984-2001 Award Software
▶ Standard CMOS Features
▶ Advanced BIOS Features
▶ Advanced Chipset Features
▶ Integrated Peripherals
▶ Power Management Setup
▶ PnP/PCI Configurations
▶ Frequency/Voltage Control
Load Fail-Safe Defaults
Load Optimized Defaults
Set Supervisor Password
Set User Password
Save & Exit Setup
Exit Without Saving
Esc : Quit
F10 : Save & Exit Setup
↑ ↓ → ← : Select Item
Time, Date, Hard Disk Type...

图 8-6 BIOS 主界面

（1）Standard CMOS Features（标准 CMOS 功能），主要用于设定日期、时间、软硬盘规格及显示器种类。

（2）Advanced BIOS Features（高级 BIOS 功能），对系统的高级特性进行设定。例如启动设备的优先级顺序。

（3）Advanced Chipset Features（高级芯片组功能），设定主板所用芯片组的相关参数。

（4）Integrated Peripherals（集成的外部设备），对外围设备进行设定（如声卡、USB 键盘是否打开等）。

（5）Power Management Setup（电源管理设定），设定 CPU、硬盘等设备的节电运行方式。

（6）PNP/PCI Configurations（即插即用/PCI 参数设定），仅在系统支持 PnP/PCI 时有效。

（7）Frequency/Voltage Control（频率/电压控制），设定 CPU 的倍频、外频等。

（8）Load Fail-Safe Defaults（载入最安全的缺省值），载入工厂默认值。

（9）Load Optimized Defaults（载入高性能缺省值），此默认值可能影响系统稳定。

（10）Set Supervisor Password（设置超级用户密码），设置超级用户的密码。

（11）Set User Password（设置用户密码），设置用户密码。。

（12）Save & Exit Setup（保存后退出），保存对 CMOS 的修改并退出 Setup 程序。

（13）Exit Without Saving（不保存退出），放弃对 CMOS 的修改并退出 Setup 程序。

通过“↑、↓、←、→”方向键进行菜单项的选择，回车表示打开此条目；通过按“Esc”键可以返回到上一级菜单；通过“+”（或“PU”）键增加数值或改变选择项，通过“-”或“PD”键减少数值或改变选择项；按下“F10”键保存对 CMOS 参数的修改并退出 BIOS。

2. 设置系统时间 在主菜单中选择“Standard CMOS Features”回车，如图 8-7 所示。通过方向键移动修改项目（月、日、年、小时、分钟、秒等），通过“+”、“-”键调整值。完毕按 ESC 返回主菜单界面。

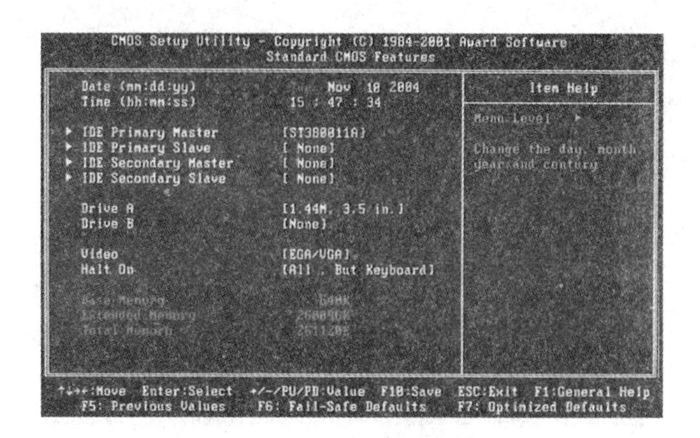

图 8－7　Standard CMOS Features

3. 修改启动设备　当我们安装操作系统或使用某些系统工具盘时需要设置计算机从光驱或 U 盘启动，方法为在主菜单中选择“Advanced BIOS Features”回车，如图 8－8 所示。调整光标到“First Boot Device”，回车。设定具有最高优先级的启动设备。

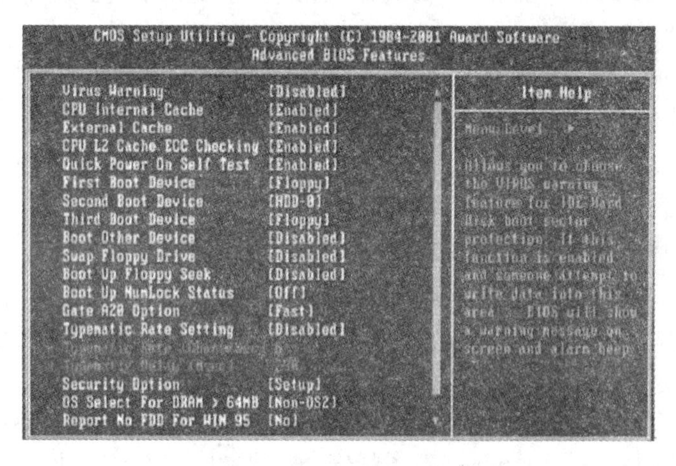

图 8－8　Advanced BIOS Features

提示：如果想临时调整启动设备，可以打开笔记本时按下 F12（不同品牌型号可能不同）调出 BIOS 中的选择启动设备快捷操作界面，选择合适的启动设备即可。

第三节　测试工具

一、硬件指标测试

买回来一台笔记本后，很多人总是担心自己的硬件是不是被无良的商家给缩水了，根本就达不到说明书中的配置标准。重装系统后，有些硬件的驱动没有了，但是又不知道其型号……。此时就用到了硬件指标测试工具，常见的有鲁大师、AIDA64 等。

鲁大师拥有专业而易用的硬件检测功能，适用于各种台式机、笔记本电脑，不仅超级准确，而且向你提供中文厂商信息，让你对电脑配置一目了然，拒绝奸商蒙蔽，如图 8 –9 所示。鲁大师高级优化提供全智能的一键优化和一键恢复功能，包括对系统响应速度、用户界面速度、文件系统、网络等优化。更有硬件温度监测等带给你更稳定的电脑应用体验。

图 8 –9　鲁大师主界面

1. 电脑概览　在这个功能选项卡中，鲁大师显示计算机硬件配置的简洁报告。包括电脑型号（品牌机）、操作系统、处理器、主板、内存、硬盘、显卡、显示器、声卡、网卡等设备的品牌和型号信息（图 8 –9）。

图 8 –10　处理器信息选项卡

2. 硬件健康　该选项卡汇报电脑主要部件（硬盘、内存、主板、显示器等）的制造日期和使用时间（相当于汽车的出厂日期和行驶里程），便于你购买新机或者二手机时进行检测辨识。

3. 其他硬件　该选项卡报告对应硬件的详细参数，以“处理器信息”选项卡为例，如图 8 –10 所示。该报告显示：目前 CPU 温度为 34 度，CPU 主频是 1. 86GHz 的酷睿2型号为6300，外频（CPU与主板芯片组交换数据、指令的工作时钟频率，即系统时钟）为266MHz，倍频为7，前端系统总线FSB（指CPU与北桥芯片之间的数据传输速率）为1067MHz，此CPU为双核，制造工艺为65nm的Conroe技术，插槽为Socket775，一级缓存为2×32+2×32=128KB，二级缓存为2MB，该CPU支持的指令集包括MMX、SSE、SSE2、SSE3、SSSE3、EM64T、EIST。

二、硬件性能测试

买来一台电脑后，总想知道它到底能达到什么水平。自己的电脑比别人的贵了2000多块钱，可是到底比别人的计算机性能高了多少呢？这就需要进行硬件性能测试。最经典的硬件性能测试工具是3DMark。

3DMark是FutureMark公司推出的衡量整机性能的专业测试软件。从1998年推出3DMark99到现在每隔1～2年就会推出一款新品以适应显卡日新月异的发展，最初3DMark主要用于测试显卡性能，但现在3DMark已经成为衡量整机性能的业界标准。

目前3DMark实现了桌面与移动平台的跨平台支持，无论是Windows还是Android平台都可以利用它测试硬件的性能。在全新的界面中，3DMark除了给出测试分数外，还同时给出每个场景测试期间的实时曲线图，全程记录帧率、CPU和显卡的温度及功耗。

针对计算机的硬件配置不同，可以选择不同的场景（毕竟使用500元的I3集成显卡和价值上万元的华硕GTXTitan－6GD5独立显卡的用户，对硬件的要求是不同的，当然也就不能用同一个场景来进行测试了）。其中场景IceStorm为入门级DirectX9设备设计、CloudGate为基于DirectX10的主流显卡设计、FireStrike专门为基于DirectX11的高端产品设计，如图8－11所示。如果你对计算机的硬件指标不太熟悉，对于新买来的电脑直接选择“运行所有测试”，只要看几个场景的评测打分就可以了，当然分值越高越好，如图8－12所示。

图8－11　3DMark主界面

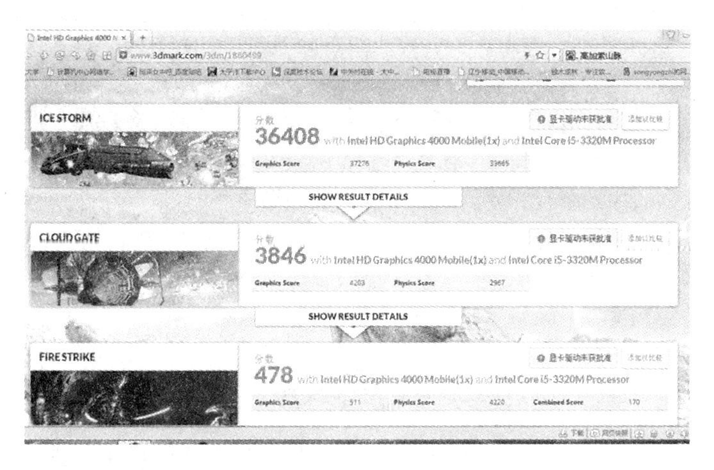

图 8－12　3DMark 的打分结果

第四节　启动 U 盘制作工具

超薄超轻的笔记本越来越受到人们的青睐，这些笔记本为了达到轻便设计的目的不得不抛弃了使用频率较低的端口（例如 Modem 接口、S2 接口、1394 接口、PCMCIA 接口、6 合 1 读卡器接口、Line In 和 Microphone 音频接口等）和光驱。虽然随着网络的日益普及，光驱在我们的日常生活中越来越显得可有可无，但是在传统的操作系统安装方法中，光驱是必不可少的。

为了解决这个问题，人们开始把 U 盘制作成启动盘，通过 U 盘启动计算机从而完成系统的安装。目前最为流行的 U 盘启动盘制作软件当属“电脑店超级 U 盘启动制作工具”和“老毛桃超级 U 盘启动制作工具”，它们的功能几乎相同，都是在 U 盘中划分出一个隐含区域作为启动的引导分区（以免用户破坏其中的数据）。注意：制作启动 U 盘时将会彻底清除 U 盘中的一切数据即便是采用专业的数据恢复工具也很难找回。

（1）下载并安装“电脑店超级 U 盘启动制作工具”：从官方网站 u. diannaodian. com 下载电脑店超级 U 盘启动制作工具 V6. 1，安装运行前请关闭杀毒和其它安全类软件（可能被误报为病毒—涉及对可移动磁盘的读写操作），XP 系统下直接双击运行 ，Vista、Win7 或 Win8 下请右击选择以管理员身份运行。

（2）制作 U 盘启动盘启动“电脑店超级 U 盘启动制作工具 V6. 1”：插入欲制作启动盘的 U 盘，在“默认模式”选项卡下“请选择 U 盘”下拉列表中会自动列出当前电脑中所有的可移动磁盘的盘符、型号、容量等信息（建议把其他移动设备拔出），选择合适的 U 盘，模式就选择默认的“HDD－FAT32”，（CHS 模式主要针对某些不能检测的 BIOS，一般不需要勾选此项！如果想把 U 盘剩余部分转成 NTFS 格式可勾选 NTFS 选项，但格式化成 NTFS 可能会影响 U 盘启动部分功能的使用，一般不建议勾选此项!），单击“一键制作启动盘”，此时弹出警告框，确认所选 U 盘中无重要数据后点击“确定”即可（图 8－13）。

图 8－13　电脑店超级 U 盘启动制作工具运行界面

制作过程根据电脑配置和 U 盘芯片的不同耗时长短也不同，请耐心等待。制作完成后为了验证 U 盘启动盘制作是否成功，可以选择“电脑模拟器”进行模拟，如图 8－14 所示。

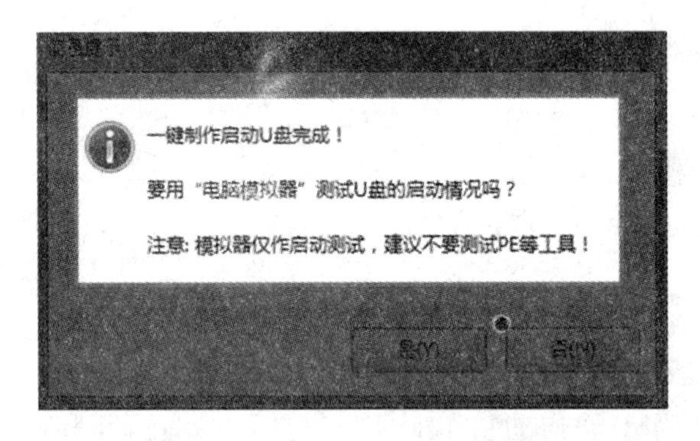

图 8－14　制作完 U 盘启动盘后，自动弹出模拟启动对话框

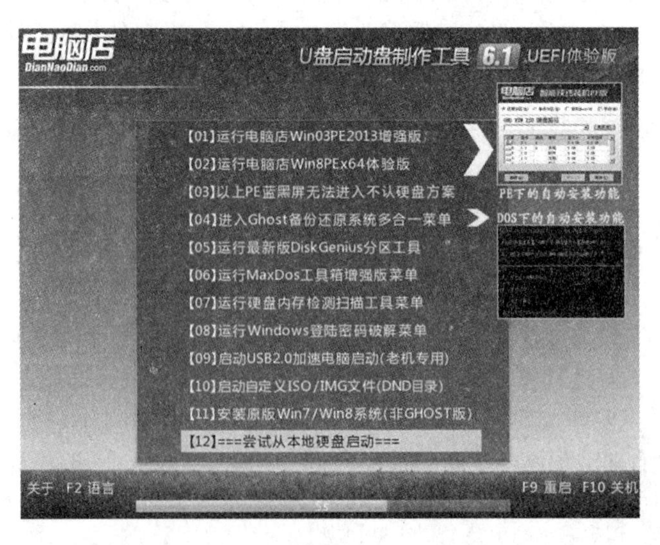

图 8－15　电脑店 U 盘启动主界面

（3）在资源管理器中打开 U 盘启动盘，发现和普通 U 盘没有什么区别，其实在此 U 盘中已经划分了 500MB 的空间作为隐藏的启动分区。

（4）将操作系统的 GHO 镜像文件（不是操作系统安装光盘的镜像文件！）复制到 U 盘启动盘的 GHO 目录下。

（5）修改 BIOS，设置电脑从 U 盘启动。

（6）插入制作好的 U 盘启动盘，重启计算机，进入图 8－15 所示的界面。如果安装 Windows XP 选择 01 项，安装 Windows 7 或 Windows 8 选择 02 项，进入 WinPE 环境（Windows Preinstall Environment，即 Windows 预安装环境）。此时弹出智能快速装机一键安装窗口，如图 8－16 所示。

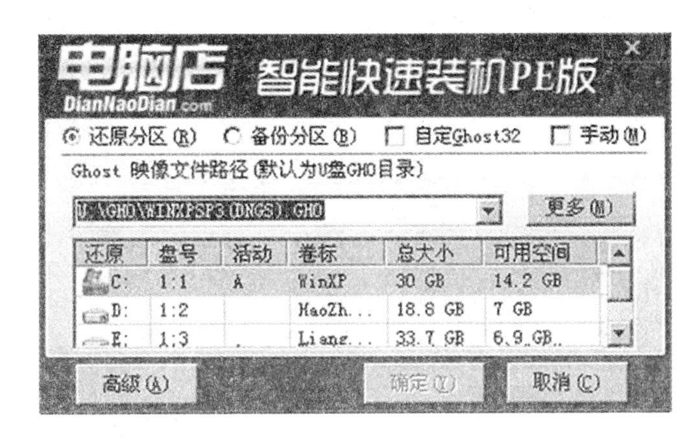

图 8－16　电脑店 U 盘启动后的 WinPE 界面

第五节　系统优化工具

很多人抱怨自己的计算机运行越来越慢，启动时间越来越长，内存占用太多……，主要原因是每次开机 360 安全卫士、杀毒、QQ、飞信、迅雷、暴风影音、快播、搜狐微新闻等全部自动运行，它们有些是必须的，有些根本没必要开机就启动。另外，系统的外观状态（例如是否支持飞行桌面效果）也影响着系统的性能。大多数人可能并不知道应该如何来优化自己的系统性能，我们可以借助专业的系统优化软件来轻松搞定。目前流行的系统优化软件有 360 安全卫士、Windows 优化大师、魔法兔子等。下面以 360 安全卫士为例进行讲解。

360 安全卫士是一款由奇虎 360 推出的集系统优化、木马查杀、插件清理、漏洞修复、电脑体检、隐私保护等多种功能于一体的免费安全软件。目前在 4.2 亿中国网民中，安装 360 安全卫士的已超过 3.5 亿和 360 杀毒一起成为了大家首选的安全套件。在此主要介绍系统优化方面的功能：

（1）360 安全卫士默认显示的首页上提供了电脑体检服务，提供的体检项目非常丰富，用户只需点击首页界面上的“立即体检”按钮即可立即启动系统体检，如图 8－17 所示。

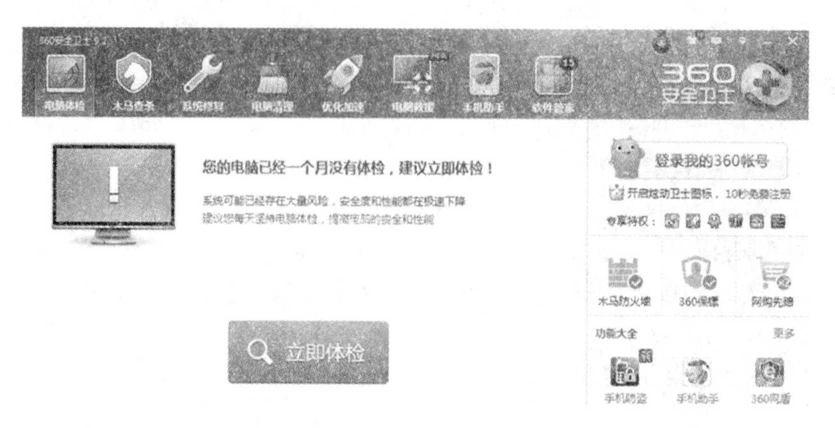

图 8－17　360 安全卫士——电脑体检功能

电脑体检任务执行完毕自动显示体检报告，并通过给出一个体检得分来评定系统状况。另外，360 安全卫士提供一键修复的处理方式，用户只需点击“一键修复”按钮即可轻松修复所有检测到的安全问题，如图 8－18 所示。

图 8－18　360 安全卫士——一键修复

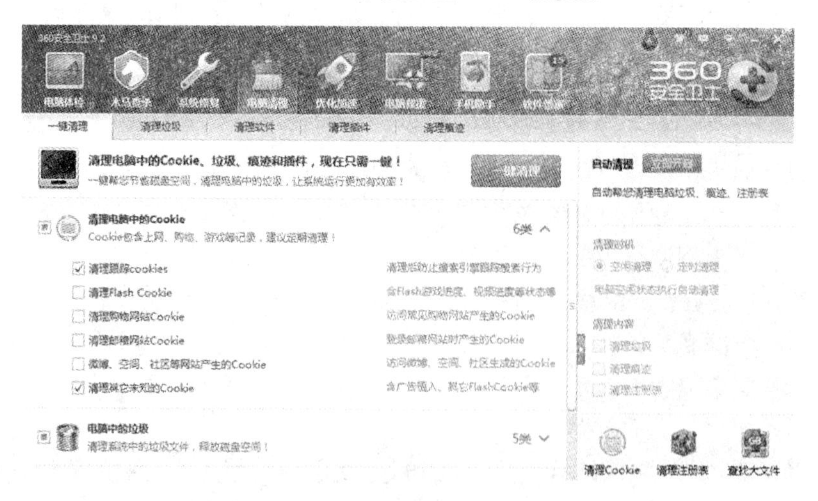

图 8－19　360 提供的电脑清理模块

（2）360 安全卫士内置“电脑清理”模块用于执行电脑垃圾清理服务，该模块内提供的服务包括清理垃圾、清理插件、清理痕迹、清理注册表等，此外还提供了一键清理服务，用户只需点击“一键清理”即可轻松执行上述所有清理任务。另外，360 还提供了“查找大文件”功能用于帮助用户轻松找到并删除占用磁盘空间较大的文件。甚至还可以设置自动执行清理任务，如图 8－19 所示。

（3）360 安全卫士内置“优化加速”模块，提供一键优化、开机时间管理、启动项管理等服务，用户只需点击“立即优化”即可轻松实现，如图 8－20 所示。

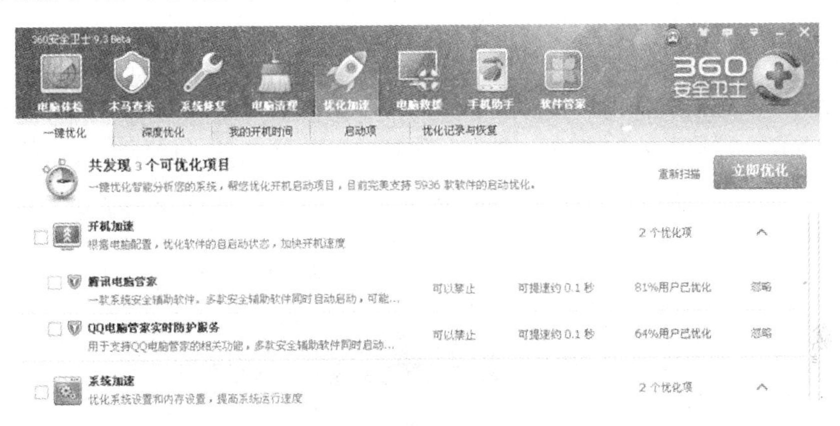

图 8－20　360 提供的优化加速模块

（4）最新版的 360 加速球界面更清爽、功能更强大，包括：电脑加速 、视频加速、游戏加速三种模式，智能判断电脑情况，发挥硬件潜能，带来流畅体验，如图 8－21 所示。

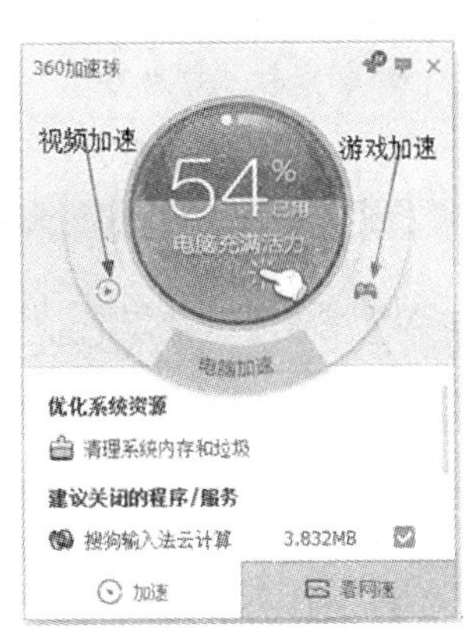

图 8－21　360 加速球

第六节　误删除和误格式化文件的恢复工具

虽然操作系统提供了回收站功能，给我们提供了误删除的反悔功能，但是回收站只对本地硬盘生效，通过网上邻居删除的内容、U 盘中删除的内容是无法找回的；从回收站中清除后的内容是无法找回的；当对磁盘进行了误格式化操作后其内容更是无法通过操作系统本身找回。此时就需要利用文件恢复工具来解决。

文件恢复工具的本质是通过到磁盘内部的磁道上寻找数据而不是到文件分区表中去简单地查看哪个文件存在，哪个不存在。因此利用文件恢复工具的基本原则是一旦发现某个文件被误删除就再也不要向所在分区中写入数据了。当然如果你在 C 盘中误删除了文件的话，也不能把文件恢复工具安装在 C 盘中。流行的文件恢复工具有 WinMend Data Recovery、EasyRecovery Pro 等，其用法基本一致。下面以 WinMend Data Recovery 为例进行讲解。

WinMend Data Recovery 是一款基于 Windows 的数据恢复应用程序。可扫描各种硬盘驱动器、可移动驱动器、甚至数据卡分区，搜索和恢复已删除或丢失的文件和因格式化或由于分区异常丢失的文件。它具有独特的恢复算法，可以显著提高的准确性和扫描速度，并确保绝对安全的情况下，不对系统产生任何负面影响。WinMend Data Recovery 有三种扫描方式：快速扫描、完整扫描、反格式化扫描。运行界面如图 8－22 所示。

图 8－22　WinMend Data Recovery 中的快速扫描

（1）快速扫描使用安全、高速的扫描引擎，可以快速查找和恢复大部分被删除的文件。

（2）完整扫描。如果快速扫描不起作用，可以选择全面深度扫描。它需要更长的时间，但是可以发现更多被删除文件的信息。

（3）反格式化扫描。如果因为分区格式化而丢失了文件，可以选择反格式化扫描。只需轻点几下鼠标就可以从已经被格式化了的驱动器上找回丢失的文件。

无论选择哪种方式，系统扫描完毕都会报告发现的文件，建议在左下角勾选“仅显示已删除的文档”，以便于更清晰地发现自己想要恢复的文件，如图 8－23 所示，左侧为发现删除文件的目录，右侧为具体文件信息，包括：文件名、文件大小、创建日期、修改日期、状态（此项信息非常重要！Very Good 表明此文件可以被完美恢复、Good 也可以恢复、Ok 可以恢复但是可能不完整、Bad 恐怕就很难恢复原状了）、First

Cluster 为此文件在磁盘上被发现的位置。

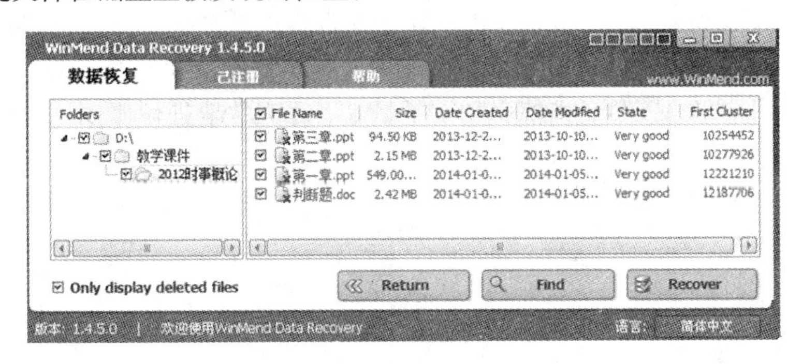

图 8-23 文件恢复

在需要恢复的文件名前勾选，单击“Recover”按钮，弹出对话框中指定文件恢复的目录，单击“确定”，开始恢复。

注意：选定的被删除文件并非直接恢复到指定目录（例如桌面）下，而会保留其原始目录信息。例如图 8-23 中的“判断题.doc”恢复到桌面后，会在桌面上自动创建一个目录结构“教学课件\2012 时事概论\判断题.doc”。

第七节 目录和文件的比较工具

为了安全和携带的方便，很多老师和学生都把自己 U 盘中的数据在电脑硬盘中进行了备份。但是一段时间后，两个位置中的整个目录（例如毕业专题）就不一样了，U 盘中的内容在使用实验室的台式机时更改了部分文件内容又新增了部分实验数据，笔记本硬盘中也修改了几个文件。此时我们怎样才能同步两个位置中的文件，而且只保留最新的版本呢？这就用到了目录和文件的比较工具。

最经典的比较工具当属 Beyond Compare，它是由 Scooter Software 推出的一套专业对比分析软件，运行界面如图 8-24 所示。在此只介绍文件夹比较和文本比较两个功能。

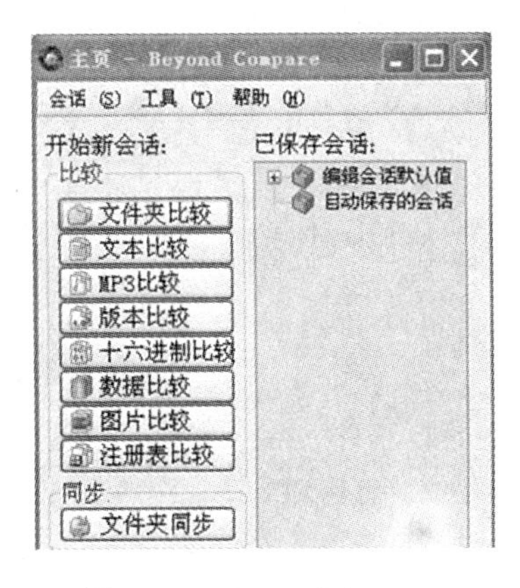

图 8-24 Beyond Compare

1. 文件夹比较　图 8－24 中选择“文件夹比较”，此时界面如图 8－25 所示。在左右两侧的目录下拉列表框右侧分别单击“浏览文件夹”按钮，设定需要进行比较的两个目录（例如 U 盘中的“教学课件\ 2012 时事概论”和 D 盘下的“教学课件\ 2012 时事概论”两个目录）。系统自动逐子目录、逐文件地进行比较，并报告最终结果。其中：

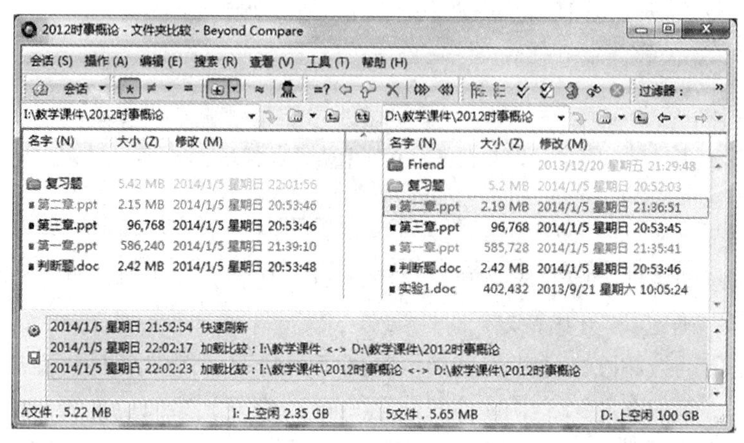

图 8－25　文件夹比较

（1）蓝色为新增内容。图中表明 D 盘中的文件“实验 1. doc”是 U 盘中所没有的，D 盘中的文件夹“Friend”也是 U 盘中所没有的（或里面含有 U 盘中没有的文件，如果 U 盘中也有此文件夹的话）。

（2）红色为更新的内容，灰色为旧的内容。图中表明 U 盘中的“第一章 . ppt”比 D 盘中的新，U 盘中的文件夹“复习题”内有比 D 盘中新的内容。

（3）黑色表明两侧的内容一致。当两侧内容很多时，建议只显示不同的内容（单击工具栏中的“显示差异项”按钮）以便于我们快速发现两侧的差异之处。

从一侧（例如右侧）选择较新的内容（例如第二章 . ppt），完毕单击工具栏中的更新按钮（注意方向!），对侧的内容就和选中的文档一致了。当然也可以多选甚至按下 Ctrl + A 全选两侧所有内容，进行更新操作。

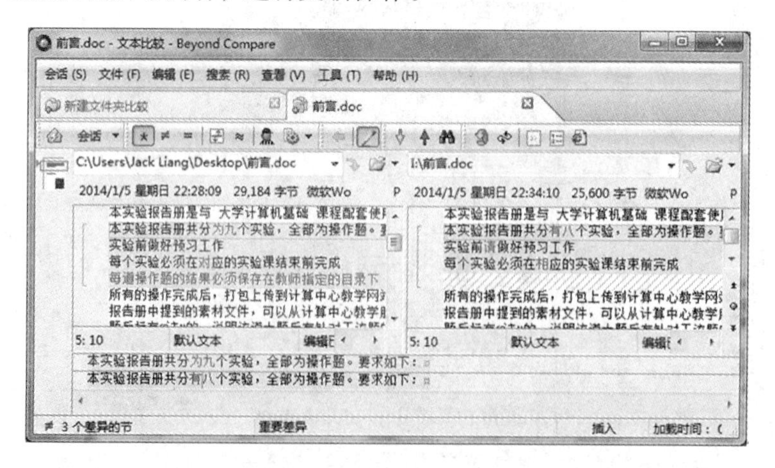

图 8－26　文件内容比较

2. 文本比较　你同学帮你读毕业论文，告诉你发现了几个错别字和两个不通顺的句子已经改过来了，可是他改的在哪呢？可以通过 Beyond Compare 的文本比较功能来解决。在图 8－24 中选择“文本比较”，新窗口中在左右两侧分别选择欲对比的两个 Word 文档，此时有差异的段落用红色底纹标识，差异的具体内容用红色文字标识，如图 8－26 所示。当鼠标单击某个差异项时，窗口下方会显示其具体差异。

第八节　音频处理工具

在我们的日常生活、工作和学习中经常需要录制声音文件，以及对其进行剪辑、调整音量、消除噪声、添加回声混响、声音润饰等操作。Windows 系统虽然提供了录音机功能，但是其功能过于简单，需要采用专业的声音处理软件，如 GoldWave、CoolEdit、WaveEditor 等。下面以 GoldWave5. 58 为例讲解声音的处理方法。

一、音频文件的基本处理

1. 声音的剪裁与组合

安装并运行 GoldWave5. 58，打开欲处理的音频文件。在声音的时间轴中，通过拖动鼠标绘制矩形便可以矩形的左右边界为起止位置选择一个声音片段范围；也可以通过拖动现有区域左后边界线来调整选择范围；也可以右击起止点选择设置开始/结束标记选择范围，如图 8－27 所示。

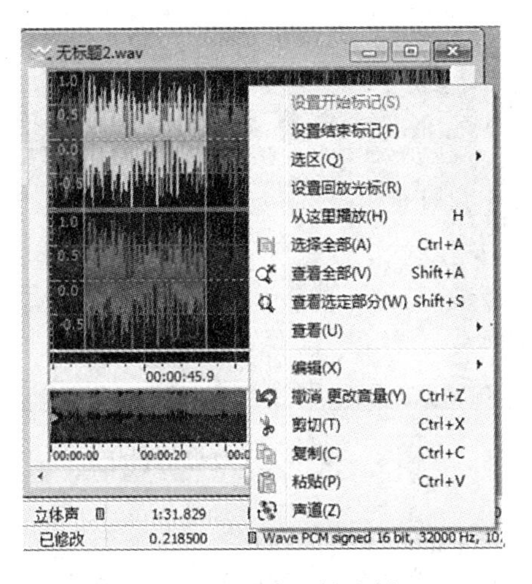

图 8－27　选区的选择

如果想删除选中的片段，可以按下 Del 键或工具栏中的剪切按钮（剪刀图标）；如果只想保留选中的片段，可以使用“编辑”菜单中的“剪裁” 剪裁(X)　Ctrl+T 选项或在“文件”菜单下选择“选定部分另存为”。

如果想合并多个声音片段文件，既可以通过“工具”菜单下的“文件合并器”来实现（只需排列好这些声音片段的先后顺序即可）；也可以打开某个声音片段后按下 Ctrl＋A（全选），然后打开另一个文件，通过“编辑”菜单下“粘贴到”子菜单中的

“文件开头”、“文件结尾”来实现。

2. 音量调整　音量调整的基本操作包括增大/减小音量、淡入、淡出等操作。

（1）增大/减小音量：通过“效果”菜单下“音量”子菜单中的“更改音量”选项，调出“更改音量对话框”，如图 8－28 所示。既可以直接在右侧的文本框中输入增加（正数）或减小（负数）的分贝数，也可以从预置下拉式组合框中选择常用设置。

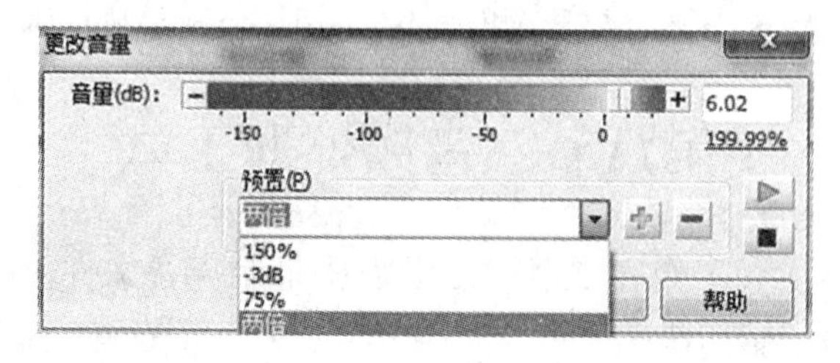

图 8－28　GoldWave 更改音量

（2）淡入、淡出：为了避免截取的声音片段开头和结尾的部分声音过于突兀，可以采用淡入淡出的效果进行处理。例如铃音制作时我们希望有一个较长的淡入过程，这样起始音量小的时候我们自己发现不会影响他人，自己没有发现声音变大可以引起我们注意。

设置方法为，首先在声音文件的开始部分选择合适长度的选区，如图 8－29 所示，通过“效果”主菜单下的“音量”子菜单中的“淡入”选项调出“淡入”对话框，选择合适的预置方案即可。同理设置声音结尾部分的淡出效果，结果如图 8－30 所示。

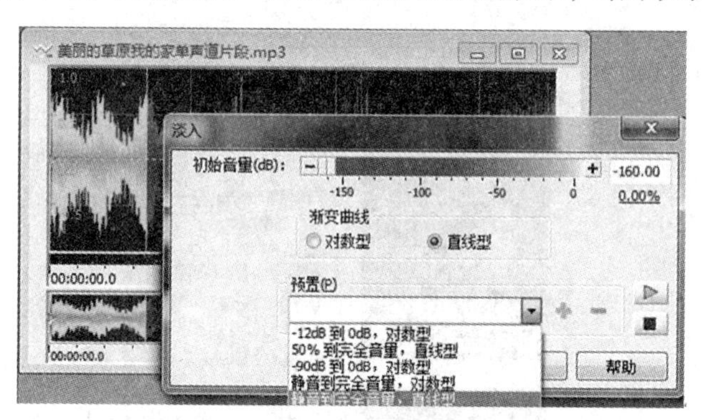

图 8－29　淡入效果的设定

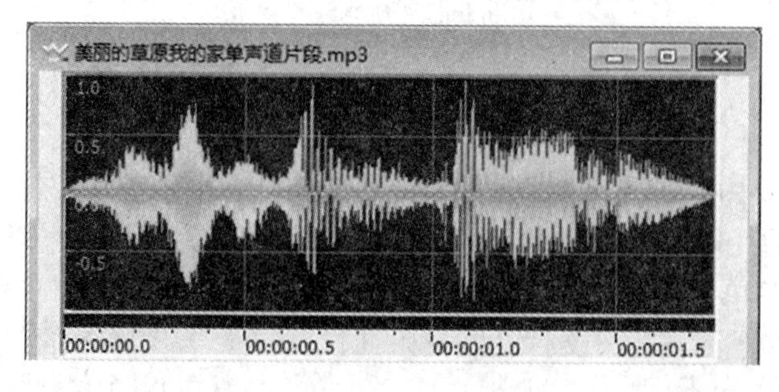

图 8－30　淡入淡出的效果

（3）外形音量（定型音量）设定：在为 PPT 和视频配音时经常遇到这样的问题：整个视频需要一个完整的声音文件作为背景音乐，有几个片段需要增加旁白，因此这几个片段的背景音乐需要减小音量（若彻底没有配音则显得突兀）。如果用前面讲述的局部音量调节（增加/减小音量）方法，在调节点处会与未调节部分出现音量突变的“台阶”。使用外形音量（定型音量）调节方法，就可以实现调节点部位的平滑过渡。通过“效果”主菜单下的“音量”子菜单中的“外形音量”选项调出“外形音量”对话框，如图 8－31 所示，上方的两个图分别为调整前后的效果。

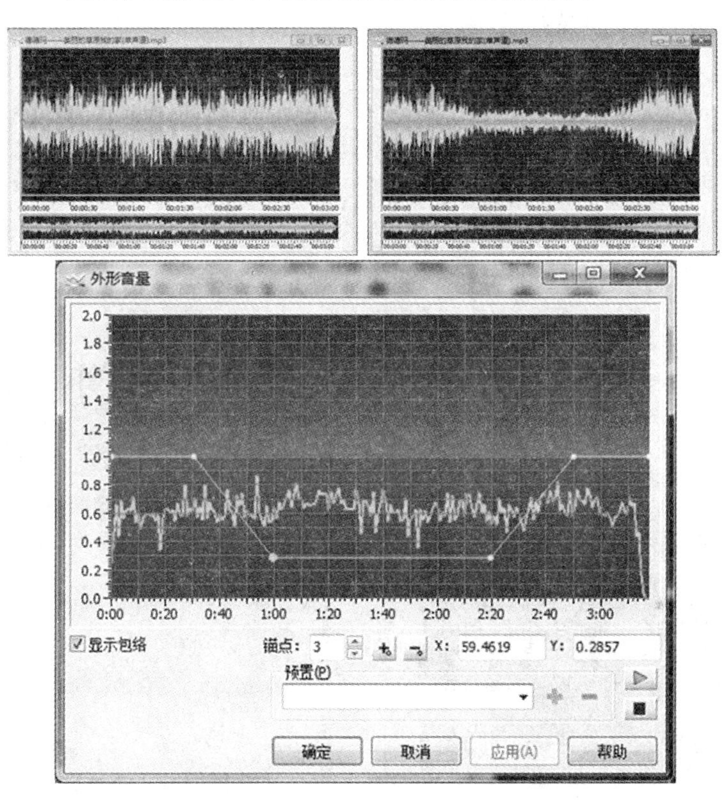

图 8－31　外形音量的设置

在“外形音量”对话框中勾选“显示包络”，这样就可以把处理前的声音振幅更加直观地显示出来了（因为显示的是音量大小的绝对值，所以没有负半周的显示）。

图中 1.0 位置的水平线代表 100% 的振幅（音量不调整），单击水平线上的某个位置可以添加拐点，上下拖动拐点可以调整振幅（音量）。根据需要添加旁白的位置，进行合理调整振幅，完毕单击“确定”即可。结果如图 8－31 中右上角所示。

3. 混音　我们激情朗诵了一首曹操的代表作《观沧海》，如果没有古典的配乐怎么也体现不出韵味，而读到“东临碣石，以观沧海。水何澹澹，山岛竦峙”时，如果没有海边波涛拍岸的背景声音也同样衬托不出其气势磅礴的氛围。GoldWave 的混音功能就可以帮我们实现以上功能。所谓混音，就是把几个声音文件合成在一起同时播放。方法是：

（1）在 GoldWave 中同时打开所需的三个文件 File1（古典音乐丝绸之路）、File2

（观沧海朗诵）、File3（波涛拍岸的声音）。

（2）在 File1 中根据诗朗诵的长度截取为适当长短的片段（实际中还需要进行音量调整、淡入淡出等处理，一般背景音乐要比朗诵时间长，背景音乐响起 3 ~ 5 秒再朗诵，朗诵完毕再过 3 ~ 5 秒开始音乐声淡出结束）。

（3）复制 File2 中诗朗诵的全部内容，回到 File1 背景音乐，定位到 3 ~ 5 秒间的位置，从“编辑”菜单下选择“混音”。

（4）复制 File3 中的几个波涛拍岸声片段，回到 File1，定位到需要出现波涛声的位置，从“编辑”菜单下选择“混音”。

二、声音的高级处理

1. 去除噪声　由于我们录制声音时既不是在专业的录音棚中进行的也不是采用的专业设备。因此声音文件中的噪声是一定存在的。降噪一直是令大家头疼的问题，但是有了 GoldWave 这样的专业软件，基本的噪声（有规律的设备噪声）处理还是非常简单的。有两种降噪方法：

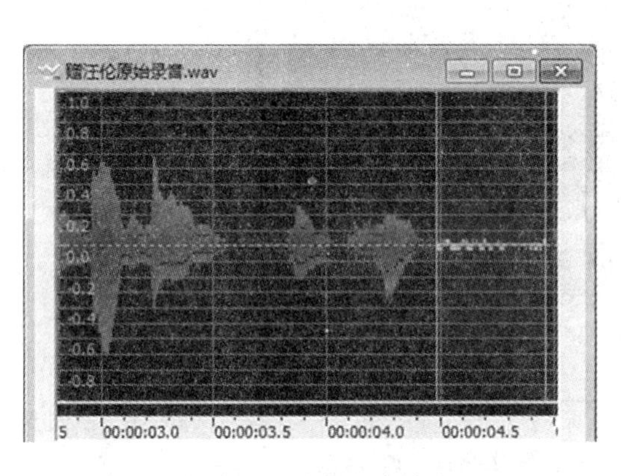

图 8 - 32　选择空白片段

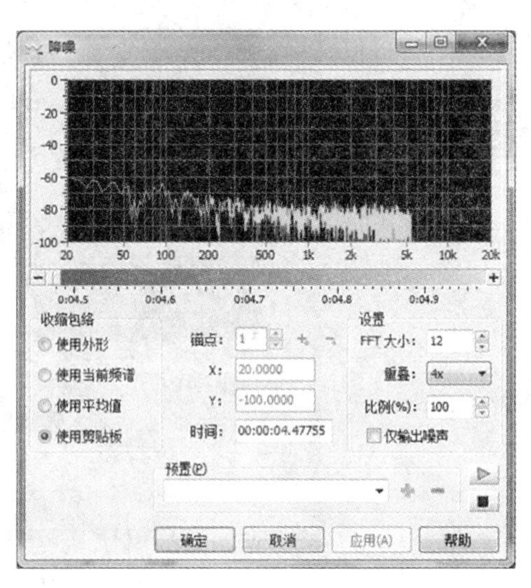

图 8 - 33　降噪对话框

（1）常规降噪：声音处理专家总结了一般噪声的特点，通过分析大量噪声的频谱设计出了常规的噪声取样标准，对任意文件系统都可以把这类噪声消除。方法为：

打开声音文件，按下 Ctrl + A 进行全选（系统只对选中区域进行降噪处理），播放感觉一下现在的噪声状态。在“效果”主菜单下“滤波器”子菜单中选择“降噪”，在“降噪”对话框中直接单击“确定”即可。再次播放此文件，噪声是不是已经明显降低了？

（2）针对样本声音文件的降噪：由于不同的环境、不同的设备产生的噪声千差万别，因此如果想精确除噪必须从当前的声音文件中提取噪声样本，然后根据此样本进行除噪。方法为：

打开声音文件，选择一段没有语音的空白片段（纯噪音），按下 Ctrl + C 复制这个噪声的波形样本，如图 8－32 所示，按下 Ctrl＋A 选择全部声音内容。通过“效果”→“滤波器”→“降噪”菜单打开“降噪”对话框，选择“使用剪贴板”，如图 8－33 所示，完毕单击“确定”，系统根据刚才选中的噪音样本进行降噪处理。再次播放此文件，噪声是不是处理的更好了？

2. 去除爆破音　对于录制进来的爆破声可以通过“效果”→“滤波器”→“爆破音/滴答声”进行调节。在“爆破音/滴答声”对话框中取“默认”项将容限定为 1000 即可，如图 8－34 所示。当然随着声音文件的不同这里最恰当的值也不一样，可以通过设为 1000、2000、……、5000 进行多次尝试，每次设置完试听后单击撤销，重新尝试下一个值，最终选择最优值。

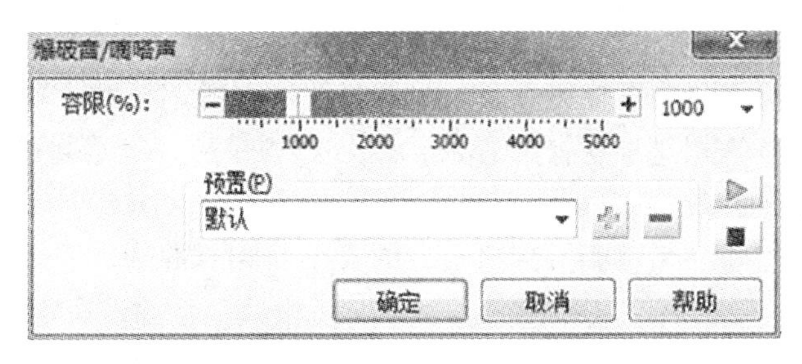

图 8－34　去除爆破音

3. 添加回声　电影中经常有人对着大山呐喊，山谷中的回声久久回荡让人神往。其实我们喊一声录制下来通过电脑处理后也能形成这样的效果，这就是添加回声效果。除了这种特殊用途外，在舞台和卡拉 OK 厅唱歌时也必须要增加回声（Echo）的效果，只是回声效果的程度不同而已。通过“效果”菜单下的“回声”调出“回声”对话框，如图 8－35 所示。

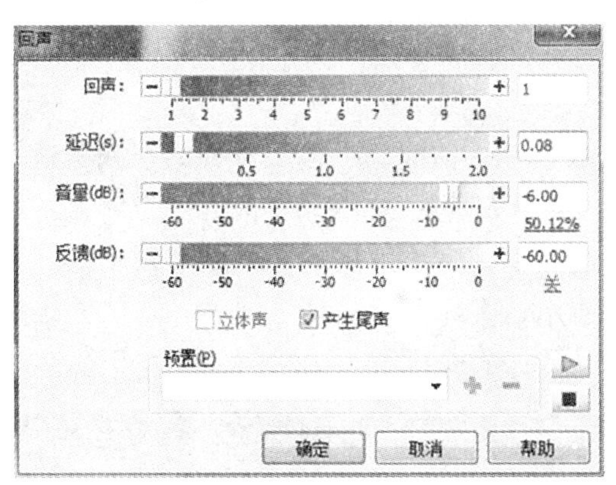

图 8－35　添加回声效果

第一行“回声”为回声的次数，除非要添加山谷回音效果，否则设为 1。

第二行“延迟”为回音与主音或相邻两次回音之间的延迟时间，单位是秒。一般语音讲话的值取 0.05～0.1 为佳。

第三行“音量”为回音的衰减量，以分贝为单位，即第回音的音量比前一次减弱多少。

第四行“反馈”为回音对主音的影响，－60db 为关闭，就是对主音没有影响。

选中“立体声”可产生双声道回音效果，选中“产生尾音”可让回音尾部延长，但要求你的声音（例如大喊一声啊）后面要有足够的空白时间以适应尾音的延长。

当然以上各项选择什么值合适，可以通过多次试验决定。

4. 添加混响　我们在家中唱歌怎么也找不到歌舞厅中的音响效果，原因在于歌舞厅中从各个方向传来的反射波与音源混合在一起，听起来气势磅礴、余音绕梁，这与山谷回音又不相同，因为这种环境中反射回来的声音有各种不同的时差，并不能清晰地辨别出哪个回音，这种效果就是“混响”。通过菜单“效果”→“混响”，调出“混响”对话框，如图 8－36 所示。

第一行“混响时间”为混响逐渐衰减过程持续的时间，一般设为 1～2 秒之间。

第二行“音量”为相对于主音的音量，以分贝为单位，一般设为－30db～－10db 之间。

第三行“延迟深度”为可调节延迟余音的大小（相对混响音量的比例）。

具体哪项设什么值最好，还得通过尝试从听觉中感受，并没有定论。

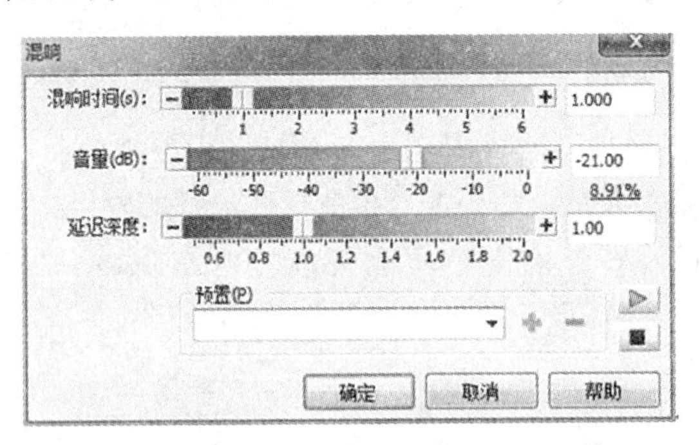

图 8－36　添加混响效果

5. 改变声音频率（长度）　有时为一段 5 分钟的视频配音，可等录音完毕时才发现你的配音是 5 分 5 秒或 4 分 55 秒，和视频之间有一点时差。此时的视频和音频都是完整的内容，哪个都不能裁切，为了解决这个问题可以通过“效果”→“回放速率”进行调节，如图 8－37 所示，实际上就是调节语速。默认值是当前频率，当调整值过大时就会出现怪声的效果了，试试看。

图 8－37　回放速率设定

参考文献

[1] 董鸿晔．大学计算机基础．2 版．北京：中国医药科技出版社，2009.
[2] 王爱英．计算机组成与结构．3 版．北京：清华大学出版社，2001.
[3] 郑伟民，汤志忠．计算机系统结构．2 版．北京：清华大学出版社，1998.
[4] 张红，白炜花．中文版 Windows 7 无师自通．北京：清华大学出版社，2012.
[5] 杨旭．Windows 7 从入门到精通．北京：人民邮电出版社，2010.
[6] 谢希仁．计算机网络．6 版．北京：电子工业出版社，2013.
[7] 刘建平．医学网络实用技术教程．北京：中国铁道出版社，2007.
[8] 陈学平．网络组建与维护．北京：电子工业出版社，2012.
[9] 吴华．Office 2010 办公软件应用标准教程．北京：清华大学出版社，2012.
[10] 宋强，等．WindowsXP + Office 2010 标准教程．北京：清华大学出版社，2013.
[11] 谢华．PowerPoint 2010 标准教程．北京：清华大学出版社，2012.
[12] 科教工作室．Access 2010 数据库应用．2 版．北京：清华大学出版社，2011.
[13] 徐绣花，程晓锦，李业丽．Access 2010 数据库应用技术教程．北京：清华大学出版社，2013.
[14] 杨帆，赵立臻．多媒体技术与信息处理．北京：水利水电出版社，2012.
[15] 耿蕊．大学计算机基础教程．北京：中国铁道出版社，2013.
[16] 陈青．FlashMX 标准案例教材．北京：人民邮电出版社，2006.
[17] 丁爱萍．计算机常用工具软件．北京：电子工业出版社，2011.